U0380657

职业教育测绘类专业系列教材

数字测图

主　编　崔书珍

副主编　李　建　周金国

参　编　冯大福　邓　军　李　玲　杨秀伶　张登念

机械工业出版社

本书以"必需、够用"为原则,以培养技能型人才为目标进行编写。全书共分 8 个单元,内容包括绪论、数字测图的基本过程、控制测量、碎部测量、地形图绘制、数字测图成果检查验收与输出、小区域水下地形图测量和数字地形图的应用,另附有清华山维数字测图软件简介供参考。书中配有大量习题,以强化训练,为以后从事相关工作打下坚实的基础。

本书可作为职业院校测量类相关专业的教材或参考资料,也可作为测量人员培训、成人教育及工程技术人员的参考用书。

为方便教学,本书配有电子课件及习题答案,凡选用本书作为授课教材的教师均可登录 www.cmpedu.com,以教师身份免费进行注册和下载。编辑热线:010-88379934;机工社建筑教材交流 QQ 群群号:221010660。

图书在版编目(CIP)数据

数字测图/崔书珍主编. —北京:机械工业出版社,2016.4(2023.9 重印)
职业教育测绘类专业系列教材
ISBN 978-7-111-52671-1

Ⅰ.①数… Ⅱ.①崔… Ⅲ.①数字化测图–高等职业教育–教材
Ⅳ.①P231.5

中国版本图书馆 CIP 数据核字(2016)第 006564 号

机械工业出版社(北京市百万庄大街 22 号 邮政编码 100037)
策划编辑:刘思海 责任编辑:刘思海 陈瑞文
版式设计:霍永明 责任校对:刘秀芝
封面设计:鞠 杨 责任印制:单爱军
北京虎彩文化传播有限公司印刷
2023 年 9 月第 1 版第 6 次印刷
184mm×260mm·18 印张·441 千字
标准书号:ISBN 978-7-111-52671-1
定价:38.00 元

电话服务 网络服务
客服电话:010-88361066 机 工 官 网:www.cmpbook.com
　　　　　010-88379833 机 工 官 博:weibo.com/cmp1952
　　　　　010-68326294 金 书 网:www.golden-book.com
封底无防伪标均为盗版 机工教育服务网:www.cmpedu.com

前　言

高等职业教育的宗旨是以适应社会为目标，培养技术应用型专业人才。数字测图是工程测量专业的核心课程，通过时该课程的学习，学生能够全面、快速地掌握数字测图的基本知识和方法，测量仪器的操作技能，以及相关测量软件的使用方法等，以便工作后能"零距离"完成数字测图任务。为此，本书从制定编写大纲到编写完成，均邀请了测量一线工作人员参与其中，使得教材的内容更规范，实践性更强。与其他同类教材相比较，本书具有以下特色。

1. 工程项目贯穿其中。根据工程测量专业的培养方案，结合数字测图课程的教学目标，详细讲述了常规测量仪器（全站仪、GPS、RTK）和绘图软件在测绘数字地形图中的操作方法。数字测图中方案设计、控制测量、碎部测量、内业成图和项目技术总结等环节都有工程项目实例，更有利于学生对数字测图基本过程的整体认识和了解。

2. 实例丰富，各种软件操作步骤详尽。结合工程实例，详尽给出了应用 COORD 软件进行坐标转换的步骤、TGO 结合 PowerADJ 进行四等 GPS 约束平差处理的步骤、清华山维数字测图软件 EPSW 进行一级导线和四等三角高程测量的处理过程、CASS 进行内业成图的步骤。附录中还概略给出了清华山维数字测图软件 EPSW 的成图步骤，使学生能够快速掌握软件的使用方法。

3. 本书包含水下地形图测绘内容。其他数字测图教材主要讲述陆地数字地形图的测绘方法，由于工程中有时会遇到河道清污、库容计算、港口码头施工等需测绘水下地形的相关项目，因此本书把小区域水下地形图测绘原理、仪器和方法加入其中，使得整本书的内容更加全面。

本书编写人员及分工如下：重庆工程职业技术学院的崔书珍负责单元 1、单元 2（课题 1、2、3、7）的编写，李建负责单元 2（课题 4、5、6）、单元 4（课题 2）、单元 6、单元 8 和附录的编写，冯大福负责单元 5（课题 1、2）的编写，李玲负责单元 5（课题 3）的编写，邓军负责单元 4（课题 3）的编写；国家测绘地理信息局重庆测绘院的周金国负责单元 3 的编写，张登念负责单元 7 的编写；重庆水利电力职业技术学院的杨秀伶负责单元 4（课题 1、4）的编写。全书由崔书珍主编和统稿，李建做了部分校稿工作。

由于编者水平有限，书中不妥和错漏之处在所难免，恳请读者批评指正，多提宝贵意见！

编　者

目　录

单元 **1**

绪 论

单元概述

　　课题1主要介绍数字测图的概念和数字测图常用方法，并与图解法测图进行对比，简述数字测图的特点。

　　课题2按照时间顺序讲述数字测图的发展历程，并对全站仪的不断完善和网络RTK、三维激光扫描仪、无人机低空数字摄影测量在数字测图中推广应用进行了展望。

单元目标

【知识目标】

1. 正确陈述数字测图的概念。

2. 正确陈述数字测图的特点。

3. 正确陈述数字测图的发展前景、数字测图的新技术和新方法的优点及不足。

【技能目标】

1. 了解目前数字测图的主要方法。

2. 了解数字测图的新技术和新方法。

【情感目标】

　　本章通过对数字测图的特点、数字测图的发展、新技术和新仪器的介绍，激发学生对数字测图的学习兴趣。

课题 **1** 数字测图概述

【学习目标】

1. 了解图解法测图和数字测图的概念。

2. 了解数字测图的特点。

3. 了解数字测图的常用方法。

一、数字测图的概念

图解法测图是利用测量仪器对地球上的各种地物、地貌特征点的空间位置进行测定，并以一定的比例尺按图式符合的要求将其绘制在白纸和聚酯薄膜上，如图 1-1 所示。由于测图过程中，展点、绘图及图纸伸缩变形等因素的影响使得测图精度较低，而且工序多、劳动强度大、变更和修改不方便等因素，因此难以适应信息时代经济建设的需要。随着计算机技术的发展、测量仪器的发展、成图软件的技术成熟，数字化测图应运而生。

数字测图是将地物、地貌特征点的空间集合形态以数字的形式存储在磁盘或光盘上的方法。数字测图是通过数字测图系统来实现的，数字测图系统主要由数据采集、数据处理和数据输出三部分组成，其作业过程与使用的设备和软件、数据源及图形输出的目的有关。如图 1-2 所示，根据数字测图系统的硬件和软件的组成，数字测图方法包括：利用全站仪、RTK 进行地面数字测图；利用 RTK 配合测深仪进行水下地形数字测图；利用手扶数字化仪或扫描仪对纸质地形图进行数字化；利用摄影测量进行数字测图。

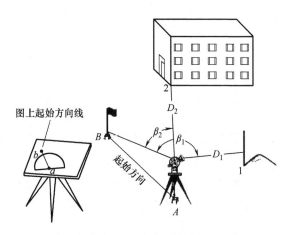

图 1-1　图解法测图

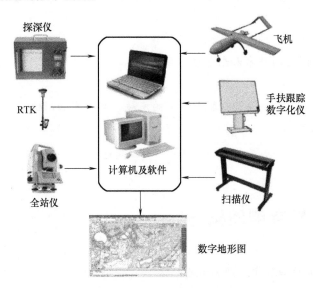

图 1-2　数字测图

二、数字测图的特点

数字测图与图解法测图相比，以其特有的高自动化、全数字化、高精度的显著优势而具有无限广阔的发展前景，具体表现为：

1. 实现了大比例尺测图的高度自动化

数字测图从野外数据采集、数据传输到数字地形图成图，整个测图过程实现了测量工作的内外业一体化、自动化。以全站仪数字测图为例，全站仪外业测量时，所测的碎部点是直接存储在仪器中的，野外绘好草图，内业就可以通过配套的数据传输软件将碎部点及控制点的数据传输到计算机中，再利用绘图软件将数据导入，然后结合草图进行地物、地貌的绘制，形成数字地形图。与图解法相比，数字测图不需要手工记录碎部点数据，地物地貌也无须人工绘图，采用软件绘制后更规范美观。

2. 实现了大比例尺测图的全数字化

通过数字测图法得到的数字地形图以数字化的形式存储了地物、地貌的各类图形信息和属性信息，便于传输和保存；在数字地形图上可以自动提取点位坐标和高程、两点间的水平距离以及方位角等；可以配合各类软件的性能方便地进行各种功能处理（如分层处理），绘出各类相应的专用图（如地籍图、房产图、管网图等）；还可以对所存储的局部信息进行更新（如房屋拆迁和扩建、变更地籍或房产、道路的建设等），以保证数字地形图及各类专用图的现势性。所以，与图纸保存的地形图相比，数字测图获得的地形图是数字形式的，更易保存、传输和共享，方便进行更新、设计等后续工作。

3. 实现了大比例尺测图的高精度、低耗费

数字测图系统获得的数字地形图作为电子信息在自动记录、存储、传输、成图以及应用的全过程中，在测量原始数据信息的精度上基本没有损失，从而可获得与仪器测量同精度的测量成果。另外，控制点和碎部点的展点、地物、地貌符号等都是通过软件绘制的，结果更精确，比图解法的手工展点、绘图，精度要高。数字测图工期相较图解法短些，需要的工作人员也少些，成本较低。

课题2 数字测图发展概况

【学习目标】

1. 了解数字测图的发展历程。

2. 了解数字测图的新技术和新方法。

一、数字测图的发展

随着科学技术的进步和电子技术的迅猛发展，及其向各个领域的渗透，以及电子经纬仪、光电测距仪、全站型电子速测仪、GPS RTK 技术、测深仪等先进测量仪器和技术的广泛应用，促进了地形测量向自动化和数字化方向发展，于是数字测图技术应运而生。

数字测图首先是由机助地图制图开始的。机助地图制图技术酝酿于 20 世纪 50 年代。20世纪 50 年代末，航空摄影测量都是使用立体测图仪及机械连动坐标绘图仪，采用模拟法测图原理，利用航测像对测绘出线划地形图。

到 20 世纪 60 年代就有了解析测图仪。随着光电技术、计算机技术和精密机械技术的发展，第一台编码电子经纬仪诞生，从此常规的测量方法迈向了自动化的新时代；同时期第一台红外测距仪的问世，进一步促进了测距仪向小型化、高精度的方向发展。

到 20 世纪 70 年代，在光电测距和电子测角的基础上，天宝公司第一台全站仪问世后，大大促进了测量向自动化、数字化的方向发展。20 世纪 80 年代，电子测角精度大大提高，随后全站型电子速测仪（电子速测仪 + 电子记录器，简称全站仪）的迅猛发展，加速了数字测图的研究与应用，如索佳、拓普康、尼康、宾得、徕卡全站仪都在此时期研发而出。

到 20 世纪 70 年代末和 20 世纪 80 年代初，自动制图主要包括数字化仪、扫描仪、计算机及显示系统四部分，用数字化仪进行数字化成图成为主要的自动成图方法。

20 世纪 80 年代末、90 年代初，又出现了全数字摄影测量系统。数字摄影测量时代的一个突出特点是数字摄影测量系统取代了昂贵的模拟和解析摄影测量仪器。我国具有自主知识产权的全数字摄影测量系统主要有 VirtuoZo、JX4 和 DPGrid。

我国从 20 世纪 80 年代初开始开展大比例尺数字测图的研究与实践，有的偏重于城市大比例尺平面图的自动测绘；有的则着眼于城市及其郊区大比例尺地形图的自动测绘；有的侧重于数据采集的编码研究；有的侧重于自动化仪器的开发。这期间提出了一些新的数字化测图方法，如野外数字装图法、"电子平板"法、测算法、多种编码方案采集法等。在软件开发方面也得到了长足进展，目前有广东南方数码科技有限公司的"CASS 地形地籍成图软件"、武汉瑞得公司的"RDMS 数字测图系统"、清华山维公司的"EPSW 电子平板测图系统"等。

1997 年后我国还推出了几套操作简单且快速的扫描矢量化软件，使原图数字化成图摆脱了手扶跟踪之苦。另外，全数字摄影测量在各省测绘局的测绘院相继开展，各省都在着手建立 1:10 万乃至 1:1 万的地理信息系统，尤其是无人机的出现，进一步推动了全数字摄影测量的发展。

近些年，随着 GPS 测量技术的不断发展和推广，地面数字测图得到了再一次的飞跃性发展。

在 20 世纪 90 年代中期开始出现的一项三维激光扫描技术，是继 GPS 空间定位系统之后的又一项测绘技术新突破。它通过使用高速激光扫描测量的方法，大面积、高分辨率地快速获取被测对象表面的三维坐标数据。利用相应的配套软件即可进行地形测图和三维建模。

二、数字测图的展望

1. 全站仪的不断完善

目前生产中采用的各种测图方法，所采集的碎部点数据要么储存在全站仪的内存中，要么通过电缆输入电子平板（笔记本或计算机）或 PDA 电子手簿中。由于不能实现现场实时连线构图，因此必然影响作业效率和成图质量。即使采用电子平板作业，也由于在测站上难以全面看清所测碎部点之间的关系而降低效率和质量。为了很好地解决上述问题，可以引入无线数据传输技术，即实现 PDA 与测站分离，确保测点连线的实时完成，并保证连线的正确无误，具体方法如下：在全站仪的数据端口安装无线数据发射装置，它能够将全站仪观测的数据实时地发射出去；开发一套适用于 PDA 手簿的数字测图系统并在 PDA 上安装无线数据接收装置。作业时，PDA 操作者与立镜者同行（熟练操作员或简单地区，立镜者可同时操作 PDA），每测完一个点，全站仪的发射装置马上将观测数据发射出去，并被 PDA 接收，测点的位置就会在 PDA 的屏幕上显示出来，操作者根据测点的关系完成现场连线构图，这样就不会因为辨不清测点之间的相互关系而产生连线错误，也不必绘制观测草图进行内业处理，从而实现效率和质量的双重提高。

2. 网络 RTK 在地形测量中的推广

目前，应用 RTK 进行常规测量时都是架设自己的一个基准站，然后向多个流动站发送差分数据，进行数据采集，如图 1-3 所示。但是这种作业模式使得当基准站和流动站的距离增长之后（尤其是 ≥15km 时），其精度的可靠性便会大大降低。为了提高精度，当面积比较大时，就需要反复多次建立基准站，以完成测图等工作。

基于 CORS（Continuous Operational Reference System，缩写为 CORS）系统的网络 RTK 的出现可以克服常规 RTK 的缺点，大大扩展 RTK 的作业范围（RTK 可距离基准站距离 ≥70km），使 GPS 的应用更广泛，精度和可靠性也进一步得到提高。如图 1-4 所示，在网络 RTK 解算中，各固定基准站不直接向移动用户发送任何改正信息，而是将所有的原始数据通过数据通信线发给数据控制中心，由数据控制中心对各基准站的观测数据进行完整性检查。同时，RTK 用户在工作前，通过网络或移动通信先向数据控制中心发送一个概略坐标，申请获取各项改正数据，数据控制中心收到这个位置信息后，根据用户位置自动选择最佳的一组固定基准站，整体地改正轨道误差和由电离层、对流层和大气折射引起的误差，然后将高精度的差分信号发送给 RTK 用户。

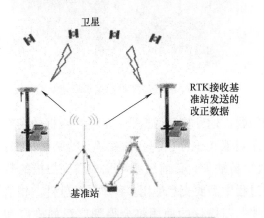

图 1-3　单基准站 RTK 工作原理图

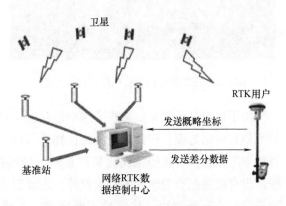

图 1-4　网络 RTK 工作原理图

目前，我国 CORS 网络已在各个省市具有一定的规模，但整体上还存在着不同程度的缺陷。但是，当各个省市建立好的局部 CORS 系统升级为国家级 CORS 系统后，CORS 系统将朝着规模化、实时化的方向发展。将来随着全国 CORS 网络的建成，实现全国测图无缝衔接将成为可能。

随着 RTK 技术的不断发展和系列化产品的不断出现，若将网络 RTK 与电子平板测图系统连接，则可实现实时成图，避免测后返工。基于 GPS 的数字测图系统将成为地面数字测图新的里程碑，标志着地面数字测图技术的新篇章，且将会在许多地方取代全站仪数字测图。

3. 三维激光扫描仪测绘地形图的推广和使用

三维激光扫描技术是国际上近期发展的一项高新技术，通过激光测距原理可瞬时测得360°全方位的空间三维坐标值。利用三维激光扫描技术获取的空间点三维云数据，如图1-5所示，即可用于地形图测量，又可以直接进行三维建模。由于三维激光扫描仪获取的三维数据量很大，因此如果要获得大比例尺的地形图，它的内热处理工作量也很大。其作业流程主要包括外业数据采集、点云数据配准、地物的提取与绘制、非地貌数据的剔除、等高线的生成和地物与地貌的叠加编辑等几个步骤。该仪器工作设站的灵活性，使得外野数据采集变得更为快捷方便，促使在将来的测绘工作中，野外工作人员的工作将更加轻松简单，地形图的绘制速度也会随之大大提高。该仪器目前已经成功应用于城市建筑测量、地形测绘、变形监测、隧道工程和桥梁改建等领域。如图1-6所示，三维激光扫描仪正在扫描建筑物，进行变形监测。

图1-5　三维激光扫描仪扫描的三维地形

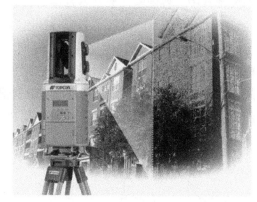

图1-6　三维激光扫描仪扫描建筑物

由于目前三维激光扫描在应用中还存在一些问题：地形特征的提取、非地貌数据的剔除都不是自动化处理；扫描时受测站位置的限制，不可避免地会出现扫描死角，特别是顶部；当地形高低起伏，遮挡情况比较严重时，局部数据易缺失；目前三维激光扫描仪扫描的数据，没有成熟配套的地形图测绘软件，在成图的过程中需要交互使用多种不同的软件。相信随着问题的不断解决，技术的不断完善，三维激光扫描仪的使用将会得到广泛的推广和应用。

4. 无人机低空数字摄影测量的应用推广

数字摄影测量是基于数字影像与摄影测量的基本原理，应用计算机技术、数字影像处理、影像匹配、模式识别等多学科的理论与方法进行的，从本质上来说，它与原来的摄影测量没有区别，整个的生产流程与作业方式，和传统的摄影测量差别不大，但是它给传统的摄影测量带来了重大的变革。

目前，通过数字摄影机获得的数字影像，内业使用专门的航测软件进行成图处理的航空摄影测量法是大比例尺地形测图的重要手段与方法。该方法的特点是可将大量的外业测量工作移到室内完成，它具有成图速度快、精度高而均匀、成本低且不受气候及季节的限制等优点，特别适用于城市密集地区的大面积成图。并且随着全数字摄影工作站的出现，加上 GPS 技术在摄影测量中的应用，使得摄影测量向自动化、数字化方向迈进。

图 1-7　固定翼无人机

　　近年来，随着无人机应用于航空摄影，如图 1-7 所示，其机动快速，操作简单，能获取高分辨率航空影像，影像制作周期短、效率高，在应急测绘、困难地区测绘、小城镇测绘、重大工程测绘、自然灾害监测等领域应用广泛。目前测图精度可以达到 1∶1000 地形图精度。随着无人机测图精度的提高和使用范围的扩大，无人机低空航测技术将是地形测图的一种重要手段。

【单元小结】

　　通过对本单元学习，了解数字测图的方法和发展前景，目前数字测图的新技术和新方法，激发学生对数字测图的学习兴趣。

【习　题】

　　1. 什么叫数字测图？数字测图的方法有哪些？
　　2. 与图解法相比，数字测图有哪些特点？
　　3. 简述数字测图的发展过程。

単元 **2**

数字测图的基本过程

―― 单元概述 ――

　　课题 1 主要讲述利用全站仪、RTK 进行数字测图的全过程。

　　课题 2 重点讲述技术设计的依据和技术设计内容，并给出了测绘 1:500 地形图技术设计实例。

　　课题 3 讲述测区利用 GNSS 和导线建立平面控制网的方法和利用几何水准、三角高程测量、GNSS 测量布设高程控制网的方法及各自的优点。

　　课题 4 讲述采用全站仪碎部测量的三种方法，即测记法、编码法、电子平板法，介绍这三种方法各自的优点和缺点，讲述 RTK 技术进行碎部测量的方法及两者相结合进行碎部测量的方法。

　　课题 5 讲述外业数据采集后从数据传输到内业成图的基本过程。

　　课题 6 讲述数字地形图成果检查验收与输出的相关要求。

　　课题 7 讲述数字测图后技术总结的编写方法，并给出了测绘 1:500 地形图技术总结实例。

―― 单元目标 ――

【知识目标】

1. 了解利用全站仪或 RTK 进行全野外数字测图的基本过程。

2. 了解数字测图技术设计和技术总结编写内容；正确陈述碎部测量的方法及特点。

3. 正确陈述数字地形图绘制的基本过程和方法。

4. 正确陈述数字地形图成果检查验收与输出的基本规定和方法。

【技能目标】

1. 掌握技术设计书的编写方法。

2. 掌握技术总结文档的编写方法。

【情感目标】

通过全野外数字测图基本过程的学习，使学生对数字测图的基本流程有所了解，激发学生对数字测图的学习兴趣。

课题 1　数字测图的基本过程概述

【学习目标】

了解利用全站仪或 RTK 进行数字测图的基本过程。

大比例尺数字测图可以利用全站仪、RTK 进行地面数字测图，利用 RTK 配合测深仪进行水下地形数字测图，利用摄影测量进行数字测图，利用手扶数字化仪或扫描仪对纸质地形图进行数字化等，最后得到地形图、地籍图、房产图和地下管线图等。通过摄影测量或地形图扫描数字化方法获取地形图的基本过程见本书的单元 5 课题 2 及单元 5 课题 3。利用全站仪和 RTK 进行数字测图的基本方法是相同的，并且具有统一的平面坐标系统、高程系统和图幅分幅方法。本单元主要介绍利用全站仪或 RTK 进行数字测图的基本过程：

1. 收集资料、分析资料

根据测图任务书或合同书，确定测图范围，收集测区内人文、交通、控制点和植被等信息，分析测区测图的难易程度和控制点的可利用情况等，为技术设计做准备。

2. 技术设计

技术设计是数字测图的基本工作，在测图前对整个测图工作做出合理的设计和安排，可以保证数字测图工作的正常实施。所谓的技术设计，就是根据测图比例尺、测图面积和测图方法以及用图单位的具体要求，结合测区的自然地理条件和本单位的仪器设备、技术力量及资金等情况，灵活运用测绘学的有关理论和方法，制订技术上可行、经济上合理的技术方案、作业方法和施测计划，并将其编写成技术设计书。

3. 控制测量

所有的测量工作必须遵循"由整体到局部，先控制后碎部，从高级到低级"的原则，大比例尺数字测图也不例外。先在测区范围内建立高等级的控制网，其布点密度、采用仪器与测量方法、控制点精度需满足技术设计的要求，然后在高等级控制网的基础上布设低等级的控制网，再进行碎部测量。根据测图范围大小及测图比例尺，确定布网等级。

4. 碎部测量

碎部测量采用 GPS RTK 或全站仪进行野外碎部测量，实地测定地形特征点的平面位置和高程，将这些点信息自动存储于存储卡或电子手簿中。每个地形特征点的记录内容包括点号、平面坐标、高程、属性编码和与其他点之间的连接关系等信息。点号通常是按测量顺序自动生成的；平面坐标和高程是由 GPS RTK 或全站仪自动解算的；属性编码指示了该点的性质，野外通常只输入简编码或不输编码，用草图等形式形象记录碎部点的特征信息，内业处理时再输入属性编码；点与点之间的连接表明按何种顺序构成地物。目前，全站仪和 GPS RTK 的定位精度较高，是目前数字测图的主要测图方法。

5. 数字地形图的绘制

内业成图是数字测图过程的中心环节，它直接影响最后输出地形图的质量和数字地形图在数据库中的管理。内业成图是通过相应的软件（如南方 CASS、清华山维等）来完成的，主要包括地图符号库、地物要素绘制、等高线绘制、文字注记、图形编辑、图形显示、图形裁剪、图形接边、图形整饰等功能。

6. 数字地形图的检查验收

测绘产品的检查验收是生产过程中必不可少的环节，是测绘产品的质量保证，是对测绘产品质量的评价。为了控制测绘产品的质量，测绘工作者必须具有较高的质量意识和管理才能。因此，完成数字地形图后也必须做好检查验收和质量评定工作。

7. 技术总结

测区工作结束后，根据任务的要求和完成情况来编写技术总结。通过对整个测图任务的各个步骤及工作的完成情况，认真分析研究，加以总结提高，为今后的生产积累经验、吸取教训。

课题2 数字测图技术设计

【学习目标】

了解数字测图技术设计书的设计依据和编写内容。

一、数字测图技术设计书编制

1. 技术设计的依据

（1）技术规程与规范　数字测图的方法主要有全野外数字测图、地形图扫描数字化和数字摄影测量，根据不同的方法进行数字测图，需遵循不同的测量规范（规程），在此只列出全野外数字测图要遵循的主要测量规范：

1）《工程测量规范》（GB 50026—2007）。

2）《城市测量规范》（CJJ/T 8—2011）。

3）《国家三、四等水准测量规范》（GB/T 12898—2009）。

4）《1∶500　1∶1000　1∶2000 地形图图式》（GB/T 20257.1—2007）。

5）《全球定位系统（GPS）测量规范》（GB/T 18314—2009）。

6）《全球定位系统实时动态测量（RTK）技术规范》（CH/T 2009—2010）。

7）《卫星定位城市测量技术规范》（CJJ/T 73—2010）。

8）《1∶500　1∶1000　1∶2000 地形图数字化规范》（GB/T 17160—2008）。

9）《数字测绘成果质量检查与验收》（GB/T 18316—2008）。

10）《测绘成果质量检查与验收》（GB/T 24356—2009）。

11）《测绘技术设计规定》（CH/T 1004—2005）。

12）《测绘技术总结编写规定》（CH/T 1001—2005）。

（2）测量任务书　测量任务书或测量合同是测量施工单位上级主管部门或合同甲方下达的技术要求文件。这种技术文件是指令性的，它包含：工程项目或编号、设计阶段及测量目的、测区范围（附图）及工作量、对测量工作的主要技术要求和特殊要求，以及上交资料的种类和时间等内容。

数字测图方案设计：依据测量任务书提出数字测图的目的、精度、控制点密度、提交的成果和经济指标等，结合规范（规程）规定和本单位的仪器设备、技术人员状况，通过现场踏勘确定加密控制方案、数字测图的方式、野外数字采集的方法以及时间、人员安排等内容。

技术设计前应搜集测区相关资料并进行现场踏勘，搜集的资料主要包括：

1）交通情况，包括公路、铁路、乡村便道的分布及通行情况等。

2）水系分布情况，包括江河、湖泊、池塘、水渠的分布，桥梁、码头及水路交通情况等。

3）植被情况，包括森林、草原、农作物的分布及面积等。

4）控制点分布情况，包括三角点、水准点、GPS 点、导线点的等级、坐标、高程系统、点位的数量及分布、点位标志的保存状况等。

5）居民点分布情况，包括测区内城镇、乡村居民点的分布，食宿及供电情况等。

6）当地风俗民情，包括民族的分布，习俗及地方方言，习惯及社会治安情况等。

2. 技术设计的内容

根据测区情况调查测区的自然地理条件，本单位拥有的软、硬件设备，技术力量及资金等情况，运用数字测图理论和方法制订合理的技术方案和作业方法，并拟定作业计划。最后编制的技术设计书是数字测图全过程的技术依据，其内容明确、文字简练，并且应对作业中容易混淆和忽略的问题重点叙述。技术设计书主要包括以下具体内容。

（1）任务概述 说明任务来源、测区范围、地理位置、行政隶属、测图面积、测图比例尺、采用技术依据、计划开工日期及完成期限。

（2）测区自然地理概况 重点介绍测区的社会、自然、地理、经济、人文等方面的基本情况，主要包括地理特征、交通情况、居民点分布情况、水系和植被等要素的分布、主要特征和气候特点等。

（3）已有资料的利用情况 根据野外踏勘情况，在此需说明现有成果的全部情况，包括控制点的等级和精度，地形图的比例尺、等高距、施测单位和年代及采用的图式规范、平面和高程系统等。对拟利用资料的检测方法和要求，需对其可利用性进行分析和评价，并提出利用方案。

（4）技术设计依据 说明测图作业所依据的规范（规程）、图式及有关的技术文件，主要包括测量任务书和相关规程、规范。

（5）成果技术指标和规格 包括成果种类形式、坐标系统、高程系统、测图比例尺、成图软件系统及成图规格等。

（6）控制测量方案 包括布设各级平面控制点和高程控制点的选点要求、标石规格及编号，控制点施测仪器和测量方法，野外观测时各项技术要求，内业平差计算方法，精度指标等。

（7）数字地形图测绘要求 确定数字测图的测图比例尺、基本等高距、地形图采用的分幅与编号方法、图幅大小等，并绘制测图分幅图；确定数据采集、数据处理、图形处理和成果输出等工序的要求。

（8）产品检查与验收　包括数字地形图的检测方法、实地检查工作量及要求、自检和互检的方法与要求、各级各类检查结果的处理意见等。

（9）测绘成果资料提交　数字测图成果不仅包含最终的地形图图形文件、绘制出的分幅地形图，而且还包括成果说明文件、控制测量成果文件、数据采集原始数据文件、图根点成果文件、碎部点成果文件及图形信息等。

二、数字测图技术设计书实例

某库区1:500地形测量技术设计书

1　项目概况

1.1　项目目的

为有效利用水资源，缓解电力供需矛盾，保证国民经济可持续发展，拟在垫江与忠县交界处修建某水库。为满足某水库初设阶段需要，受某市水利电力建筑勘测设计研究院委托，我单位承担该项目库区1:500地形图测量任务（包括库区河道水下地形测量）。

该工程设计坝顶高程443m，坝高48m。坝址河床高程约390m，坝址控制集雨面积142.5km^2，多年平均径流量6330万m^3，水库死库容为1840万m^3，有效库容8780万m^3，总库容12360万m^3，为多年调节水库。

水库灌区包括某四个区16个乡的农田，耕地面积18万亩，规划灌溉面积15万亩。

1.2　项目地点

某县与某县交界处。

1.3　地理概况

测区以低山浅丘为主；亚热带季风气候，四季分明，气候温和；测区为狭长形。作业期间适逢炎热夏季，农作物生长旺盛，植被较为茂密，给野外作业带来了较大困难。

1.4　项目工作量

1.4.1　四等GPS网控制测量

拟在该测区布设四等GPS控制网，点对间距离约为2~3km，作为整个库区的首级平面控制测量。

1.4.2　一级导线

以四等GPS点为已知点，布设一级导线，在四等GPS控制网的基础上加密平面控制点。

1.4.3　四等三角高程测量

以甲方提供的一个四等高程点作为起算数据，布设一个四等三角高程闭合环网，连测另外一个四等高程点作为检核。

1.4.4　图根RTK测量

以四等GPS控制点和一级导线为基础，在测区范围内采用GPS RTK加密图根控制点。

1.4.5　地形测量

1:500比例尺数字化地形图测绘面积约14.5km^2（超出部分必须征得甲方同意），具体施测范围以甲方提供的1:1万地形图上划定的红线图为准。

1.5 工期

本测区部全部测绘成果于 2013 年 9 月 15 日前交甲方，但如遇一些自然、人为等不可抗力因素可向后适当延长。

2 已有资料的分析利用

该测区附近有甲方提供的二等三角点千口山和尖坡岭，这两个点经检核无误后可作为本次平面控制测量的起算点。测区上下坝址有 4G01、4G02、4G03、4G04 四个四等 GPS 点，经检核无误后可按相应等级作为本次高程控制测量的起算点。

另外，委托方提供的 1:10000 地形图可作计划、控制网和水准路线的工作设计底图及项目实施时参考使用。

3 作业依据（见表 1）

表 1 作业依据

序	规范名称	规范代号	规范等级
1	《水利水电工程测量规范》	SL/T 197-2013	行标
2	《城市测量规范》	CJJ/T 8-2011	行标
3	《1:500、1:1000、1:2000 地形图图式》	GB/T 20257.1-2007	国标
4	《全球定位系统（GPS）测量规范》	GB/T 18314-2009	国标
5	《数字测绘成果质量检查与验收》	GB/T 18316-2008	国标
6	本项目技术设计书		

4 坐标系统和高程系统

4.1 坐标系统——1980 西安坐标系

4.2 高程系统——1956 年黄海高程系

5 成图规格

1:500 比例尺，基本等高距取用 1m。一般采用 50cm×50cm 正方形分幅，对个别图幅为方便使用可采用任意分幅，但不得超过 60cm×70cm。地形图编号以从西向东、从北到南规则用阿拉伯数字编排，例如：某库区地形图（1），…。

6 成图方法

全野外数字化成图。

7 测量软件系统及电子数据成果格式

7.1 采用的测量软件

GPS 网平差：计算采用 GPS 接收机商用软件包；所野外采集与成图软件：南方测绘仪器公司 CASS 9.0 软件。

7.2 电子数据格式

文字和表格采用 Word 文档或 Excel 文档；数据格式为南方 CASS 9.0 测图系统格式。

8 控制测量

8.1 平面控制测量

8.1.1 控制点的选埋

本测区有两个二等点,以此为平面首级控制点控制全测区,加密布设四等 GPS 网。四等 GPS 网的控制面积约 14.5km²,覆盖由甲方提供的范围红线图,四等 GPS 点选点时每隔 2~3km 选 1 对,两点之间距离保持通视。然后布设一级导线,在 GPS 点和一级导线点的基础上用 GPS RTK 方法进行加密图根控制测量,供地形测量使用。

选点准备:选点人员在实地选点之前,应收集有关布网任务与测区的图件资料、已有三角点和 GPS 点资料;应充分了解测区的交通情况。

GPS 点位要求:避免多路径效应对 GPS 定位的影响,便于安置和操作仪器,远离大功率无线电发射源,最近距离不得小于 200m,且应远离高压输电线,其距离不得小于 50m;避免偏心观测;点位易于长期保存。

两点 GPS 点选取时应通视,有利于采用其他手段联测和扩展。

点位确定后,现场记录完整点之记。

四等控制点均按规范中的点位和尺寸大小要求埋设永久性标志,四等 GPS 点只埋柱石。图根控制点,在软质地面上钉入木桩,其顶部钉入小铁钉作为中心标志;在坚硬岩石地面,用錾子在地上刻划三角形,中心刻一点作为测量对中标志。在各埋石点位附近明显固定的地物上,用红油漆书写点号及点位的指示方向线,标注相关距离以便查找和永久保存(书写时注意字体整洁和城市环境卫生)。

8.1.2　控制点的命名和编号

四等 GPS 点取山名、地名或单位名作为点名,点号取英文字母"D"+ 阿拉伯数字命名,图根控制点取英文字母"T"+ 阿拉伯数字命名。

8.1.3　四等 GPS 测量

(1) GPS 网的野外数据采集

1)GPS 接收机:采用 4 台套 Topcon Hiper GA 双频接收机进行观测。接收机标称精度均为 $\pm(3mm + 1 \times 10^{-6}D)$,$D$ 为观测基线长度,单位为 km。

2)观测准备:作业小组拿到每天的作业计划后,应收集有关点的资料,包括交通路线和点之记等。作业人员应在规定观测时间之前 20min 到达测站。观测过程中严禁搬动接收机。

3)天线安置与对中精度要求:天线架设高度距地面不得小于 1m,严格整平天线。天线定向标志线应指向正北(对于定向标志不明显的天线,按统一规定的记号安置天线并指向正北)。

4)天线高的测量:天线高测量应在观测前后各测量一次,读数至 mm,较差不大于 3mm,取用平均值并认真记录在手簿上。

观测时段要求:采用载波相位静态测量方法(见表 2)。

表 2　静态测量方法

等级	卫星高度截止角	有效观测卫星总数	平均重复设站数	时段长度	数据采样间隔
四等	15°	4 颗	≥1.6	≥45min	15s

5）接收机数据分流传输：每天工作结束回住地后，应立即将接收机数据分流传输至计算机，并进行各项检核，检查点号、时段号、天线高度输入及其单位是否正确。所有数据传输完后应将原始数据备份保存，以防数据丢失，同时进行当天的基线处理。

（2）解算观测的基线　单基线质量因子统计：基线平差计算验后均方差 rms 值应小于0.01m。基线解算相对几何强度因子应小于0.1。固定双差解质量因子 ratio 值应大于3。计算同一时段观测值的数据剔除率应小于10%。

四等网采用单基线处理模式时，对于采用同一种数学模型的基线解，其同步时段中任一三边同步环的坐标分量相对闭合差不超过 6×10^{-6}，环线全长相对闭合差不超过 10×10^{-6}。

对于采用不同数学模型的基线解，其同步时段中任一三边同步环的坐标分量相对闭合差和全长相对闭合差按独立环闭合差要求检核。

无论采用单基线模式还是多基线模式解算基线，都应在整个 GPS 网中选取一组完全的独立基线构成独立环，各独立环的坐标分量闭合差和全长闭合差应符合下式规定。

$$\omega_x \leqslant \frac{\sqrt{n}}{5}\sigma, \ \omega_y \leqslant \frac{\sqrt{n}}{5}\sigma, \ \omega_z \leqslant \frac{\sqrt{n}}{5}\sigma, \ \omega \leqslant \frac{\sqrt{3n}}{5}\sigma$$

式中　n——独立环中的边数；

　　　σ——相邻点间弦长精度，根据相应等级精度要求（a、b）计算；

　　　ω——环闭合差，$\omega = \sqrt{\omega_x^2 + \omega_y^2 + \omega_z^2}$。

复测基线较差：应小于接收机标称精度的 $2\sqrt{2}$ 倍。

（3）基线向量组网及网平差

1）基线向量组网：整网观测结束，基线解算工作结束后，选取合格的基线组网。

2）GPS 空间向量网的无约束平差：组网工作结束后，应进行无约束平差。以检验空间向量网的内符合精度、再次检验组网基线是否存在粗差基线。平差结束后，应有无约束平差的结果综述文件，弦长相对中误差文件形成，并保存作为精度统计依据文件。

在无约束平差中，基线向量的改正数绝对值应满足下式要求。

$$V_{\Delta X} \leqslant 3\sigma, \ V_{\Delta Y} \leqslant 3\sigma, \ V_{\Delta Z} \leqslant 3\sigma \quad \sigma = \sqrt{(a^2 + (bd)^2)}$$

平差结束后，应对平差后最弱点位中误差、最弱边长相对比例误差进行分析统计，并在最后的技术总结中予以阐述。

在约束平差中，基线向量的改正数与剔除粗差后的无约束平差结果的同名基线相应改正数的较差应符合下式要求：

$$d_{V_{\Delta X}} \leqslant 2\sigma, \ d_{V_{\Delta Y}} \leqslant 2\sigma, \ d_{V_{\Delta Z}} \leqslant 2\sigma$$

平差结束后，应对平差后最弱单点点位中误差、最弱边长相对比例误差进行分析统计，并在最后的技术总结中予以阐述。

8.1.4　一级导线测量

为满足委托方要求，需要在测区内进行控制点加密。采用 Leica TCR402 全站仪按《城市工程测量规范》（CJJ—2011），一级导线精度要求观测，水平角观测 2 测回，2C 较差不超过 $\pm 13.0''$；同方向测回较差不超过 $\pm 9.0''$。垂直角观测 2 测回，指标差较差不超过 $\pm 7.0''$；

垂直角各测回较差不超过 ±7.0″。距离观测 2 测回，一测回 4 次读数，一测回读数较差不得超过 5mm，单程各测回较差不得超过 7mm，往返较差不得超过 ±2（$a+bD$)，其中 a 为标定固定误差，b 为比例误差，D 为测量距离，单位为 km。

观测数据以四等 GPS 点为起算数据，采用清华山维 EPSW 测量平差软件进行计算。

8.2 高程控制测量

1）四等水准网以测区上下坝址四等 GPS 点的三角高程为起算数据，连测全部四等 GPS 点和一、二级导线点，控制范围与平面控制网相适应，具体见表 3。

表 3 电磁波测距三角高程测量观测限差

等级	边长测定			天顶距观测		高 差			
	一测回读数间较差/mm	测回间较差/mm	往返测较差/mm	指标差较差/″	测回间较差/″	每千米高差较差/″	对向高程较差/mm	单程双测高差较差/mm	附（闭）合线路闭合差/mm
三	5	7	2（$a+bD$)	8	8	±6	35D	±8$\sqrt{[D]}$	±12$\sqrt{[D]}$
四	10	15	2（$a+bD$)	8	8	±10	45D	±14$\sqrt{[D]}$	±20$\sqrt{[D]}$
五	10	15		10	10	±15	60D	±20$\sqrt{[D]}$	±30$\sqrt{[D]}$

注：1. 边长往返测较差必须将斜距改化到同一水平面方可进行比较。

　　2.（$a+bD$)为测距仪标称精度。

　　3. D 为测站水平距离，单位为 km。

2）四等水准不再埋设水准标石，主要用于连测 GPS 点和一、二级导线点，采用 GPS 点和一、二级导线点的标志。

3）四等水准测量采用四等光电测距高程导线测量。

9 图根控制测量

9.1 控制点的密度

控制点的密度和精度符合规定的技术标准的基本要求，满足测绘 1:500 地形图的需要。数字化成图的图根点密度不低于 64 点/km²（包括高级控制点）。在地形复杂区和隐蔽地区应加大密度，以满足实际测图的需要。

9.2 图根控制测量

图根控制测量采用 RTK 方法和电磁波测距导线的方法。

10 全野外数字化测绘 1:500 地形图

10.1 地形图的精度

1）地物点对邻近图根点的平面位置中误差不应大于图上 0.75mm。对个别坡度较大、植被覆盖且隐蔽的区域可适量放宽。

2）高程注记点对邻近加密高程控制点的高程中误差不应大于 1/3 基本等高距。对个别坡度较大、植被覆盖、隐蔽区域可适量放宽。

3）等高线对邻近加密高程控制点的高程中误差不应大于 1/2 基本等高距。对个别坡度较大、难于攀登的陡崖、植被覆盖、隐蔽区域可适量放宽。

10.2　测图要求

1）作为水电工程专业测图，根据专业特点要求测绘所需的地物、地貌要素，特别注意与水电工程有关的建、构筑物及附属设施。图面应清晰易读，主次分明，取舍恰当，以图式正确、合理地显示各种地理要素。

2）测图前对仪器进行检校，尤其注意垂直角指标差的测定与校正。

3）为自我检查测图情况，每站设置地物地形重合点进行校核，其点数不少于3点。

4）注意调查地理名称特别是居民地名称，并正确注记于图上。

5）注意乡镇及县界界线的测绘。

6）注意居民地外围轮廓的显示，注意保持房屋的基本特征。

10.3　全数字化测图注意事项

1）使用数字化测图系统作业，在认真执行规范、图式的前提下，外业数据采集、数据输入和内业成图尽可能有机结合。

2）图幅控制点密度应满足规范和测量技术设计书的基本要求。

3）外业数据采集与输入采用全站仪自动记录并传输数据至计算机。数据采集遵循有顺序地对相关点进行连续采集的原则，尽量避免不相关的交叉采集。测量员在外业时应实时、详细地绘制草图和做好各类注记，并尽快输入计算机，以便保证数据安全、及时检查和纠正。各作业小组作业范围一般以线状地物、地貌划分，如道路、河流、山脊和山沟等，避免重复和遗漏。

4）地貌数据一般采集山顶、鞍部、沟底、沟口、山脚、陡壁顶底和变坡点等地形特征点，并尽量控制地形线。作为水电工程专业测图，根据专业特点要求测绘所需的地物、地貌要素，特别注意与水利工程有关的建、构筑物及附属设施，如地貌和水系。图面要求清晰易读，主次分明，取舍恰当，用图式和符号正确、合理地显示各种地理要素。

5）采集密度根据地貌完整程度和坡度大小而定，一般为图上2~3cm。对部分受地形和通视条件限制以及可能危及立镜员安全，地形特征点采集困难，在对工程设计没有重大的影响前提下，可适量放宽。

6）各种成图参数设置，线划、符号、各类注记能够满足有关规范和工程设计要求。

7）为方便工程勘察和设计用图，植被、露岩、砂砾地等符号和注记间隔可适当放宽，以易于判读、合理分布为原则。

10.4　数据处理技术要求

数字测图内业工作量大，且是决定图件质量的关键环节，应高度重视，并正确认识内外业工作量比例。外业做到站站清；内业做到天天清，幅幅清。若天天清确有困难，则可按实际内、外业工作量比例，合理安排内、外业的工作时间，但一般外业连续工作量积累不得超过3天，否则数据量过大，容易造成错误。所有地物地貌要素应严格按照要素分类与代码规定执行，并认真检查，防止错码与错层。每幅完成后应及时打印出图，并到实地做巡视检查，以便改错和补漏，完善后应及时提交专职质检员进行内查外检。

10.5　数据编辑过程要求

1）所有填充符号应尽量避免单个符号手工填充方式，而使用"线填充/面填充"方式。

2）填充符号、各种注记禁止使用 CAD 的"复制"方式进行复制，也不可使用特性匹配，必须用成图软件独立绘制。

3）在编辑 1:500 地形图时，坎坡顶、底线的两端点必须保留高程点，各拐点在 1:500 图面允许的情况下也必须保留高程点。

4）在绘制房屋线时，应力求最少的线数（如独立的四边房屋，其边线应为 1 条）。

5）地物取舍须充分考虑 1:500 图的图面容量。

10.6 地形图分幅及分幅图号

1）1:500 比例尺，基本等高距取用 1m。一般采用 50cm×50cm 正方形分幅，对个别图幅为方便使用，可采用任意分幅，但不得超过 60cm×70cm。地形图编号以从西向东、从北到南规则用阿拉伯数字编排。

2）图幅整饰按各图式规范执行。

10.7 图幅裁切

1）把 1:500 地形图数据拼接并接边经检查无误后，再插入 1:500 分幅图廓线，在裁切前根据图廓线对地形要素进行接边，如路名、单位名、地名、铺面材料等，检查无误后，用成图软件的裁切功能或手工裁切完成 1:500 分幅图的裁切工作。

2）裁切完成后再次检查接边，看有无遗漏、掉线或注记位置不当等情形。

11 质量控制

（1）小组检查 作业小组对所做成果资料必须全面地进行自查互校，自查资料应齐全，确认无误后方可上交小组长检查。检查的主要内容包括起始资料、摘录数据、作业方法和程序、所用仪器和工具、计算程序和最后结果等。检查工作包括外业和内业。

（2）分院检查 小组检查修改完成后上交分院质量检查组进行内、外业检查。检查的主要内容包括起始资料、摘录数据、作业方法和程序、所用仪器和工具、计算程序和最后结果等，并做好检查记录交院质量管理处检查。

12 文明施工规定

1）电力线、变压器附近测量使用木制塔尺或塑钢对准杆或免棱镜全站仪，并保持安全距离，10kV 以上不小于 5m，10kV 以下不小于 3m。林中的高压杆应转点或采用前方交会法测量，也可使用免棱镜全站仪进行测量。

2）在公路上进行测量时，应遵守交通规则，注意前后来往车辆，作业人员必须穿戴安全背心标志服，仪器设站点前后 10m 的路段上应设立交通安全标志筒。施工场地作业必须头戴安全帽。

3）进行控制测量时，作业人员系好安全带，在保证安全的情况下进行作业。

4）外业设站时，仪器与脚架的固定螺钉要旋紧，升降脚架要固定牢固。测站点不要架设在存在安全隐患的陡坎边、高空施工作业架下以及高压线铁塔附近。在房顶、水塔等高空设站时，必须固定仪器脚架，观测员必须系好保险带，并有专人进行安全保护。

5）在进入厂区及办公区域测量时，应主动向保安或单位值班人员出示相关证件并说明情况，同时遵守该单位的安全管理规定。作业员应在两人以上，互相监督，彼此照应。

6）在行人密集区或公路上进行测绘时，作业人员必须穿戴好安全标志服，同时在作业点附近放置安全警示牌，严格遵守城市交通规则，服从交警指挥。穿越公路时要走人行横道，并左右观察来往车辆。

7）严禁翻围墙、跳堡坎等抄近路作业。严禁爬树、上墙进行作业，遇到障碍地物，可以通过支点法、交会法、断面法或楼顶设站俯视测量等手段解决。立尺员标杆靠近建筑物，要观察顶上是否有电力电线和不稳定的广告牌等。

8）凡固定桩位时，钻子、斧头（或锤子）要拿稳，特别注意斧头（或锤子）与手柄是否连接牢固，对中杆不使用时应平放，警惕在打桩时对中杆倒下砸伤人或设备受损。进行钢尺量距时，应注意钢尺经过线路的沿线情况，严禁接触电线和变压器，严禁从高处向下抛丢钢尺。

9）其他职业健康安全问题严格按《职业健康安全生产管理作业指导书》执行，确保人身安全和仪器设备安全。

13　成果资料的检查验收

1）本次测绘工程各项成果资料必须实行二级检查制度，即在作业小组自查互校的基础上，分院过程检查和院最终检查。在生产过程中严格按照质量管理体系以及贯标文件规定进行管理。

2）作业小组对所作成果资料必须全面地进行自查互校，自查资料应齐全，确认无误后方可上交分院检查。

3）在小组作业期间，分院专职检查人员必须加强过程检查，严格把握生产初期的"一点一线"原则，保证成果的质量。

4）检查工作包括外业和内业，并做好检查记录交院质量管理部门，用于存档。

14　提交资料（见表 4）

表 4　提交资料

序号	成果名称	数　量	备　注
1	控制网分布及图幅分幅略图蓝晒图	膜图 1 份，蓝晒 6 份	
2	1:500 库区地形图（蓝晒图）	膜图 1 份，蓝晒 6 份	
3	1:500 库区地形图拼接图	1 套	
4	上、下坝址水位-面积、水位-库容关系表（图）	膜图 1 套，蓝晒 1 套	
5	控制测量观测手簿、计算手簿	1 套	复印件
6	测量技术设计书、测量报告（含库区四等 GPS 点之记、控制点成果）	7 套	含现场交四等 GPS 控制点
7	1~7 项资料数字光盘	2 张	含控制点成果

课题 3　控制测量

【学习目标】

1. 了解平面控制网的分类及建立方法。

2. 了解高程控制网建立的方法。

在一定的区域内，按测量任务所要求的精度，测定一系列地面标志点的水平位置和高程，建立起控制网，这种测量工作称为控制测量。测定控制点水平位置的工作称为平面控制测量，目前数字测图中主要采用的方法有导线测量和 GNSS 卫星定位等；测定控制点高程点工作称为高程控制测量，主要方法有水准测量、三角高程测量、GNSS 高程拟合。所以，控制测量是由平面控制测量和高程控制测量组成的。控制网按照控制区域的范围大小可分为：

1. 国家控制网

全国范围内建立的控制网，又称为大地控制网（简称大地网）。网中的各类控制点包括三角点、导线点、水准点，统称为大地控制点（简称大地点），是全国各种比例尺测图的基本控制，并为确定地球的形状和大小提供研究资料。

2. 城市控制网

在城市地区建立的控制网，直接为城市大比例尺测图、城市规划和市政建设等提供控制点。

3. 小区域控制网

在小于 $15km^2$ 范围内建立的控制网称为小区域控制网。在此范围内，水准面可以视为水平面。建立小区域控制网时，应尽量与国家或城市的高级控制网进行联测，将国家或城市的高级控制点的坐标或高程作为小地区控制网的起算和核算数据。如果不连测，则可建立独立控制网。直接为测图所建立的控制点称为地形控制点，又称为图根控制点。测定图根点平面和高程位置的工作称为图根控制测量。

一、平面控制测量的建立方法

1. GNSS 测量

GNSS 是 Global Navigation Satellite System 的缩写，又称为全球导航卫星系统。目前，GNSS 包含了美国的 GPS、俄罗斯的 GLONASS、欧盟的 Galileo 系统和中国的北斗系统（Compass）。其定位原理都是利用卫星定位接收机接收定位卫星发射的无线电信号，并通过一定的数据处理而获得测站位置的测量方法。与常规测量相比，GNSS 测量有诸多优点：

（1）定位精度高　GNSS 定位方法有静态相对定位、实时动态定位、实时差分定位等方法，其中 GNSS 静态相对定位精度最高，在小于 50km 的基线上，相对定位精度可达 $1 \times 10^{-6} \sim 2 \times 10^{-6}$，而在 $100 \sim 500km$ 的基线上可达 $1 \times 10^{-6} \sim 1 \times 10^{-7}$。在实时动态定位（RTK）和实时差分定位（RTD）方面，定位精度可达到厘米级和分米级，能满足各种工程测量的要求。随着 GPS 定位技术及数据处理技术的发展，其精度还将进一步提高。

（2）观测时间短　目前，利用经典的静态相对定位模式，观测 20km 以内的基线所需的观测时间，对于单频接收机在 1h 左右，对于双频接收机仅需 $15 \sim 20min$。采用 RTK 测量模式，初始化观测 $1 \sim 5min$ 后，便可随时定位，每站观测仅需几秒钟。利用 GNSS 技术建立控制网，可缩短观测时间，提高作业效益。

（3）观测站之间无须通视　GNSS 测量不要求测站之间相互通视，只需测站上空开阔即可，点位位置根据需要可稀可密，使选点工作很灵活。在布设首级测图控制网时，GNSS 测量虽然不要求观测站之间相互通视，但为了方便用常规方法联测的需要，在布设 GNSS 点时，应该保证至少一个方向通视。

（4）操作简便　随着 GNSS 接收机不断改进，自动化程度越来越高，有的已达到"傻瓜化"的程度。接收机的体积也越来越小，重量也越来越轻，极大地减轻了测量工作者的工作紧张程度和劳动强度。

（5）可提供全球统一的三维地心坐标　经典大地测量将平面和高程采用不同方法分别施测。GNSS 测量中，在精确测定观测站平面位置的同时，可以精确测量观测站的大地高程。GNSS 测量的这一特点，为研究大地水准面的形状和确定地面点的高程开辟了新途径。GNSS 定位是在全球统一的 WGS-84 坐标系统中计算的，因此全球不同点的测量成果是相互关联的。

（6）全球全天候作业　目前，GNSS 观测可在一天 24h 内的任何时间进行，不受天气和气候的影响。

由于 GNSS 有诸多的优点，因此目前在大面积数字测图中，首级控制网一般采用 GNSS 进行布设，测图图根点也可采用 RTK 进行加密。

2. 导线测量

将地面上相邻的相互通视的一系列控制点连成折线，在控制点上设置测站，直接测定折线的各边边长及相邻折线边的水平夹角，根据已知数据推算出控制点的平面坐标的测量称为导线测量。导线测量是建立国家大地控制网的一种方法，也是工程测量中建立控制点的常用方法。

导线测量布设灵活，推进迅速，受地形限制小，边长精度分布均匀。如在平坦隐蔽、交通不便、气候恶劣的地区，采用导线测量法布设大地控制网是有利的。但导线测量控制面积小、检核条件少、方位传递误差大。

在布设的首级 GNSS 控制网的基础上，以 GNSS 为起算数据，布设低等级的导线，进而加密图根点。

二、高程控制测量的建立方法

1. 水准测量

水准测量是利用水准仪的水平视线读取垂直放置的水准仪前后两地面点的水准标尺上的分划线，求得两地面点间的高差，进而逐点推算出地面点的高程，其测量精度较高。但由于仪器与标尺距离较近，因此在山地地区，测量工作开展较慢且耗时较长。

2. 三角高程测量

三角高程测量的基本原理是：测定地面上两点间的距离和垂直角，依据三角公式计算出两点间高差，进而求得地面点的高程。三角高程测量作业简单，布设灵活，不受地形条件限制。其缺点是：由于大气折光的影响，垂直角观测值含有较大的误差，使得测定的高差或高程精度较低。因此，三角高程测量中必须有足够数量的水准点作为高程起算点，才能满足数字测图的精度要求。目前，三角高程测量的精度可以达到四等水准测量的精度。

3. GNSS 高程测量

由于 GNSS 测量可以获得地面点的三维坐标，因此其高程数据是地面点的大地高。在用 GNSS 测量技术间接确定地面点的正常高时，当直接测得测区内所有 GNSS 点的大地高后，再在测区内选择数量和位置均能满足高程拟合需要的若干 GNSS 点，用水准测量方法测出其正常高，并计算所有 GNSS 点的大地高与正常高之差（高程异常），以此为基础利用平面或曲面拟合的方法进行高程拟合，即可获得测区内其他 GNSS 点的正常高；也可通过似大地水准面精化模型内插高差异常值，进而得到 GNSS 点的正常高。此法精度已达到厘米级，可以用于图根控制点高程的测量。若拟合区域较大，则可采用分区拟合的方法，即将整个 GPS 网划分为若干区域，利用位于各个区域中的已知点，分别拟合出该区域中的各点的高程异常值，从而确定出它们的正常高。

课题 4 碎部测量

【学习目标】

1. 了解碎部测量的方法。

2. 了解碎部测量方法的特点。

数字测图碎部点测量因使用的仪器（设备）、采集方法及图形输出目的的不同而不同。在使用全站仪及 RTK 进行全野外数字测图时，碎部点的采集方法主要有以下几种：

1. 全站仪采集碎部点

目前，在全野外数字测图的实际作业当中，利用全站仪进行碎部点采集时，按照数据记录方式的不同可分为绘制观测草图作业（测记法）模式、碎部点编码作业模式和电子平板（或 PDA）作业模式三种。

（1）绘制观测草图作业模式 该方法是在全站仪采集数据的同时，绘制观测草图，记录所测地物的形状并注记测点顺序号，内业将观测数据通信至计算机，在测图软件的支持下，对照观测草图进行测点连线及图形编辑。

（2）碎部点编码作业模式 该方法是按照一定的规则给每一个所测碎部点一个编码，每观测一个碎部点需要通过仪器（或手簿）键盘输入一个编号，即一个编号对应一组坐标（X、Y、H），内业将数据通信至计算机中，在成图软件的支持下，由计算机进行编码识别，并自动完成测点连线，形成图形。

（3）电子平板（或 PDA）作业模式 该模式是将电子平板（笔记本式计算机）或 PDA 手簿通过专用电缆与全站仪的数据输出口连接，观测数据直接进入电子平板或 PDA 手簿，在成图软件的支持下，现场连线成图。

以上三种作业方法既有相同点又存在一定的差异。就碎部点的测定精度而言，由于三种方法用于数据采集的仪器均为全站仪，因此碎部点的观测精度基本相同，只要观测方法正确，测站点与定向点准确，所测点的点位误差均能达到厘米级精度。但由于数据记录方式不同，因此各种方法在成图质量、作业效率以及对作业人员的要求等方面各有不同。

绘制观测草图模式，成本低、作业简单，绘草图者与立镜者同行，所绘草图能够清楚地反映所测碎部点的连线关系，只要草图上标注的点号与记录器中存储的点号不发生错号（正确对应），则内业连线就不会出现连错现象，从而可以进一步保证所测各种地物的正确性。但其突出缺点是白天作业人员在野外工作一天，晚上还要花几个小时的时间进行内业连线，大大增加了作业人员的劳动时间。此外，一旦出现错号（即草图上注记的点号与记录器中的点号不对应），则会引发许多麻烦。

碎部点编码作业模式，是由计算机根据编码进行自动连线，无疑能够减轻作业人员的劳动强度，但繁锁的编码规则，使作业人员难以记忆和掌握，同时，每测定一个点都要通过键盘输入一个至少七位数字的编码，无疑会降低作业速度。此外，当在测站上不能够清楚地辨别所测碎部点的类别时，编码也将难以完成。

电子平板模式简单直观，具有类似于大平板仪测图的特点，屏幕代替了图板，每测完一个点，计算机就会根据所测坐标将点位在屏幕上显示出来，作业人员就可根据实地情况进行现场连线。这样就大大地减少了连线错误，提高了作业效率和成图质量。但是由于笔记本式计算机价格较高，且不能很好地适应野外作业的环境条件（如防尘、防潮、电池容量、屏幕亮度等），因此在大型的专业化测绘生产企业中难以推广；同时，由于现场环境的复杂性，在测站上不可能完全了解所测碎部点的详细情况，难以判断测点之间的连线关系，因此在一定程度上会影响效率和质量。

2. GPS-RTK 技术采集碎部点

差分 GPS 定位的基本原理是：在基准站上利用 GPS 接收机发送和接收数据，通过基准站的准确地理坐标，测算基准站与卫星之间的几个重要参数（如距离修正、方位等），通过无线电手段发送给移动或固定用户。用户接收机通过差分原理不断对结果进行修正，以提高测量的准确性。GPS-RTK 技术使测定一个点的时间缩短为几秒钟，而定位精度可达厘米级。但是在建筑物密集地区，由于障碍物的遮挡，容易造成卫星失锁现象，因此 RTK 作业模式会失效。

采用 GPS-RTK 技术进行野外数据采集时，对数据的表达形式也可采用绘制观测草图作业模式和碎部点编码作业模式，在此不再赘述。

3. GPS-RTK 技术与全站仪相结合进行碎部测量

此模式充分发挥了全站仪和 RTK 的作业优势。测图作业时，对于开阔地区以及便于 RTK 定位作业的地物（如道路、河流、地下管线和检修井等）采用 RTK 技术进行数据采集，对于隐蔽地区及不便于 RTK 定位的地物（如电杆、楼房角等），则利用 RTK 快速建立图根点，用全站仪进行碎部点的数据采集。这样既免去了常规的图根导线测量（更不用支站）工作，同时又有效地控制了误差的积累，提高了全站仪测定碎部点的精度。最后将两种仪器采集的数据进行整合，形成完整的地形图数据文件，在相应软件的支持下，完成地形图（地籍图、管线图等）的编辑整饰工作。该作业模式的最大特点是在保证作业精度的前提下，可以极大地提高作业效率。可以预见，随着 GPS 的普及、硬件价格的进一步降低和软件功能的不断完善，GPS-RTK 与全站仪相结合的数字测图作业模式将会得到迅速发展。

课题5 数字地形图的绘制

【学习目标】

了解数字地形图绘制的基本过程。

将采集碎部点及控制点的数据输出到计算机，借助绘图软件进行地形图绘制，主要有以下基本过程。

一、数据传输

数据传输是指将数据从采集设备（全站仪、GPS-RTK 或其他设备）传输到计算机的过程。要完成数据采集设备与计算器之间的正常通信，作业前要对采集设备进行必要的参数设置。

二、数据预处理

数据域处理包括数据格式、数据正确性检查、各种数据资料的匹配等。由于野外数据采集方法和仪器设备的不同，有必要进行数据转换。如将野外采集的带简码的数据文件和无码数据文件转换为带绘图编码的数据文件；将野外采集的带简码的数据文件和无码数据文件转换为带绘图编码的数据文件，供软件自动绘图使用。

三、数据计算

数据计算主要是针对地貌关系数据进行，当采用计算机建立数字地面模型和绘制等高线时，需要进行模型建立、插值计算、等高线光滑处理等工作。在计算过程中，需要给计算机数据输入必要的数据，如等高距和光滑闭合步长等，必要时还要对数字地面模型进行修改。在地物编辑中，还需对包括房屋类直角拐弯的地物进行误差调整，消除非直角化误差等。

四、图形生成

经过上述数据处理过程后，产生平面数据图形文件和数字地面模型，这就是数字地形图的雏形，一般包括平面图生成、等高线生成及两者的合并编辑。

五、图形编辑与整饰

要想得到一幅规范化的数字地形图，还需对数据处理后生成的"原始"图形进行修改、编辑、整饰；还需要进行文字和高程注记，并填充各种面状地物符号（如房屋、植被）；需要对整个测区图形进行拼接、分幅和图廓整饰等。最后对图形进行保存、管理和使用。

课题 6　数字地形图成果的检查、验收与输出

【学习目标】

1. 了解数字地形图成果的基本概念和术语。
2. 掌握数字地形图成果的检查验收的基本规定。
3. 了解数字测地形图成果输出的方法。

一、数字地形图成果的检查与验收

数字地形图成果质量是测绘项目成败的关键，也会影响整个相关工程的质量。为了评定测绘成果质量，需严格按照相关技术细则或技术标准，通过观察、分析、判断和比较，适当结合测量、试验等方法对数字测图的准备、技术设计、生产作业直至产品交付等所有涉及测绘成果质量的环节进行符合性评价。

数字地形图属于数字测绘成果，因此，其成果检查验收应满足数字测绘成果检查验收的基本规定。

1. 检查验收制度

数字地形图成果实行二级检查一级验收制度。每一级检查验收均应设置专门机构或专人，检验机构可根据测绘单位资质确定；人数可根据检查验收工作量配置，作业各组应设一名兼职检查员，负责监督本组的作业成果自检和组间的交换互检工作。

（1）自查　自查是保证测数字地形图质量的重要环节。作业员应经常检查自己的作业设备、作业方法和作业质量。对每一天完成的任务应当日查，一旦发现错漏，必须立即补上或改正，把遗漏和错误消灭在生产第一线。在提交成果前必须进行全面的自我检查。

（2）互查　互查是测绘成果在全面自查基础上进行的作业员（组）之间的相互检查方法。互查不仅能发现自查不容易发现的问题，而且也是一种相互学习、相互促进的有效方法。

（3）一级检查　一级检查也称为过程检查，是在全面自查互查的基础上，测绘单位作业部门按照测量规范、技术设计书和有关技术规定，对作业组生产的产品进行全面检查。首先要进行内业检查，然后再进行外业检查。

（4）二级检查　二级检查也称为最终检查，是在一级检查的基础上，对作业组的产品再进行一次检查。在确保质量的前提下，生产单位可根据实际情况，依据《测绘产品检查验收规定》制定测绘产品最终检查的实施细则。最终检查一般采用100%全数检查，涉及野外检查项的可采用抽样检查，样本以外的应实施内业全数检查。

（5）验收工作　验收工作应在测绘产品最终检查合格后进行。验收工作一般采用抽样检查，由生产任务的委托单位组织实施或由单位委托专职质量检验机构验收。质量检查机构应对样本进行详查，必要时可对样本以外的单位成果的重要检查项进行概查。

各级检查验收工作应独立、按照顺序进行，不得省略、代替或颠倒顺序。最终检查应审核过程检查记录，验收应审核最终检查记录，审核中发现的问题作为资料质量错漏处理。

2. 测绘成果质量检查验收记录与报告

检查验收记录包括质量问题及其处理记录和质量统计记录等。记录填写应及时、完整、规范、清晰。经检验人员和校核人员签名后的记录禁止更改和增删记录。最终检查和验收工作完成后，应编写检查和验收报告，并随测绘成果一起归档。

3. 质量问题处理

当验收中发现有不符合技术标准、技术设计书或其他有关技术规定的成果时，应及时提出处理意见，交测绘单位进行改正。当问题较多或性质较重时，可将部分或全部成果退回测绘单位或部门，令其重新处理，然后再进行验收。

经验收判为合格的批，测绘单位或部门要对验收中发现的问题进行处理，然后进行复查。经验收判为不合格的批，要将检验批全部退回测绘单位或部门进行处理，然后再次申请验收。再次验收时应重新抽样。

过程检查和最终检查中发现的质量问题应改正。在过程检查和最终检查工作中，当对质量问题的判定有分歧时，由测绘单位总工程师裁定；验收工程中，当对质量问题的判定有分歧时，由委托方或项目管理单位裁定。

二、数字地形图成果输出

数字地形图成果输出是指野外数据经数字测图系统处理后，直接提供给设计人员或决策者使用的图形、图像、数据报表和文字说明等。数字地形图输出是指将数字测图系统处理的结果表示为用户直接使用或深加工的过程，可以表现为以实物为载体的传统地形图或以数字形式存在的各种数据形式。

目前，数字地形图的成果输出形式主要有：屏幕显示、矢量绘图、打印输出及与地理信息系统进行数据交换。

课题7 数字测图技术总结

【学习目标】

了解数字测图技术总结的编写目的及内容。

一、数字测图技术总结的编写

1. 技术总结编写的目的

测绘技术总结是测图项目完成后，对技术设计书和技术标准的执行情况，对技术方案、作业方法、新技术的应用，成果质量和主要问题的处理等所进行的分析、研究与总结，以及做出的客观评价与说明，它有利于生产技术和理论水平的提高，可以为其他工程积累经验、为科学研究积累资料。测绘技术总结是与测绘成果有直接关系的技术性文件，是需要永久保存的重要档案。编写技术总结的目的主要有：

1）进一步整理已完成的作业成果，使其更加完备、准确和系统化。

2）对成果成图和各项资料加以说明和鉴定，便于各部门利用。

3）对生产和科学研究提供有关数据与资料。

4）通过总结经验，吸取教训，进一步提高作业的技术水平和理论水平。

2. 技术总结的主要内容

（1）技术总结概述 技术总结概述包括以下内容：

1）项目名称，任务来源、内容、工作量目标，测图比例尺，生产单位，作业起止日期，任务安排概况。

2）测区名称、范围，行政隶属，自然地理特征，交通情况，困难类别。

3）作业技术依据，采用的基准、系统、等高距，投影方法，图幅分幅与编号方法。

4）计划与实际完成工作量的比较、作业率的统计。

（2）利用已有资料情况 包括资料的来源和利用情况、资料中存在的主要问题及处理方法。

（3）控制测量

1）平面控制测量应包括平面控制测量所采用的坐标系统、投影带和投影面，作业技术依据及执行情况，首级控制网及加密控制网的等级、起始数据的配置、加密层次及图形结构、点的密度，使用的仪器设备、觇标和标石情况，施测方法，数据处理软件及平差计算方法、精度统计等。

2）高程控制测量应包括采用的高程控制测量系统，作业技术依据及执行情况，首级高程网及加密网的网形、等级、点位分布密度，使用的仪器、标尺、记录计算工具等，埋石情况，施测方法，视线长度（最大、最小、平均）及其距地面和障碍物的距离，重测测段和数量，数据处理软件及平差计算方法、精度统计等。

（4）测图作业方法、质量和有关技术数据 包括测图方法、使用仪器型号、规格和特性，仪器检验情况，外业采集数据的内容、密度、记录特征，特殊地物地貌的表示方法，图形接边情况，图形处理所用软件和成果输出的情况。

（5）产品质量情况 说明和评价测绘产品（成果）的质量情况，包括产品精度情况、产品达到的技术指标，并说明最终测绘成果（或产品）的质量检查报告的名称和编号。

（6）上交和归档测绘产品及资料清单 包括控制点分布图及观测手簿、计算手簿，控制测量成果，地形图，地形图拼接图，成果质量统计表等资料，并附资料光盘。

二、数字测图技术总结编写实例

重庆市某库区 1:500 地形测量技术总结报告

1 项目概述

1.1 概要说明

1.1.1 项目来源

为有效利用水资源，缓解电力供需矛盾，保证国民经济可持续发展，拟在某交界处修建某水库。为满足某水库初设阶段需要，受重庆市水利电力建筑勘测设计研究院委托，我单位承担该项目库区 1:500 地形图测量任务（包括库区河道水下地形测量）。

1.1.2　内容

甲方在 1:10000 的地形图上划定的范围内，进行陆域和水下 1:500 地形测量。

1.1.3　工作量

1）布设四等 GPS 控制点 12 点，联测二等三角点两点和甲方提供的四等 GPS 点 4 点。

2）一级导线、四等三角高程导线：36.72km。

3）布设图根控制点：229 点，RTK 图根点 126 点，电磁波光电测距图根点 103 点。

4）测量 1:500 地形图面积：15.19km^2。

1.1.4　项目的组织和实施

（1）投入人员和仪器设备　本项工程共投入工程师 2 人，助理工程师 3 人，技术人员 8 人。投入的人员均有相应的资格证书，所有投入仪器均检定合格。设备投入的具体情况见表 1。

表1　设备投入的具体情况

设 备 名 称	数　量	用　途
Topcon Hiper Ga 接收机	4 台套	GPS 观测和 RTK 数据采集
GTS601-0432 2″级	2 套	一级导线测量、四等三角高程测量
GTS225 5″级	10 套	1:500 地形测量
皮划艇	1 艘	水下地形
计算机	10 台	内外业数据处理与资料整理
激光打印机	1 台	资料打印

（2）工期　本项目我院于 2013 年 8 月 1 日开工，于 2013 年 11 月 19 日完成外业工作，11 月 15 日提交正式资料。

1.2　作业区概况和已有资料的利用情况

1.2.1　作业区概况

（1）测区地理位置　测区以低山浅丘为主；亚热带季风气候，四季分明，气候温和；测区为狭长形。作业期间适逢炎热夏季，农作物生长旺盛，植被较为茂密，给野外作业带来了较大困难。测区概略经度为：107°34′02″E 至 107°40′47″E，概略纬度为：30°16′46″N 至 30°21′20″N。

（2）交通条件　测区内交通不便，基本靠摩托运输，为观测带来不便。从重庆经渝宜高速，沪蓉高速到某镇，再乘车到达本测区。

1.2.2　已有资料的利用情况

（1）控制资料　平面控制资料和高程控制资料均由甲方提供，我方经过平差验证，成果可靠，可用于本次发展加密控制和地形测量。

平面控制资料的验证，通过使用同一对二等三角点千口山和尖坡岭作为起算点，平差四等 GPS 网，平差后甲方提供的点和我方平差结果的比较见表 2。

表 2 控制检核比较

点 名	甲方提供成果		平差成果		X 差值/m	Y 差值/m	平面差值/m
	纵坐标 X/m	横坐标 Y/m	纵坐标 X/m	横坐标 Y/m			
4G01	3351158.827	458354.931	3351158.818	458354.918	0.009	0.013	0.016
4G02	3351626.153	458586.072	3351626.143	458586.062	0.010	0.010	0.014
4G03	3353623.715	462176.200	3353623.706	462176.183	0.009	0.017	0.019
4G04	3353851.300	462672.337	3353851.293	462672.320	0.007	0.017	0.018

通过比较表反映出平面控制点成果可靠。

高程控制资料的验证，通过平差的结果反映出，甲方提供的高程成果可靠。

（2）地形图资料　委托方提供标注有具体范围的 1:10 000 地形图，可作为技术设计、范围确定、生产计划等工作的工作底图使用。

2 技术设计执行情况

2.1 引用技术标准

1)《水利水电工程测量规范》（SL 197—2013）。

2)《城市工程测量规范》（CJJ 8—2011）。

3)《1:500，1:1000，1:2000 地形图图式》（GB/T 20257.1—2007）。

4)《全球定位系统（GPS）测量规范》（GB/T 18314—2009）。

5)《数字测绘成果质量检查与验收》（GB/T 18316—2008）。

2.2 技术设计执行情况

2.2.1 大地基准、高程基准和精度指标

1）平面坐标系统采用 1980 西安坐标系。

2）高程系统采用 1956 年黄海高程系。

3）精度指标：四等 GPS 平面控制点最弱点中误差：±5cm；一级导线点最弱点点位误差：±5cm；四等三角高程导线每千米高差中误差小于 ±10mm/km；图根控制点平面精度：±5cm，图根控制点高程精度：±5cm；地形图成图比例尺：1:500；基本等高距 1 米。

2.2.2 四等 GPS 控制测量

（1）四等 GPS 点的选埋和编号　四等 GPS 点均选择在地势开阔，无明显电磁干扰源，且利于 GPS 数据链传播的位置，四等 GPS 点选点覆盖整个测区，且分布较均匀。四等 GPS 点埋石采用现场浇筑，标石中心标志使用不锈铁标志嵌入。四等 GPS 的编号采用英文字母"D + 数字序号"表示，如 D01、D02、D03。

（2）四等 GPS 野外观测　采用 GPS 载波相对定位测量，边连接式构网观测。利用 4 台 Topcan GPS 双频仪器观测 11 个时段。野外观测数据采集前，严格对中、整平对点器，并在三个方向上量取天线高，取平均值记录在手簿上，正确地连接数据线，开机后检查数据接收是否正常。

（3）GPS 基线处理　本次观测数据处理后形成合格基线 63 条，基线最短边长 522.095m，最大边长 18264.881m，平均边长 3886.847m。所有基线 Ratio 值均大于 3，观测

基线总体反映出观测时间选取合理,观测设计有效,基线处理正确,不含粗差基线。所有基线相对比列误差均优于 1×10^{-6}。

(4) GPS 重复基线　重复基线统计见表 3。

表 3　重复基线统计

复测基线长度区间/km	较差区间/cm	较差均值/cm	相对较差区间	相对较差均值
0.55 ~ 0.88	0 ~ 0.8	0.3	$(0.032 \sim 0.038) \times 10^{-6}$	$(0.035) \times 10^{-6}$

(5) 同步环和异步环　本次观测选择具有代表性的 37 个三边同步环,所有同步环分量闭合差均小于 6×10^{-6},环闭合差小于 10×10^{-6}。最大同步环分量闭合差为 0.46×10^{-6},最大环闭合差为 0.88×10^{-6}。

本次观测选择具有代表性的 58 个三边异步环,所有异步环分量和环闭合差均满足下式要求。

$$W_x \leqslant 2\sigma \sqrt{n}$$
$$W_y \leqslant 2\sigma \sqrt{n}$$
$$W_z \leqslant 2\sigma \sqrt{n}$$
$$W \leqslant 2\sigma \sqrt{3n}$$

(6) WGS-84 坐标系下三维无约束平差　选择合格的基线构网,将 TGO 中的基线文件 (*.asc) 导入到 Poweradj 3.0 中,进行 WGS-84 坐标系下的三维无约束平差。

平差后,所有基线向量改正数满足设计和规范要求。平差后最弱点点位中误差为 0.91cm。最弱相对边:D02-D01,最弱相对边长比例误差:1/128816。以上数据反映出基线构网合理、可靠。可进行下一步 1980 西安坐标系下的二维约束平差。

(7) 1980 西安坐标系下二维约束平差　平差后,所有基线向量改正数满足设计和规范要求。平差后最弱点点位中误差为 0.71cm。最弱相对边:4G01-4G02,最弱相对边长比例误差:1/137908。再次证明基线构网合理,成果可靠。

2.2.3　一级导线

以四等 GPS 点为起算点,在测区范围内布设一级导线网,进行平面控制加密测量。本项目共布设 3 条一级导线,在泥土松软的地方,导线点用混泥土标石,标石规格为 15cm × 20cm × 40cm,中心标志用直径 1.2cm,长 20cm 的钢筋,其顶部刻有 " + " 字叉。在水泥地面或水泥公路上凿刻一个正方形,打进水泥钉,一级导线点编号采用字母 "I" 加阿拉伯数字表示,如 I1、I2、I3。

采用清华山维 EPSW 测量平差软件进行计算,其精度按技术指标统计,均符合规范要求。

2.2.4　图根控制测量

图根控制测量根据仪器配置和人员结构,分别使用两种方法进行,即 RTK 图根测量和电磁波光电测距导线的方法进行施测。在水泥地面或水泥公路上凿刻三角符号,中间凿刻一点,在能打进水泥钉子的地方打进水泥钉子,作为图根点的地标图根点标志;把木桩打入泥土中，中心打入钉子作为木桩图根点标志。本项目图根点编号采用字母"A"加阿拉伯数字表示，如 A01、A02、A03。

（1）RTK 图根控制测量　基准站的架设：将基准站架设在地势较高地四等 GPS 点上，严格对中、整平 GPS 接收机，GPS 接收机天线标志指北。连接各部件线路，正确地架设了电台。

1）基准站电台的启动：正确地配置了 My RTK 中的各项参数，严格地检查各项参数和天线高输入是否正确。以观测 2min 后的单点定位数据作为基准站坐标，启动基准站正常工作。

2）流动站的设置：正确地配置电台通信链参数和通信接口与协议，正确地配置好流动站电台。

3）流动站数据的采集：首先在基准站约 20m 的位置进行试连接，然后在图根点上进行数据采集，待 GPS 解固定后，观测 30s 进行第一次数据采集，将仪器移开，等待时间 2min 以上。再次将仪器放置在图根点上，待 GPS 解固定后，观测 30s 进行第二次数据采集。

RTK 数据的处理：所有的数据经过两测回合格检验，平面差值最大值为 0.034m，高程差值最大值为 0.038m，均满足 RTK 两测回观测限差 ±5cm 的要求。本次 RTK 观测共观测图根点 126 点，其中地标点 30 点、木桩点 96 点。

RTK 校正计算，采用以下 5 点作为校正点进行校正（见表 4），校正后点的残差满足要求。

表 4　校正点残差

校正点点号	校 正 前			校 正 后			前后差值的绝对值	
	X/m	Y/m	H/m	X/m	Y/m	H/m	$\Delta S/m$	$\Delta H/m$
4G03	3353623.706	462176.183	435.057	3353623.700	462176.188	435.079	0.008	0.022
4G04	3353851.293	462672.320	446.975	3353851.281	462672.331	446.959	0.016	0.016
D01	3355836.984	461173.924	451.249	3355836.997	461173.933	451.251	0.015	0.002
D02	3354995.302	460906.039	466.142	3354995.308	460906.046	466.135	0.009	0.007
D03	3352249.815	460410.124	461.646	3352249.817	460410.102	461.642	0.022	0.004

注：ΔS 表示平面差值。

（2）电磁波光电测距导线图根控制测量

1）图根平面测量：本次根据实地需要共布设附和路线图根 7 条，在困难地区布设了 1 条图根支导线。图根支导线的观测水平角一测回，垂直角两测回，距离观测一测回。图根导线精度详见《图根计算手簿》。

2）图根高程控制测量：采用图根光电测距高程导线进行图根控制测量，与平面控制同步施测。图根光电测距导线起闭于四等 GPS 点上。

2.2.5　四等三角高程测量

四等电磁波测距高程导线共施测线路长度为 36.72km（路线 1 长度为 11.08km，路线 2 长度为 25.64km）。

(1) 四等三角高程导线的观测　在三角高程测量开始前，用钢尺对仪器高和觇牌高进行了量取，取得了同一站点仪器高和觇牌高之间高度的差值 ΔH。三角高程测量中，过渡点的觇牌高由仪器高根据两者之间高度的差值 ΔH 求得。对于固定点的仪器和觇牌高度，在仪器和觇牌两侧各量测两次，精确读至 1mm，取用中数作为仪器或觇牌高度。野外丈量位置是标志中心到仪器（觇牌）边缘，室内精确丈量仪器（觇牌）边缘至仪器（棱镜）中心距离，改正计算后得到仪器高和觇牌高。测距往、返各两测回，垂直角中丝法对向观测各四测回，指标差较差小于 8s，垂直角较差小于 8s，仪器高量取两次取中数，每站测取气温、气压，气温取值到 0.5℃，气压取值到 100Pa。

(2) 平差计算

1）所有观测数据记录员自查、观测者复查、分院检查后转入计算。

2）平差软件采用 PPSP 软件进行平差。

3）电磁波测距三角高程测量按斜距由下式计算高差。

$$h = S \times \sin\alpha + (S \times \cos\alpha)^2 \div (2R) + i - v$$

式中，h 为测站与镜站之间的高差（m）；S 为经过加常数和乘常数改正、气象改正后的观测斜距（m）；α 为观测垂直角；i 为经纬仪竖盘中心至地面点的高度（m）；v 为觇牌中心至地面点的高度（m）；R 为测区地球平均曲率半径（m），采用 6 367 622m。

4）相邻两测站间对向观测的高差中数：

$$h_{12} = (h_1 - h_2) \div 2。$$

式中，1、2 脚标分别为相邻测站的序号。

四等电磁波测距高程导线闭合差统计见表 5。

表5　附合路线闭合差统计

线路名称	长度/km	每千米高差中误差	每千米高差中误差限差	备　注
SZ1	11.08	2.89mm/km	10mm/km	附合路线
SZ2	25.640	2.35mm/km	10mm/km	附合路线

三角高程导线每千米高差中误差满足《技术设计书》要求，本次观测成果可靠。

2.2.6　1:500 地形图测量

(1) 基本精度及成图规格　平面测量：测站点相对于邻近图根点的点位中误差不得大于图上 ±0.3mm。图上地物点相对于邻近图根点的点位中误差与邻近地物点间距中误差在城市建筑区和平地、丘陵地分别为图上 0.50mm 和 0.40mm；在设站施测困难地方分别为图上 0.75mm 和 0.60mm。基本等高距为 1m，高程注记点注至 0.1m。

(2) 外业数据采集　除按照《技术设计书》要求进行数据采集外，还进行以下补充。

1）在测量水位淹没线附近 5m 左右高程房屋时，高地坝坎下应实测高程点。

2）应将范围内的高压输电线路、通信线路、低压线、闭路广播线等标注清楚，当杆位太密时，进行了适当取舍，电线有方向表示。

3）水田测量按坡度取舍测量，望丘田及大田逐个测量，平地小田跳 1~3 个测一根，坡度较大的跳几根田坎测一根，但应保证图面至少 1.5cm 有一根田坎（特殊情况除外），田内不勾等高线。

4）需进行水下地形测量，测量时点间距可适当放长。

5）测区范围内孤石、坟、竹林、特征树、水井、喀斯特溶洞需测量，若遇滑坡应测详细。

（3）内业成图处理 采用全站仪自动记录的观测数据，运用南方 Cass 9.0 软件将点自动展到数字化屏幕上，进行内业数字化，并在《技术设计书》的基础上进行以下补充。

1）全部房屋不标注晕线，要标注房屋的属性及层数，如"砖 2"则代表"砖结构 2 层"，字体要缩小。但不用逐个房屋标注，可以适当综合取舍，如该房屋有 10m 长，其中 8m 为砖 2，2m 为砖 1，则可以全部标为砖 2。砖 1、土 1 标注为砖、土。

2）可能情况下标注完整的地类界。

3）标注县界及乡镇界。

4）标注完整公路的属性，如铺面材料、公路名称、走向（包括至某村组）等。

5）地形图上地名必须标注清楚，包括每一个山包、每一条沟渠河流、每一个院子等，并将地名适当放大注记。标注在明显地方，以便于判读。

6）植被正常情况下按 30mm 进行标注，特殊情况需要复制。

7）等高线需赋高程值。

（4）地形图的分幅 本次地形图分幅按 50cm × 50cm 规格正方形分幅，图幅编号按流水号编号，如：（1），（2）……，图幅整饰按图式相关规范要求整饰。

（5）上、下坝址水位-面积、水位-库容关系表 利用分幅图拼接图幅内的等值等高线，根据设计线生成关系表和关系图。

2.3 质量保证措施

2.3.1 组织管理措施

分院副分院长负责全面管理并对本项目质量负责。作业组组长组织外业测绘工作。

2.3.2 资源保证措施

作业组组长对参加人员进行技术学习和硬件使用培训，组织学习仪器使用、仪器检校、技术规范和本项目设计书。出测前，对全站仪和 GPS 仪器的使用均进行了测试，能正常工作。

2.3.3 质量保证措施

（1）小组检查 小组对摘录数据、作业方法和程序、所用仪器和工具、计算程序等进行自检互校的检查。

（2）单位检查

1）仪器、作业方法、计算程序、公式：经查本项目所使用的仪器都经过鉴定，作业方法符合规范要求、所使用的 TGO 软件包、Poweradj 3.0 GPS 平差处理软件、清华山维平差处理软件、南方 CASS 9.0，已经过多次论证和使用，符合相关要求。

2）控制和地形图的检查：经检查，控制点点位选择合理，成果精度良好，地形图要素表示齐全，等高线处理合理，可提交成果。

2.3.4 安全措施

严格执行我院的测绘档案资料管理办法和测绘资料的保密制度，主要措施如下：

1）测绘资料成果领用，填写了"测绘任务资料申请单"，经测绘业务处审核、报分管领导审批后，按质量管理处领用的流程进行资料领用。

2）单位指定资料管理人员对资料进行统一领取和管理，资料按登记发放。

3）对测绘成果管理进行逐项登记，做到了账、卡、物相符。

4）测绘资料的移交由院资料室统一监管。

5）严格执行《技术设计书》要求的保密管理措施，做到全面落实。

6）作业人员在测量过程中观察了周围环境，有效地防止了被狗和蛇等咬伤事故的发生。

3 测绘成果的质量说明与评价

GPS控制点点位选取合理，埋石规范，GPS控制点精度良好；图根点点位选择恰当，标志符合要求，图根点成果数据精度良好；地形图要素齐全，表示合理，精度良好。本项目产品质量合格。

4 提交资料（见表6）

表6 资料提交清单

序号	成果名称	数量	备注
1	控制网分布及图幅分幅略图蓝晒图	膜图1份，蓝晒6份	
2	1:500库区地形图（蓝晒图）	膜图1份，蓝晒6份	
3	1:500库区地形图拼接图	1套	
4	上、下坝址水位-面积、水位-库容关系表（图）	膜图1套，蓝晒1套	
5	控制测量观测手簿、计算手簿	1套	复印件
6	测量技术设计书、测量报告（含库区四等GPS点之记、控制点成果）	7套	含现场交四等GPS控制点
7	1~7项资料数字光盘	2张	含控制点成果

【单元小结】

在数字测图中，可以通过地图扫描数字化获得地形图；通过数字摄影测量获得地形图；通过全站仪或RTK进行全野外数据采集，内业成图获得地形图。获得地形图的数据源不同，其地形图获取的基本流程不同，通过对本单元学习，了解全野外数字测图的基本流程，为学习本课程的后续章节做好准备。

【习 题】

1. 简述全野外数字测图的基本过程。

2. 全站仪进行碎部测量有哪些方法？各有哪些优缺点？

3. 简述RTK进行碎部测量的原理。

4. 什么是"两级检查、一级验收"制度？

单元 ③

控 制 测 量

单元概述

课题 1 主要介绍控制测量中常用的坐标系及其坐标系间的转换方法，并附实例进行坐标转换演示。

课题 2 主要介绍 GNSS 布设平面控制网的等级及精度要求、外业施测技术要求及内业数据处理要求。GNSS 数据处理软件较多，在其他教材中主要介绍南方和中海达的随机软件处理步骤，本课题主要借助 TGO 软件进行基线解算和利用 PowerADJ 软件进行平差；本课题以某项目实测的一个四等 GNSS 平面控制网为例，演示 GNSS 内业数据处理步骤。

课题 3 主要介绍高等级导线等级及精度要求、外业观测技术及内业数据处理要求；在课题 2 中建立的 GNSS 四等平面控制网的基础上，布设一级导线，本课题选取其中的一条一级导线为例，采用清华山维软件演示导线数据处理的详细步骤。

课题 4 主要介绍高程控制测量的等级及建立方法，由于课题 2 采用 GNSS 测量获得的高程精度不高，三、四等水准测量工作效率受地形影响较大，因此工程项目中多采用精密三角高程测量进行高程控制网的布设；工程实例是将课题 2 实例中的 GNSS 点和课题 3 实例的一级导线点作为四等三角高程控制点，在进行一级导线观测的同时，进行四等三角高程测量，采用清华山维软件演示其数据处理步骤。

课题 5 主要介绍在布设的高等级的平面控制网和高程控制网的基础上，进行图根控制网的加密，可以采用全站仪和 RTK 进行加密，且给出了相应的技术要求。

单元目标

【知识目标】

1. 理解测量常用坐标系及其转换方法。
2. 了解 GNSS 控制测量等级及精度要求、外业观测及内业处理要求。
3. 了解导线布设等级及精度要求、外业观测及内业数据处理要求。
4. 了解三、四等水准测量外业观测要求。
5. 了解精密三角高程测量等级及精度要求、外业观测及内业处理要求。

6. 了解图根控制点布设的方法。

【技能目标】

1. 掌握测量中常用坐标系间的转换方法。

2. 掌握 TGO 和 PowerADJ 进行平面控制网解算的基本步骤。

3. 掌握使用清华山维软件进行导线数据处理的基本步骤。

4. 掌握使用清华山维软件进行三角高程测量数据处理的基本步骤。

【情感目标】

通过对平面控制网和高程控制网的等级及精度要求、外业观测及内业处理要求以及步骤的学习，使学生对数字测图的控制测量部分有整体了解，深刻体会"从整体到局部、从高级到低级"的布设原则。

课题 1   控制测量常用坐标系及其转换

【学习目标】

了解常用测量坐标系及其相互转换原理，掌握坐标系间转换的软件操作方法。

一、常用测量坐标系统

1. 空间直角坐标系与大地坐标系

（1）空间直角坐标系   如图 3-1 所示，空间直角坐标系的坐标原点位于地球质心（地心坐标系）或参考椭球中心（参心坐标系），z 轴指向地球北极，x 轴指向起始子午面与地球赤道的交点，y 轴垂直于 XOZ 面并构成右手坐标系。

（2）大地坐标系   在参考椭球的基础上建立大地坐标系。如图 3-2 所示，过地面点 A 的子午面与起始子午面间的夹角叫 A 点的大地经度 L，由起始子午面起算，向东为正，叫东经（$0° \sim 180°$），向西为负，叫西经（$0° \sim -180°$）；过 A 点的椭球法线与赤道面的夹角叫 A 点的大地纬度 B，由赤道面起算，向北为正，叫北纬（$0° \sim 90°$），向南为负，叫南纬（$0° \sim -90°$）；从地面 A 点沿椭球法线到椭球面的距离叫大地高 H。在大地坐标系中，某点的位置用（B, L, H）来表示。

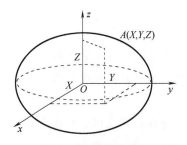

图 3-1   空间直角坐标系

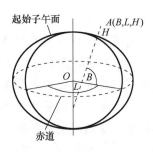

图 3-2   大地坐标系

2. 空间直角坐标与大地坐标系间的转换

同一地面点在地球空间直角坐标系中的坐标和在大地坐标系中的坐标可用式（3-1）和式（3-2）来转换。

$$\begin{cases} x = (N+H)\cos B\cos L \\ y = (N+H)\cos B\sin L \\ z = \left[N(1-e^2)+H\right]\sin B \end{cases} \tag{3-1}$$

$$\begin{cases} L = \arctan\dfrac{y}{x} \\ B = \arctan\dfrac{z+Ne^2\sin B}{\sqrt{x^2+y^2}} \\ H = \dfrac{z}{\sin B} - N(1-e^2) \end{cases} \tag{3-2}$$

式中 e——子午椭圆第一偏心率，可由长短半径按式 $e^2=(a^2-b^2)/a^2$ 算得；

N——法线长度，可由式 $N=a/\sqrt{1-e^2\sin^2 B}$ 算得。

式（3-2）第二式中的 B 必须用迭代的方法求解。

二、我国常用的测量坐标系

1. 北京 54 坐标系

北京 54 坐标系属于参心大地坐标系。采用克拉索夫斯基椭球参数，并与前苏联 1942 年坐标系进行联测，通过计算建立了我国大地坐标系，定名为 1954 年北京坐标系，简称北京 54 坐标系。其中，高程异常以前苏联 1955 年大地水准面差距重新平差结果为依据，按我国的天文水准路线换算过来的。因此，1954 年北京坐标系可认为是前苏联 1942 年坐标系的延伸。其大地原点不在北京，而在前苏联的普尔科沃。椭球参数为：$a=6378245\text{m}$，扁率 $f=1/298.3$。

据此求得的其他参数为

$$b = 6356863.0187730473\text{m}$$
$$e^2 = 0.006693421622966$$
$$e'^2 = 0.006738525414683$$

1954 年北京坐标系为我国的经济建设、国防建设和科学研究做出了巨大贡献，但由于历史条件的限制，因此存在着很多缺点。

2. 西安 80 坐标系

1978 年，我国决定建立新的国家大地坐标系统，并且在新的大地坐标系统中进行全国天文大地网的整体平差，这个坐标系统定名为 1980 年国家大地坐标系，简称西安 80 坐标系。该坐标系属于参心大地坐标系，以 JYD 1968.0 系统为椭球定向基准，大地原点设在陕西省泾阳县永乐镇，采用多点定位所建立的大地坐标系，其椭球参数采用 1975 年国际大地测量与地球物理联合会的推荐值，它们为：其长半轴 $a=6378140\text{m}$；扁率 $f=1/298.257$。

由此计算的相关参数为：

$$\alpha = 1/298.257;$$
$$b = 6356755.2881575287 \text{m}$$
$$e^2 = 0.006694384999588$$
$$e'^2 = 0.006739501819473$$

3. WGS-84 坐标系

WGS-84 坐标系是美国国防部建立的世界大地坐标系，原点位于地球质心，Z 轴指向 $\text{BIH}_{1984.0}$ 定义的协议地球极 CTP 方向，X 轴指向 $\text{BIH}_{1984.0}$ 零度子午面对应的赤道的交点，Y 轴与 Z、X 轴构成右手坐标系。WGS-84 椭球采用国际大地测量与地球物理联合会第 17 届大会测量常数的推荐值，采用的两个常用基本几何参数：长半轴 $a = 6378137\text{m}$；扁率 $f = 1/298.257223563$。

由此计算的相关参数为

$$\alpha = 1/298.257223563$$
$$b = 6356752.3142 \text{m}$$
$$e^2 = 0.0066943799013$$
$$e'^2 = 0.00673949674227$$

该坐标系于 1987 年 1 月开始作为 GNSS 卫星广播星历的坐标参照基准。1994 年 6 月改进为 WGS-84（G730），1996 年再一次改进为 WGS-84（G873）。目前，GNSS 广播星历采用的就是 WGS-84（G873）。

4. 地方坐标系

在工程建设时，是先测绘工程建设区域的大比例尺地形图，在地形图上设计出拟建设的工程项目的位置和形状，再由测量人员将设计的工程在实地上标出，作为施工的依据。地形图上的长度是地面长度先归化到参考椭球面上，再经过高斯投影化算到高斯平面上的长度。而施工放样时测设的是地面长度。当地面高程较大，测区离中央子午线较远时，高程归化改正和高斯投影变形均较大，使施工测量时所标定的地面长度与设计图上的长度有较大差别，同样也使测图时所测长度与地形图上所绘长度差别较大，给测图和施工测量带来不便。为了便于地形图测绘和施工测量，使地面长度与图上长度一致或接近，有必要根据测区的高程和测区到中央子午线的距离，建立适合于测区的独立的地方坐标系。常见的地方坐标系有城市坐标系和工程坐标系。

三、测量坐标系的转换

GNSS 直接提供的坐标（B，L，H）是 WGS-84 坐标，其中 B 为纬度，L 为经度，H 为大地高（即到 WGS-84 椭球面的高度）。而在工程测量中所采用的是北京 54 坐标系或国家西安 80 坐标系或地方坐标系。因此需要将 WGS-84 大地坐标系转换为工程测量中所采用的坐标系。

1. 两空间直角坐标系统的转换

如图 3-3 所示，WGS-84 坐标系的坐标原点是地球质量中心，而北京 54 和西安 80 坐标系的坐标原点是参考椭球中心。所以当在两个坐标系之间进行转换时，应进行坐标系的平移，平移量可分解为 ΔX_0、ΔY_0 和 ΔZ_0。又因为 WGS-84 坐标系的三个坐标轴方向也与北京 54 或西安 80 的坐标轴方向不同，所以还需将 WGS-84 坐标系分别绕 X 轴、Y 轴和 Z 轴旋转 ω_X、ω_Y、ω_Z。此外，两坐标系的尺度也不相同，还需进行尺度转换。两坐标系间转换的公式为

$$\begin{pmatrix} X \\ Y \\ Z \end{pmatrix}_{54/80} = \begin{pmatrix} \Delta X_0 \\ \Delta Y_0 \\ \Delta Z_0 \end{pmatrix} + (1+m)\begin{pmatrix} 1 & \omega_Z & -\omega_Y \\ -\omega_Z & 1 & \omega_X \\ \omega_Y & -\omega_X & 1 \end{pmatrix}\begin{pmatrix} X \\ Y \\ Z \end{pmatrix}_{84} \tag{3-3}$$

式中，m 是尺度比因子。

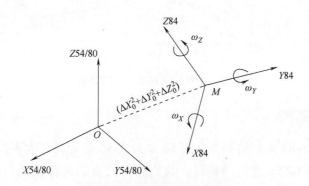

图 3-3 测量坐标系的转换

要在两个空间直角坐标系之间转换，需要知道三个平移参数（Δ_{X0}，Δ_{Y0}，Δ_{Z0}）、三个旋转参数（ω_X，ω_Y，ω_Z）以及尺度比因子 m。为求得七个转换参数，在两个坐标系中至少应有三个公共点，即已知三个点在 WGS-84 中的坐标和在北京 54 或西安 80 坐标系中的坐标。在求解转换参数时，公共点坐标的误差对所求参数影响很大，因此所选公共点应满足下列条件：

1）点的数目要足够多，以便检核。

2）坐标精度要足够高。

3）分布要均匀。

4）覆盖面要大，以免因公共点坐标误差引起较大的尺度比因子误差和旋转角度误差。

在 WGS-84 大地坐标系与北京 54 或西安 80 坐标系的大地坐标系之间进行转换，除上述七个参数外，还应给出两坐标系的两个椭球参数，一个是长半径 a，另一个是扁率 f。以便由此求得法线长度 N 和椭球第一偏心率的平方 e^2，再代入公式（3-1）和（3-2）进行大地坐标系的转换计算。具体步骤是：首先将 WGS-84 的大地坐标按公式（3-1）换算为空间直角坐标，计算时应注意不要用错了椭球参数；其次是将 WGS-84 的空间直角坐标按公式（3-3）换算为北京 54 或西安 80 空间直角坐标；最后根据北京 54 或西安 80 的椭球参数按公式（3-2）将北京 54 或西安 80 的空间直角坐标换算为大地坐标。

2. 平面直角坐标系的转换

如图 3-4 所示，在两平面直角坐标系之间进行转换，需要有四个转换参数，其中两个平移参数（Δx_0，Δy_0）、一个旋转参数 α 和一个尺度比因子 m。转换公式为

$$\begin{pmatrix} x \\ y \end{pmatrix}_{54/80} = (1+m)\left[\begin{pmatrix} \Delta x_0 \\ \Delta y_0 \end{pmatrix} + \begin{pmatrix} \cos\alpha & \sin\alpha \\ -\sin\alpha & \cos\alpha \end{pmatrix}\begin{pmatrix} x \\ y \end{pmatrix}_{84}\right] \tag{3-4}$$

为求得四个转换参数，应至少有两个公共点。

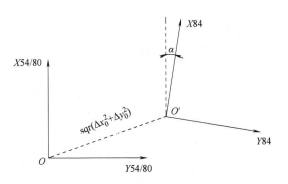

图3-4　平面直角坐标系的转换

四、坐标转换实例

目前，当将WGS-84坐标转换为北京54或西安80坐标时，大多是用GNSS数据处理软件进行的。由于用GNSS进行测量时，我们测得的点的坐标多是以大地坐标系来表示的，因此在此利用南方中海达软件进行WGS-84大地坐标系至国家西安80坐标系的七参数转换方法。

[**例3-1**]　已知三个WGS-84大地坐标系和国家西安80坐标系G01、G02、G03坐标，见表3-1。试求出两个坐标系间的七参数，把WGS-84大地坐标系中的G04点转换至国家西安80坐标系，具体步骤如下。

表3-1　例3-1已知条件

点名	WGS-84大地坐标系			国家西安80坐标系		
	经度 B	纬度 L	大地高 H/m	X/m	Y/m	H/m
G01	34°42′56.19185″	116°55′18.08436″	30.633	3843048.109	492709.220	37.232
G02	34°42′52.52496″	116°55′19.45190″	32.481	3842935.086	492743.930	39.079
G03	34°42′01.29889″	116°55′47.25695″	31.984	3841356.020	493450.342	38.554
G04	34°41′54.78810″	116°55′50.24749″	32.046			

1）打开南方中海达坐标转换软件COOR GM，界面如图3-5所示。

2）单击"设置"菜单，选择"地图投影"选项，选择投影方式，输入投影参数，具体设置如图3-6所示。

3）单击"设置"菜单，选择"计算七参数"选项，选择相应的"输入源坐标""输入目标坐标"和"椭球"类型，输入公共点G01、G02、G03的坐标，至少三个校正点，在工程中为了提高转换精度，常用多于三个点求转换参数，如图3-7所示。

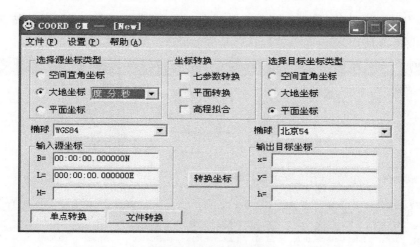

图 3-5　COOR GM 界面

图 3-6　地图投影设置

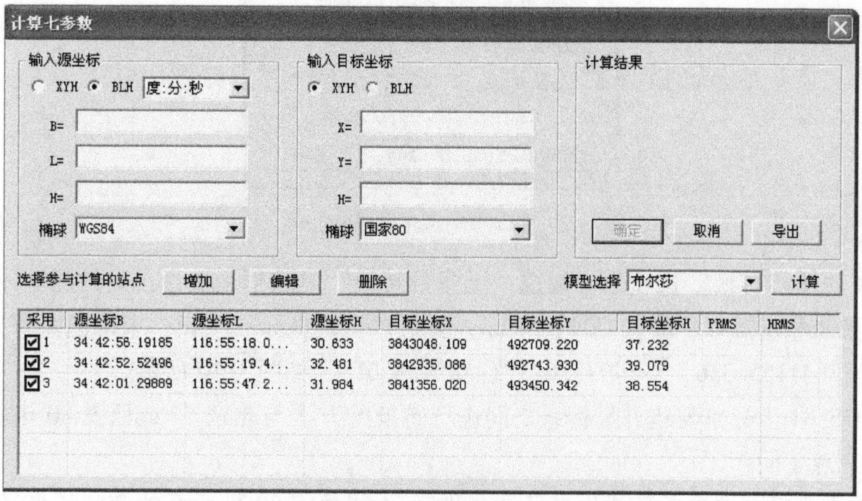

采用	源坐标B	源坐标L	源坐标H	目标坐标X	目标坐标Y	目标坐标H	PRMS	HRMS
☑1	34:42:56.19185	116:55:18.0...	30.633	3843048.109	492709.220	37.232		
☑2	34:42:52.52496	116:55:19.4...	32.481	3842935.086	492743.930	39.079		
☑3	34:42:01.29889	116:55:47.2...	31.984	3841356.020	493450.342	38.554		

图 3-7　输入两个坐标系中的三个点坐标

41

4）在"模型选择"下拉列表框中选择"布尔莎"选项，单击"计算"按钮，求出七参数值，如图3-8所示。

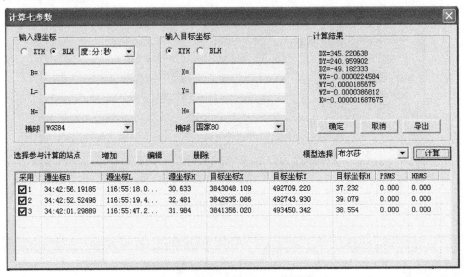

图3-8　选择计算模型计算转换参数

5）单击"确定"按钮，保存七参数，如图3-9所示。

图3-9　保存七参数

6）在"坐标转换"选项区中勾选"七参数转换"复选框，选择正确的源坐标类型和目标坐标类型及相应椭球，输入G04源坐标，单击"转换坐标"按钮，求得国家西安80坐标系坐标 $X=3841155.336$，$Y=493526.312$，$Z=38.613$，如图3-10所示。

在WGS-84坐标系与地方坐标系之间进行转换的方法与北京54或西安80坐标系类似，但有如下三点不同：

1）地方坐标系的参考椭球长半径是在北京54或西安80坐标系的椭球长半径上加上测区平均高程面的高程 h_0。

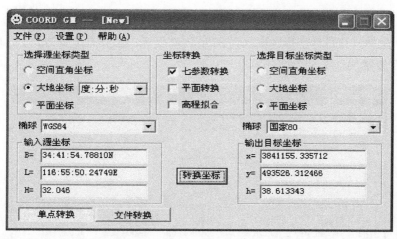

图 3-10 利用保存的七参数转换将 WGS-84 坐标中的 G04 转换为西安 80 坐标系坐标

2）中央子午线通过测区中央。

3）平面直角坐标 x、y 的加常数不是 0 和 500km，而是另有加常数。

[例3-2] 已知 WGS-84 坐标系和国家西安 80 坐标系的两个公共点 G01、G02，见表 3-2。试求出两坐标系间的四参数，并求出 G03 的西安 80 坐标，具体步骤如下。

表3-2 例3-2 已知条件

点 名	WGS-84 坐标系		国家西安 80 坐标系	
	X/m	Y/m	X/m	Y/m
G01	3843045.915	492826.586	3843048.109	492709.220
G02	3841353.821	493567.710	3841356.020	493450.342
G03	3846795.663	491358.176		

1）打开南方中海达坐标转换软件 COOR GM。

2）单击"设置"菜单，选择"计算四参数"选项，如图 3-11 所示。

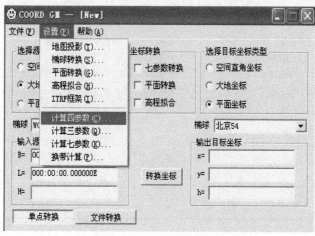

图 3-11 选择"计算四参数"选项

3）输入已知坐标计算转换参数。如图 3-12 所示，添加公共点 G01 和 G02，在源坐标中输入 WGS-84 坐标，在目标坐标中输入国家西安 80 坐标，公共点至少为 2 个。单击"计算"按钮，求得四参数。

图 3-12　计算转换四参数

4）单击"确定"按钮，保存四参数，如图 3-13 所示。

5）在"坐标转换"选项区中勾选"平面转换"复选框，选择正确的源坐标类型和目标坐标类型及相应椭球，在源坐标中输入 G03 点 WGS-84 坐标，单击"转换坐标"按钮，求得 G03 西安 80 坐标，$X = 3846797.846$，$Y = 491240.814$，如图 3-14 所示。

图 3-13　保存四参数

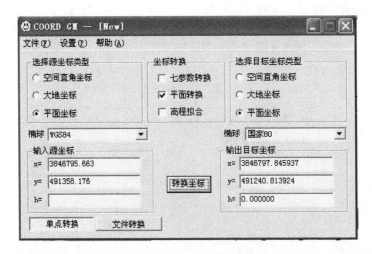

图 3-14　将 WGS-84 坐标系下的 G03 的平面坐标转换为西安 80 坐标系坐标

课题 2　静态 GNSS 测量

【学习目标】

1. 了解 GNSS 控制网的等级及精度要求。

2. 了解 GNSS 外业数据采集施测方法及技术要求。

3. 了解 GNSS 内业数据处理步骤及技术要求。

4. 通过工程实例了解 GNSS 控制网的数据处理方法。

一、GNSS 外业数据采集及技术规范

1. GNSS 控制网等级及精度要求

按照《卫星定位城市测量技术规范》（GJJ/T 73—2010），GNSS 控制网依次分为二、三、四等和一、二级，其主要技术要求见表 3-3。

表 3-3　GNSS 控制网的主要技术要求

等级	平均边长/km	固定误差 a/mm	比例误差系数 b/（1×10^{-6}）	约束平差后最弱边相对中误差
二等	9	≤5	≤2	1/120000
三等	5	≤5	≤2	1/80000
四等	2	≤10	≤5	1/45000
一级	1	≤10	≤5	1/20000
二级	<1	≤10	≤5	1/10000

GNSS 网的精度指标通常是以网中相邻点之间的距离误差来表示的，其具体形式为

$$\sigma = \sqrt{a^2 + (bd)^2} \tag{3-5}$$

式中　σ——网中相邻点间的距离中误差（mm）；

　　　a——固定误差（mm）；

　　　b——比例误差系数（1×10^{-6}）；

　　　d——相邻点间的距离（km）。

GNSS 控制网测量中误差 m 为

$$m = \sqrt{\frac{1}{3N}\left[\frac{WW}{n}\right]} \tag{3-6}$$

式中　N——控制网中异步环的个数；

　　　n——异步环边数；

　　　W——异步环全长闭合差，需满足条件 $m \leqslant \sigma$。

2. GNSS 控制网外业数据采集及技术规范

（1）外业数据采集技术要求　根据《卫星定位城市测量技术规范》（GJJ/T 73—2010）GNSS 控制测量外业数据采集时要满足的要求见表 3-4。

表 3-4　GNSS 测量各等级作业的基本技术要求

项　目　＼等级　观测方法	观测方法	二等	三等	四等	一级	二级
卫星高度角/(°)	静态	≥15	≥15	≥15	≥15	≥15
有效观测同类卫星数	静态	≥4	≥4	≥4	≥4	≥4
平均重复设站数	静态	≥2.0	≥2.0	≥1.6	≥1.6	≥1.6
时段长度/min	静态	≥90	≥60	≥45	≥45	≥45
数据采样间隔/s	静态	10~30	10~30	10~30	10~30	10~30
PDOP 值	静态	<6	<6	<6	<6	<6

（2）GNSS 控制测量测站作业应满足的要求

1）观测前，应对接收机进行预热和静置，同时应检查电池的容量、接收机的内存和可储存空间是否充足。

2）天线安置的对中误差不应大于 2mm；天线高的量取应精确至 1mm。

3）观测中，应避免在接收机近附近使用无线电通信工具。

4）作业同时，应做好测站记录，包括控制点点名、接收机序列号、仪器高、开关机时间的测站信息。

（3）GNSS 控制网外业观测作业方式　同步图形扩展式的作业方式具有作业效率高、图形强度好的特点，它是目前在 GNSS 测量中普遍采用的一种布网形式，在本书中将着重介绍此种布网形式。

采用同步图形扩展式布设 GNSS 基线向量网时的观测作业方式主要有点连式、边连式、边点混连式三种。

1）点连式。所谓点连式就是在观测作业时，相邻的同步图形间只通过一个公共点相连，如图 3-15 所示。这样，当有 m 台仪器共同作业时，每观测一个时段，就可以测得 $m-1$ 个新点，当这些仪器观测了 s 个时段后，就可以测得 $1+(m-1)s$ 个点。

点连式观测作业方式的优点是作业效率高，图形扩展迅速；它的缺点是图形强度低，如果连接点发生问题，则将影响后面的同步图形。

2）边连式。所谓边连式就是在观测作业时，相邻的同步图形间有一条边（即两个公共点）相连，如图 3-16 所示。这样，当有 m 台仪器共同同作业时，每观测一个时段，就可以测得 $m-2$ 个新点，当这些仪器观测了 s 个时段后，就可以测得 $2+(m-2)s$ 个点。

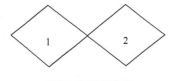

图 3-15　点连式

图 3-16　边连式

边连式观测作业方式具有较好的图形强度和较高的作业效率。

3）边点混连式。在实际的 GNSS 作业中，一般并不是单独采用上面所介绍的某一种观测作业模式，而是根据具体情况，有选择地灵活采用这几种方式作业，这样一种观测作业方式就是所谓的边点混连式。

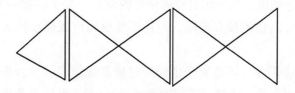

图 3-17　边点混连式

混连式观测作业方式是我们实际作业中最常用的作业方式，它实际上是点连式、边连式和网连式的一个结合体。

二、GNSS 数据处理及技术规范

1. GNSS 基线解算步骤

（1）原始观测数据的读入　在进行基线解算时，首先需要读取原始的 GNSS 观测值数据。一般说来，各接收机厂商随接收机一起提供的数据处理软件都可以直接处理从接收机中传输出来的 GNSS 原始观测值数据，否则需要将观测数据转换成 GNSS 标准的数据格式——RINEX 格式，对于按此种格式存储的数据，大部分的数据处理软件都能直接处理。

（2）外业输入数据的检查与修改　在读入了 GNSS 观测值数据后，就需要对观测数据进行必要的检查，检查的项目包括测站名、点号、测站坐标和天线高等。对这些项目进行检查的目的，是为了避免外业操作时的误操作。

（3）设定基线解算的控制参数　基线解算的控制参数用以确定数据处理软件采用何种处理方法来进行基线解算，设定基线解算的控制参数是基线解算时的一个非常重要的环节，主要包括星历类型、截止高度角、解的类型、对流层和电离层折射处理方法、周跳处理方法等。通过控制参数的设定，可以实现基线的精化处理。

（4）基线解算　设置好解算控制参数后，即可进行基线解算。基线解算的过程一般是自动进行的，无须过多的人工干预。

（5）基线质量的检验　基线解算完毕后，基线结果并不能马上用于后续的处理，还必须对基线的质量进行检验，只有质量合格的基线才能用于后续的处理，如果不合格，则需要对基线进行重新解算或重新测量。

2. 基线解算精度评定

根据《卫星定位城市测量技术规范》（GJJ/T 73—2010）要求，GNSS 控制测量外业观测数据应经同步环、异步环和复测基线检核，应满足相关要求。

（1）同步环闭合差限差　同步环闭合差是由同步观测基线所组成的闭合环的闭合差，同步环闭合差限差为

$$\omega_x \leqslant \frac{\sqrt{n}}{5}\sigma, \ \omega_y \leqslant \frac{\sqrt{n}}{5}\sigma, \ \omega_z \leqslant \frac{\sqrt{n}}{5}\sigma, \ \omega \leqslant \frac{\sqrt{3n}}{5}\sigma \tag{3-7}$$

式中　n——同步环的边数，$\sigma = \sqrt{a^2 + (bd)^2}$，$d$ 按照该等级平均边长计算；

ω——环闭合差，$\omega = \sqrt{\omega_x^2 + \omega_y^2 + \omega_z^2}$。

由于同步观测基线间具有一定的内在联系，因此使得同步环闭合差在理论上应总是为 0 的，如果同步环闭合差超限，则说明组成同步环的基线中至少存在一条基线向量是错误的，但反过来，如果同步环闭合差没有超限，则还不能说明组成同步环的所有基线在质量上均合格。

（2）异步环闭合差限差　　不是完全由同步观测基线组成的闭合环称为异步环，异步环的闭合差称为异步环闭合差。依据《工程测量规范》，异步环闭合差限差为

$$\omega_x \leq 2\sqrt{n}\sigma,\ \omega_y \leq 2\sqrt{n}\sigma,\ \omega_z \leq 2\sqrt{n}\sigma,\ \omega \leq 2\sqrt{3n}\sigma \tag{3-8}$$

式中　n——独立环的边数，d 按照该等级平均边长计算，$\sigma = \sqrt{a^2 + (bd)^2}$；

ω——环闭合差，$\omega = \sqrt{\omega_x^2 + \omega_y^2 + \omega_z^2}$。

当异步环闭合差满足限差要求时，则表明组成异步环的基线向量的质量是合格的；当异步环闭合差不满足限差要求时，则表明组成异步环的基线向量中至少有一条基线向量的质量是不合格的，要确定出哪些基线向量的质量不合格，可以通过多个相邻的异步环或重复基线来查找。

（3）重复基线限差　　不同观测时段，对同一条基线的观测结果，就是所谓重复基线。这些观测结果之间的差异，就是重复基线较差。复测基线的长度较差为 ds，同一基线不同时段较差应满足

$$ds \leq 3\sqrt{2}\sigma \tag{3-9}$$

式中，σ 按照实际边长计算。

3. GNSS 网平差

当 GNSS 网进行平差时，可分为以下三步进行处理：

（1）提取基线向量，构建 GNSS 基线向量网　　要进行 GNSS 网平差，首先必须提取基线向量，构建 GNSS 基线向量网。

（2）三维无约束平差　　在构成了 GNSS 基线向量网后，为了全面考核 GNSS 网的内符合精度，在 WGS-84 坐标系中对 GNSS 网进行三维无约束平差。三维无约束平差中，基线分量的改正数（$V_{\Delta X}$，$V_{\Delta Y}$，$V_{\Delta Z}$）绝对值应满足

$$V_{\Delta X} \leq 3\sigma,\ V_{\Delta Y} \leq 3\sigma,\ V_{\Delta Z} \leq 3\sigma \qquad \sigma = \sqrt{a^2 + (bd)^2} \tag{3-10}$$

式中，d 按照基线边长计算。

（3）约束平差　　在进行完三维无约束平差后，为了检验所用 GNSS 基准网点的兼容性，需利用已有的控制点进行约束平差。在约束平差中，控制网的最弱边边长相对中误差，应满足表 3-1 中相应等级的规定。

三、静态 GNSS 数据处理软件及实例

静态 GNSS 数据处理软件较多，科学研究型的高精度的软件有美国麻省理工学院的 GAMIT、美国 JPL 的 GIPSYOASIS（简称 GIPS）、瑞士伯尔尼大学天文研究所的 BERNESE；国

内主要有武汉大学的 COSAGPS、同济大学的 TJPPS。随机处理软件主要有各个 GPS 接收机生产厂商所提供的随机软件，如美国 Trimble 公司的 TGO、Ashtech 公司 的 solutions，广州中海达的 HDS2003 以及南方测绘的 GPSADJ 等。

一般说来，各接收机厂商提供的随机 GNSS 数据处理软件都可以直接处理从接收机中传输出来的 GNSS 观测值数据。而由第三方所开发的数据处理软件则不一定能对各接收机的原始观测数据进行处理。要处理这些数据，首先要进行格式转换。目前，较常用的格式是RINEX 格式，对于按此格式存储的数据，大部分的数据处理软件都能直接处理。

以某地形图测量项目为例，该项目的首级控制网是一个四等 GPS 网，该网 GPS 观测数据内业的处理采用天宝 TGO 进行基线解算，然后导入 PawerADJ 中进行网平差，其具体步骤如下：

1）新建项目，输入项目名称，修改项目属性，如图 3-18 所示。

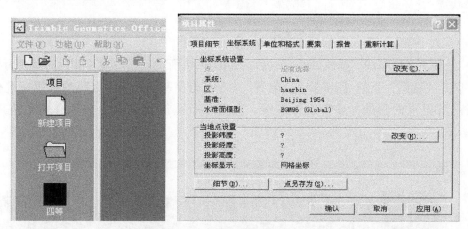

图 3-18　新建项目与项目属性

2）导入原始观测数据，进行接收机和天线类型等的设置，如图 3-19 所示。

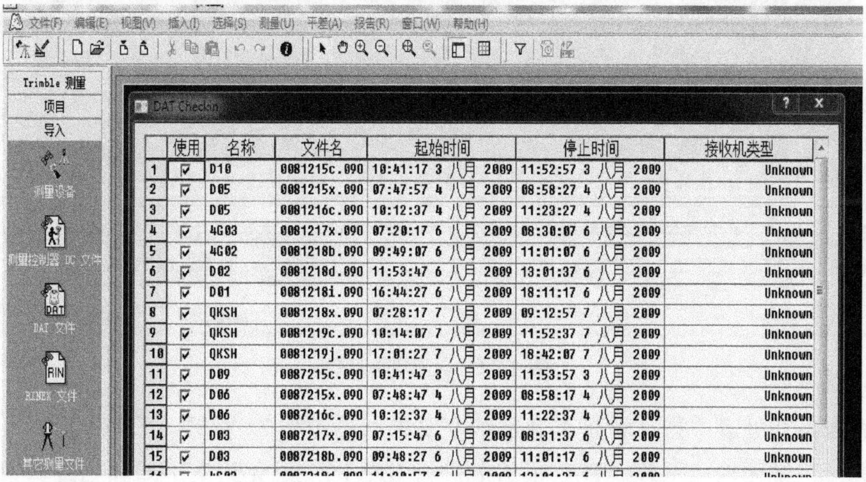

图 3-19　导入原始数据，修改接收机与天线类型

3）单击"测量"菜单，选择"GPS基线处理形式"选项，进行基线处理设置，主要包括卫星截至高度角、星历信息、对流层、电离层等，如图3-20所示。然后单击"测量"菜单下的"处理GPS基线"选项进行基线解算。

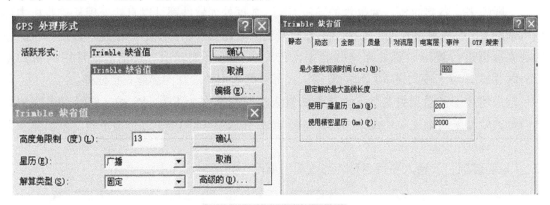

图3-20　设置基线处理形式

4）处理不合格基线。基线处理完成后，如图3-21所示，其中显示红色的基线为不合格基线。单击"视图"下的【timeline】选项，对于不合格基线（显示红色的基线）进行观测时段或观测卫星的筛选，重新解算基线，直至每条基线均显示为黄色（黄色表示基线合格）。

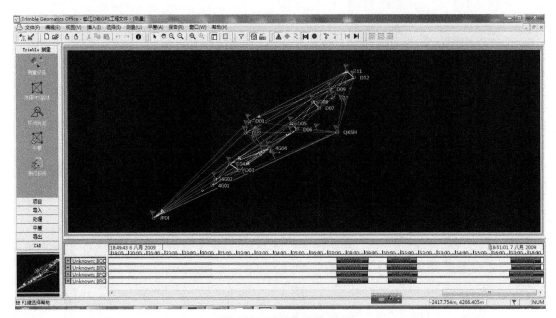

图3-21　基线处理结果

5）查看基线处理报告，看是否满足精度要求，如图3-22所示。

6）进行三维无约束平差。TGO虽然能进行GPS网三维无约束平差和二维约束平差，但因为其解算的精度指标和国内常用的精度评定指标有所不同，所以将TGO中的基线文件（*.asc）导入到PowerADJ 3.0中，进行WGS-84坐标系下的三维无约束平差。PowerADJ是

处理总结

ID	从	到	基线长度	解算类型	比率	参考变量	RMS
B19	D11	D12	714.235m	L1 固定	74.7	1.056	.003m
B59	D11	D12	714.238m	L1 固定	37.2	3.714	.007m
B78	D12	D11	714.238m	L1 固定	78.8	1.707	.004m
B81	D11	D09	1799.581m	L1 固定	77.2	1.158	.004m
B82	D12	D09	1956.879m	L1 固定	74.7	1.119	.004m
B17	D10	D11	2190.519m	L1 固定	73.8	1.119	.004m
B18	D10	D12	2148.941m	L1 固定	78.6	1.169	.004m

图 3-22　全部基线处理总结报告

由武汉大学卫星导航定位技术研究中心自主开发的平差软件系统，该软件适用于大规模 GPS 控制网、高精度 GPS 形变监测网及精密 GPS 控制网的整体平差和分析，其精度指标符合国内控制网的精度评定标准。

① 配置。新建工程后，在"配置"菜单下分别选择"接收机"选项和"控制网"选项，如图 3-23 所示。在接收机设置菜单中可以选择接收机的类型、对接收机的标称精度进行设置；控制网设置菜单中可以选择控制网的等级及平差时所用的坐标系。

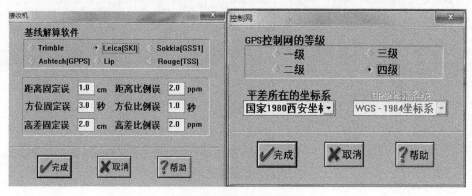

图 3-23　接收机和控制网

② 数据输入。在"数据输入"菜单中，需对"地面网数据信息"对话框进行设置，其中固定坐标个数，在进行三维无约束平差时，可以设为"0"，投影选择高斯投影"GAUSS"，输入中央子午线信息，示例中输入东经"108"，地方坐标系大地高为"0"，即大地水准面为基准面，如图 3-24a 所示。在"基线文件输入"对话框中设置基线解的类型，选择需处理的基线文件，导入 *.asc 文件，如图 3-24b 所示。

③ 数据预处理。在"预处理"菜单中，一般选择自动预处理模式，自动解算同步环闭合差、重复基线闭合差及异步环闭合差，并在"结果"菜单下的"结果编辑打印"的子菜单中查看处理结果，如图 3-25 所示。

④ 三维平差。进行三维无约束平差，如果需固定一个点，则可以指定，若无指定，则可随机固定一个点进行 WGS-84 坐标的解算。本例中在"地面网数据信息"中固定坐标个数为"0"，在进行三维平差时，软件随机固定了一个点"D10"进行三维平差，"D10"坐标后有"固定"标志，如图 3-26 所示。

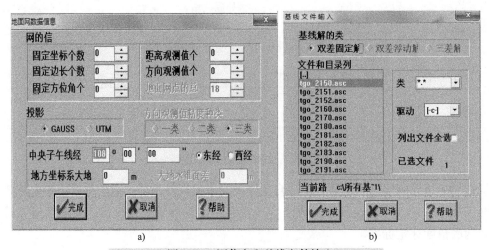

a)

图 3-24 网信息和基线文件输入

a)"地面网数据信息"对话框 b)"基线文件输入"对话框

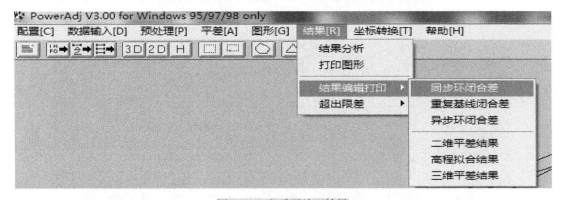

图 3-25 查看预处理结果

点号	X坐标(m)	RMS(cm)	Y坐标(m)	RMS(cm)	Z坐标(m)	RMS(cm)	点位中误差(cm)
D10	-1671769.5489	固定	5250088.7689	固定	3202898.0385	固定	
D12	-1673041.9504	0.12	5248926.5753	0.22	3204181.8813	0.16	0.30
D11	-1672453.5221	0.12	5248866.4359	0.22	3204582.2167	0.16	0.30
D09	-1671500.9347	0.10	5249872.8822	0.18	3203434.1166	0.13	0.24
D08	-1670361.8281	0.13	5250700.8172	0.24	3202641.1717	0.17	0.32
D07	-1670888.5074	0.14	5250792.2947	0.24	3202235.0793	0.17	0.33
D05	-1669085.6727	0.16	5251934.6731	0.28	3201291.2952	0.19	0.37
D06	-1669551.2061	0.16	5252040.4031	0.28	3200912.3433	0.19	0.37
D04	-1665141.9594	0.24	5254725.3701	0.41	3198721.8555	0.27	0.55
D03	-1665873.0586	0.24	5254781.9485	0.41	3198320.6985	0.27	0.55
4G04	-1667774.7756	0.27	5253313.5735	0.46	3199702.9912	0.30	0.61
4G03	-1667334.4959	0.27	5253563.9110	0.46	3199499.0079	0.30	0.61
4G02	-1664228.6398	0.33	5255623.6854	0.54	3197769.1938	0.34	0.72
4G01	-1664088.2753	0.27	5255940.2956	0.45	3197378.5034	0.31	0.61
D02	-1665918.6357	0.25	5253317.3325	0.44	3200695.0239	0.32	0.60
D01	-1666038.6729	0.25	5252819.5161	0.44	3201414.9380	0.32	0.60
JPDI	-1660261.6440	0.23	5258591.1440	0.41	3195414.5524	0.31	0.56
QKSH	-1672480.3541	0.33	5251319.7327	0.64	3200791.0974	0.56	0.91

图 3-26 空间直角坐标及点位误差

通过查看图 3-25 所示的三维平差结果文件，确定所有基线向量改正数满足设计和规范要求。由图 3-27 可知，平差后最弱点点位中误差为 0.91cm，最弱相对边为 D02-D01，最弱相对边长比例误差为 1/128816。以上数据反映出基线构网合理、可靠。

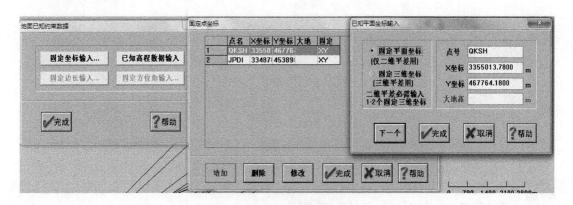

基线的相对和绝对误差

起点	终点	绝对误差(cm)	相对误差(ppm)	
D04	4G04	0.14	0.44	1/ 2267574
D04	4G03	0.10	0.37	1/ 2688172
D03	D04	0.09	1.08	1/ 929368
D04	D03	0.25	2.95	1/ 339443
D04	4G02	0.04	0.27	1/ 3649635
D03	4G02	0.02	0.11	1/ 9345794
D04	4G01	0.05	0.25	1/ 4032258
D03	4G01	0.12	0.53	1/ 1897533
4G02	4G01	0.02	0.39	1/ 2557545
4G03	4G04	0.02	0.45	1/ 2207506
4G04	D02	0.24	1.13	1/ 885740
4G03	D02	0.42	2.25	1/ 444050
4G04	D01	0.08	0.30	1/ 3278689
4G03	D01	0.07	0.27	1/ 3717472
D02	D01	0.69	7.76	1/ 128816
D11	D01	1.97	2.41	1/ 414079
D12	D01	2.08	2.46	1/ 406835

图 3-27　基线相对和绝对误差

7）在"数据输入"菜单中选择"约束数据"选项，输入约束平差时需固定的坐标。

在"数据输入"菜单的"网的信"中，将固定坐标个数设为 2，并在"约束数据"菜单中输入需固定的两个点的坐标及其高程，如图 3-28 所示。然后执行"平差"菜单中的"二维平差"命令。

图 3-28　输入约束数据

平差后，查看二维平差结果报告，文件中有解算 GNSS 点西安 80 坐标及基线长度和方位信息，如图 3-29 所示。

平差后最弱点点位中误差为 0.71cm，最弱相对边为 4G01-4G02，最弱相对边长比例误差为 1/137908，如图 3-30 所示，再次证明基线构网合理，成果可靠。

二维平差最后的结果

点号	x（米）	y（米）	距离（米）	方位角（度分秒）	目标点号
–*–	–*–	–*–	–*–	–*–	–*–
QKSH	3355013.7800	467764.1800			
			4514.0594	9.195402	D11
			4186.3460	17.420980	D12
			3016.6080	274.055064	D06
			15199.7042	245.491332	JPDI
			10168.3301	247.431615	4G01
			6858.1662	269.504426	D02
JPDI	3348788.0000	453898.0100			
			12624.2231	59.191380	D06
			5048.2482	61.592256	4G01
D11	3359468.1014	468496.1315			
			18087.8334	233.483781	JPDI
			714.1859	130.450742	D12
			8809.9627	239.292182	D02
			714.1859	130.450742	D12
			8173.1101	243.372269	D01
			1799.4571	222.330775	D09
D09	3358142.5096	467279.2288			
			636.8374	162.461292	D10

图3-29　二维平差后控制点坐标及基线信息

测站点位精度和误差椭圆元素：

点号	x坐标中误差（厘米）	y坐标中误差（厘米）	点位中误差（厘米）	误差椭圆长半轴（厘米）	误差椭圆短半轴（厘米）	误差椭圆长轴方向（度分秒）
D11	.45	.54	.70	.69	.15	50.3713
D09	.41	.51	.65	.64	.15	51.3524
D08	.39	.47	.61	.59	.15	51.2323
D07	.37	.49	.61	.59	.15	53.2906
D05	.35	.43	.56	.53	.15	52.3014
D06	.33	.43	.55	.53	.15	54.0660
D04	.31	.39	.50	.47	.17	53.5609
D03	.30	.40	.50	.47	.16	55.2448
4G04	.34	.47	.58	.56	.18	56.2157
4G03	.34	.46	.57	.54	.18	56.0840
4G02	.36	.48	.60	.56	.20	55.2001
4G01	.31	.39	.50	.47	.17	53.4347
D02	.33	.39	.51	.49	.15	51.1360
D01	.35	.40	.53	.51	.15	49.1751
D12	.43	.56	.71	.69	.15	52.4146
D10	.39	.51	.65	.63	.15	53.2723

起点	终点	方向权倒数	方向中误差（弧秒）	距离权倒数	距离中误差（厘米）	距离相对中误差
D02	D01	.14	.38	.04	.19	1/ 463431.
D02	JPDI	.00	.03	.24	.49	1/ 1924194.
D02	D01	.14	.38	.04	.19	1/ 463431.
D11	D02	.00	.04	.26	.51	1/ 1715012.
D12	D02	.00	.04	.27	.52	1/ 1755438.
D11	D12	.28	.53	.01	.09	1/ 827009.
D12	D01	.00	.05	.25	.50	1/ 1699884.
D11	D01	.00	.05	.25	.50	1/ 1644127.
D02	D01	.14	.38	.04	.19	1/ 463431.
4G03	D01	.16	.40	.04	.21	1/ 1158024.
4G04	D01	.15	.39	.04	.20	1/ 1229704.
4G03	D02	.26	.51	.04	.20	1/ 913689.
4G04	D02	.18	.43	.07	.26	1/ 796280.
4G03	4G04	.14	.38	.07	.26	1/ 212231.
4G02	4G01	1.00	1.00	.14	.38	1/ 137908.
D03	4G01	.01	.12	.15	.39	1/ 593164.

图3-30　测站点位精度和误差椭圆元素与 GPS 测站间方向和距离的精度

课题3　全站仪导线测量

【学习目标】

1. 了解导线布设等级及技术要求。

2. 了解导线外业观测技术要求。

3. 通过工程实例掌握导线数据的处理方法。

根据《工程测量规范》（GB 50026—2007），工程中导线的等级可分为三等、四等和一级、二级、三级导线，当测区有高等级的 GNSS 网的控制点或高等级导线点时，可根据《工程测量规范》（GB 50026—2007）布设实测低等级的导线，以满足测图要求。各级导线测量技术要求见表 3-5。

表 3-5 导线测量技术要求

等级	导线长度/km	平均边长/km	测角中误差/(″)	测距中误差/mm	测距相对中误差	测回数			方位角闭合差/(″)	导线全长相对闭合差
						1″级仪器	2″级仪器	6″级仪器		
三等	14	3	1.8	20	1/150000	6	10	—	$3.6\sqrt{n}$	≤1/55000
四等	9	1.5	2.5	18	1/80000	4	6	—	$5\sqrt{n}$	≤1/35000
一级	4	0.5	5	15	1/30000	—	2	4	$10\sqrt{n}$	≤1/15000
二级	2.4	0.25	8	15	1/14000	—	1	3	$16\sqrt{n}$	≤1/10000
三级	1.2	0.1	12	15	1/7000	—	1	2	$24\sqrt{n}$	≤1/5000

注：1. 表中 n 为测站数。

2. 当测区测图的最大比例尺为 1∶1000 时，一、二、三级导线的导线长度和平均边长可适当放长，但最大长度不应大于表中规定的相应长度的两倍。

一、导线测量外业观测

导线测量外业观测主要包含水平角的测量和水平距离的测量两个内容。根据《工程测量规范》（GB 50026—2007）水平角观测的技术要求和测距技术要求见表 3-6 和表 3-7。

表 3-6 水平角观测的技术要求

等 级	测 回 数			方位角闭合差/(″)
	DJ_1	DJ_2	DJ_6	
三等	8	12	—	$\pm 3\sqrt{n}$
四等	4	6	—	$\pm 5\sqrt{n}$
一级	—	2	4	$\pm 10\sqrt{n}$
二级	—	1	3	$\pm 16\sqrt{n}$
三级	—	1	2	$\pm 24\sqrt{n}$

注：n 为测站数。

表 3-7 测距技术要求

平面控制网等级	仪器精度等级	每边测回数		一测回读数较差/mm	单程各测回较差/mm	往返测距较差/mm
		往	返			
三等	5mm 级仪器	3	3	≤5	≤7	≤2（$a+bD$）
	10mm 级仪器	4	4	≤10	≤15	
四等	5mm 级仪器	2	2	≤5	≤7	
	10mm 级仪器	3	3	≤10	≤15	
一级	10mm 级仪器	2	—	≤10	≤15	—
二、三级	10mm 级仪器	1	—	≤10	≤15	

注：1. 测回是指照准目标一次，读数 2～4 次的过程。

2. 困难情况下，边长测距可采取不同时间段测量代替往返观测。

在布设导线时，一级及以上等级控制网的边长，应采用中、短程全站仪或电磁波测距仪测距，一般认为：短程测距仪测程为 5km 以内，中程测距仪测程为 5 ~ 30km。

全站仪或电磁波测距仪的测距精度是测距仪的一个重要指标，用式（3-11）表示

$$m_D = a + bD \tag{3-11}$$

式中　m_D——测距中误差（mm）；

　　　a——标称精度中的固定误差（mm）；

　　　b——标称精度中的比例误差系数（mm/km）；

　　　D——测距长度（km）。

二、导线测量数据处理软件及实例

目前，常用的测量平差的平差处理软件主要有五种，即工程测量数据处理系统（ESDPS）、南方平差易（Power Adjust）、清华山维（EPSW）、科傻系统（COSA）和威远图公司的 TOPADJ，其成果输出内容丰富强大、平差报告完整详尽，报告内容也可根据用户需要进行定制，同时还有详细的精度统计及网形分析信息等，易学易操作。

在本单元课题 2 中，布设了一个四等 GNSS 网，在此基础上布设一级导线，当进行一级导线观测时，与 GPS 点一起进行四等三角高程（四等三角高程点是一级导线点与四等 GNSS 点）测量，在数据处理时，采用清华山维。下面以其中一条一级导线为例，演示处理步骤，清华山维处理四等三角高程实例见本单元课题 4。

1）建立清华山维观测数据文件，如图 3-31 所示。

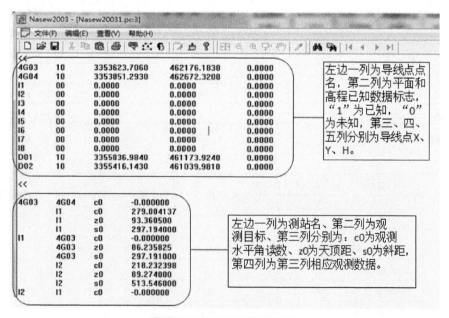

图 3-31　建立观测数据文件

2）单击"数据处理"菜单下的"计算方案"选项，打开"计算方案"对话框，进行平面网和等级的设置，如图 3-32 所示。

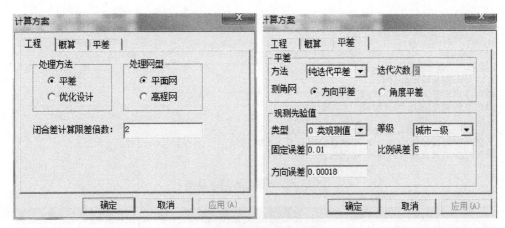

图 3-32 计算方案设置

3）单击"数据处理"→"坐标概算"→"整体概算"命令，进行导线的整体概算。

4）单击"数据处理"→"闭合差计算"命令，计算整条导线的闭合差，计算结果如图 3-33 所示。

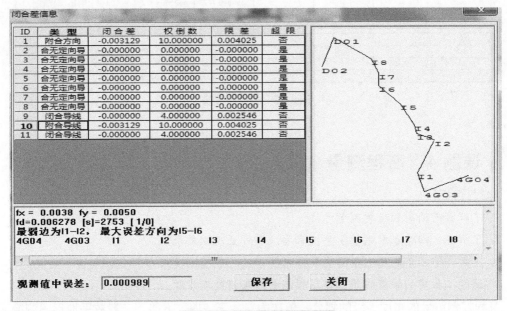

图 3-33 导线闭合差计算结果

5）单击"数据处理"→"平差"命令，进行整体平差。

6）单击"查看"→"基本精度"命令，查看平差后精度指标是否满足要求，如图 3-34 所示。

7）导出平差结果，单击"文件"→"成果输出"→"控制点成果"命令，成果如图 3-35 所示，单击"保存"按钮即可。

图 3-34　导线基本精度结果

序号	点名	等级	标石	X	Y	H	备注
1	4G03			3353623.7060	462176.1830	0.000	
2	4G04			3353851.2930	462672.3200	0.000	
3	I1			3353892.0448	462101.1085	0.000	
4	I2			3354365.5827	462299.7738	0.000	
5	I3			3354461.4394	462096.3786	0.000	
6	I4			3354580.7723	462066.6577	0.000	
7	I5			3354882.6085	461914.3533	0.000	
8	I6			3355144.9809	461668.4763	0.000	
9	I7			3355320.9699	461668.4335	0.000	
10	I8			3355532.8528	461585.1550	0.000	
11	D01			3355836.9840	461173.9240	0.000	
12	D02			3354995.3020	460906.0390	0.000	

图 3-35　控制点成果

 ## 课题4　高程测量

【学习目标】

1. 了解目前的高程控制测量方法。

2. 了解三、四等水准测量主要技术要求及外业观测要求。

3. 了解四等三角高程测量的主要技术要求及外业观测要求。

4. 通过工程实例掌握四等三角高程测量的数据处理步骤。

高程控制测量的精度等级的划分，依次为二、三、四、五等，一般数字地形图测绘，首级高程控制网多布设三、四等水准测量或四等三角高程测量，各等级高程控制宜采用水准测量，四等及以下等级可采用电磁波测距三角高程测量，五等也可采用 GPS 拟合高程测量。测区的高程系统，宜采用 1985 国家高程基准。

一、三、四等水准测量等级及技术要求

一般测图项目，高程控制网等级可布设三或四等水准测量，根据《工程测量规范》（GB 50026—2007），其主要技术要求需满足表 3-8。

表 3-8 水准测量的主要技术要求

等级	每千米高差全中误差/mm	路线长度/km	水准仪型号	水准尺	观测次数		往返较差、附合或环线闭合差	
					与已知点联测	附合或环线	平地/mm	山地/mm
三等	6	≤50	DS₁	因瓦	往返各一次	往一次	$12\sqrt{L}$	$4\sqrt{n}$
			DS₃	双面		往返各一次		
四等	10	≤16	DS₃	双面	往返各一次	往一次	$20\sqrt{L}$	$6\sqrt{n}$

注：1. 结点之间或结点与高级点之间，其路线的长度不应大于表中规定的 0.7 倍。
　　2. L 为往返测段、附合或环线的水准路线长度（km）；n 为测站数。
　　3. 数字水准仪测量的技术要求和同等级的光学水准仪相同。

高程控制点间的距离，一般地区应为 1~3km，工业厂区、城镇建筑区宜小于 1km。在一个测区及周围至少应有三个高程控制点。依据《工程测量规范》（GB 50026—2007），在野外进行三、四等水准测量时，观测要求应满足表 3-9。

表 3-9 水准观测的主要技术要求

等级	水准仪型号	视线长度/m	前后视的距离较差/m	前后视距离较差累积/m	视线离地面最低高度/m	基、辅分划或黑、红面读数较差/mm	基、辅分划或黑、红面所测高程较差/mm
三等	DS₁	100	3	6	0.3	1.0	1.5
	DS₃	75				2.0	3.0
四等	DS₃	100	5	10	0.2	3.0	5.0

注：1. 二等水准视线长度小于 20m 时，其视线高度不应低于 0.3m。
　　2. 三、四等水准采用变动仪器高度观测单面水准尺时，所测两次高差较差，应与黑面、红面所测高差之差的要求相同。
　　3. 数字水准仪观测，不受基、辅分划或黑、红面读数较差指标的限制，但测站两次观测的高差较差，应满足表中相应等级基、辅分划或黑、红面所测高差较差的限值。两次观测高差较差超限时应重测。

当每条水准路线分测段施测时，应按式（3-12）计算每千米水准测量的高差偶然中误差，其绝对值不应超过表 3-8 中相应等级每千米高差全中误差的 1/2。

$$M_\Delta = \sqrt{\frac{1}{4n}\left[\frac{\Delta\Delta}{L}\right]} \qquad (3-12)$$

式中　M_Δ——高差偶然中误差（mm）；

　　　Δ——测段往返高差不符值（mm）；

　　　L——测段长度（km）；

　　　n——测段数。

水准测量结束后，各等级水准网，应按最小二乘法进行平差并计算每千米高差全中误差。每千米高差全中误差应按式（3-13）计算，其绝对值不应超过表 3-6 中相应等级的规定。高程成果的取值应精确至 1mm。

$$M_W = \sqrt{\frac{1}{N}\left[\frac{WW}{L}\right]}$$ (3-13)

式中　M_W——高差全中误差（mm）；

　　　W——附合或环线闭合差（mm）；

　　　L——计算各 W 时，相应的路线长度（km）；

　　　N——附合路线和闭合环的总个数。

二、四等三角高程测量等级及技术要求

工程项目中，控制网高程控制点和平面控制网导线点采用共用标石。工程中，平地可以按照三等或四等水准测量进行，在山地则采用三角高程测量进行。如果采用三角高程测量布设高程控制网，则三角高程测量和平面控制网导线测量应同时进行。依据《城市测量规范》（CJJ/T 8—2011），电磁波测距三角高程测量及野外观测的主要技术要求应符合表 3-10 和表 3-11 的规定。

表 3-10　电磁波测距三角高程测量的主要技术要求

等级	每 km 高差全中误差/mm	边长/km	观测方式	对向观测高差较差/mm	附合或环形闭合差/mm
四等	10	≤1	对向观测	$40\sqrt{D}$	$20\sqrt{\sum D}$
五等	15	≤1	对向观测	$40\sqrt{D}$	$30\sqrt{\sum D}$

注：1. D 为测距边的长度，单位为 km。

　　2. 起讫点的精度等级，四等应起讫于不低于三等水准的高程点上，五等应起讫于不低于四等的高程点上。

　　3. 路线长度不应超过相应等级水准路线的长度限值。

表 3-11　电磁波测距三角高程野外观测的主要技术要求

等级	垂直角观测				边长测量	
	仪器精度等级	测回数	指标差较差/″	测回较差/″	仪器精度等级	观测次数
四等	2″级仪器	3	≤7	≤7	10mm 级仪器	往返各一次
五等	2″级仪器	2	≤10	≤10	10mm 级仪器	往返各一次

注：1. 当采用 2″级光学经纬仪进行垂直角观测时，应根据仪器的垂直角检测精度，并适当增加测回数。

　　2. 垂直角的对向观测，当直觇完成后应即刻迁站进行返觇测量。

　　3. 仪器、反光镜或觇牌的高度，应在观测前后各量测一次并精确至 1mm，取其平均值作为最终高度。

三、高程测量数据处理软件及实例

在本单元课题 2 和课题 3 的工程实例中，首级四等 GPS 平面控制网建立后，在布设一级导线的同时，对四等 GNSS 点及导线点进行四等三角高程测量，求解 GNSS 点及导线点的高程，观测完成后，采用清华山维软件进行处理，具体步骤如下。

1）将高程观测数据编辑成清华山维软件所需格式，如图 3-36 所示。

2）单击"数据处理"菜单中的"计算方案"选项，进行高程网计算方案的设置，如图 3-37 所示。

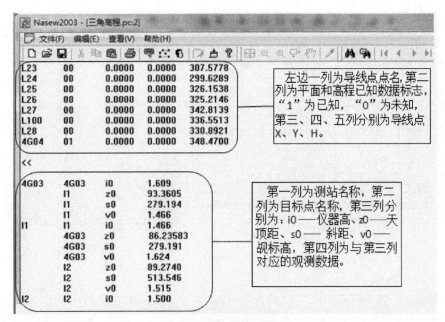

图 3-36   高程数据准备

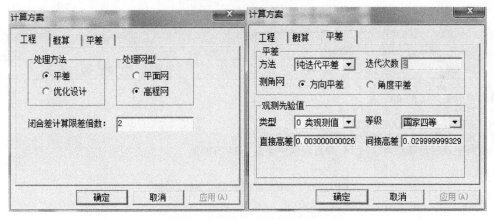

图 3-37   设置高程网计算方案

3）单击"数据处理"→"坐标概算"→"整体概算"命令，进行四等三角高程的整体概算。

4）单击"数据处理"→"闭合差计算"命令，计算整条四等三角高程的闭合差，结果如图 3-38 所示。

5）单击"数据处理"→"平差"命令进行整体平差后，单击"查看"菜单中的高程网的"基本精度表"，如图 3-39 所示，输出平差高程。

6）导出平差结果，单击"文件"→"成果输出"→"控制点成果"命令，结果如图 3-40 所示，单击"保存"按钮即可。

ID	类型	闭合差	权倒数	限差	超限
20	闭合高程	-0.000939	0.432073	0.009860	否
21	闭合高程	0.001632	0.756544	0.013047	否
22	闭合高程	-0.000626	0.930777	0.014472	否
23	闭合高程	0.001780	0.572083	0.011345	否
24	闭合高程	0.000211	1.045309	0.015336	否
25	闭合高程	0.001135	0.427476	0.009807	否
26	闭合高程	-0.001319	0.403988	0.009534	否
27	闭合高程	0.000993	0.062534	0.003751	否
28	闭合高程	-0.005326	0.923714	0.014417	否
29	闭合高程	-0.002345	0.242705	0.007390	否
30	闭合高程	-0.002675	0.230551	0.007202	否
31	闭合高程	-0.000181	0.866649	0.013964	否
32	闭合高程	-0.001030	0.955569	0.014663	否
33	闭合高程	0.000786	0.097492	0.004684	否
34	附合高程	-0.025534	11.118295	0.050016	否
35	闭合高程	0.001061	0.995574	0.014967	否

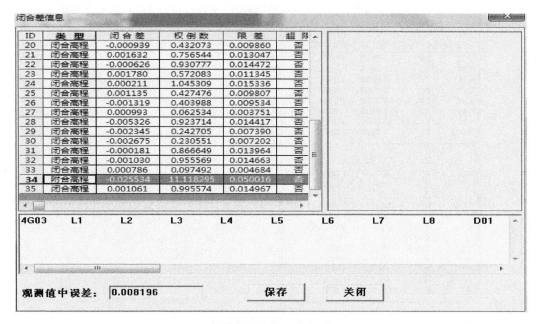

图 3-38　闭合差计算结果

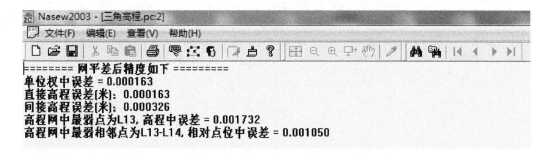

图 3-39　三角高程网平差基本精度结果

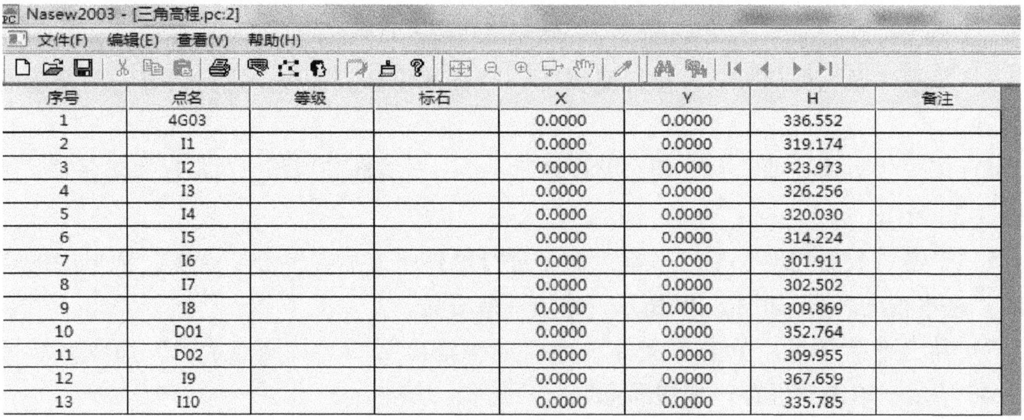

序号	点名	等级	标石	X	Y	H	备注
1	4G03			0.0000	0.0000	336.552	
2	I1			0.0000	0.0000	319.174	
3	I2			0.0000	0.0000	323.973	
4	I3			0.0000	0.0000	326.256	
5	I4			0.0000	0.0000	320.030	
6	I5			0.0000	0.0000	314.224	
7	I6			0.0000	0.0000	301.911	
8	I7			0.0000	0.0000	302.502	
9	I8			0.0000	0.0000	309.869	
10	D01			0.0000	0.0000	352.764	
11	D02			0.0000	0.0000	309.955	
12	I9			0.0000	0.0000	367.659	
13	I10			0.0000	0.0000	335.785	

图 3-40　三角高程平差结果

课题5 加密图根控制点

【学习目标】

1. 了解全站仪加密图根控制点的主要技术要求。

2. 了解RTK加密图根控制点的方法及技术要求。

图根控制测量，可以在一级导线及四等水准或四等三角高程点的基础上进行加密，可采用全站仪或RTK测量进行图根控制点布设。

一、全站仪加密

1. 导线测量

对于图根平面控制测量，目前多采用全站仪布设图根导线，当通过图根导线加密图根点时，根据《工程测量规范》（GB 50026—2007），图根导线测量需满足表3-12所示的要求。

表3-12 图根导线测量的主要技术要求

导线长度/m	相对闭合差	测角中误差/(")		方位角闭合差/(")	
		一般	首级控制	一般	首级控制
$\leq(\alpha M)$	$\leq 1/(2000\alpha)$	30	20	$60\sqrt{n}$	$40\sqrt{n}$

注：1. α 为比例系数，取值宜为1，当采用1:500和1:1000比例尺测图时，其值可在1～2之间选用。

2. M为测图比例尺的分母，但对于工矿区现状图测量，不论测图比例尺大小，M均应取值为500。

3. 隐蔽或施测困难地区，导线相对闭合差可放宽，但不应大于$1/(1000\alpha)$。

2. 图根高程控制

图根高程测量可采用图根水准、电磁波测距三角高程等测量方法完成。一般情况下，图根导线与图根光电测距高程导线同步观测，根据《工程测量规范》（GB 50026—2007），测距三角高程需满足表3-11的要求，若图根高程采用水准测量完成，则图根水准需满足表3-13所示的要求。

表3-13 图根电磁波测距三角高程点主要技术要求

每千米高差全中误差/mm	附合路线长度/km	仪器精度等级	中丝法测回数	指标差较差/(")	垂直角较差/(")	对向观测高差较差/mm	附合或环线闭合差/mm
20	≤ 5	6"级仪器	2	25	25	$80\sqrt{D}$	$40\sqrt{\sum D}$

注：D为电磁波测距边的长度（km），仪器高和觇标高度量取应精确至mm。

图根水准的起算点的精度，不应低于四等水准高程点，其主要技术要求见表3-14。

表3-14 图根水准测量的主要技术要求

每千米高差全中误差/mm	附合路线长度/km	水准仪型号	视线长度/m	观测次数		往返较差、附合或环线闭合差/mm	
				附合或闭合路线	支水准路线	平地	山地
20	≤ 5	DS10	≤ 100	往一次	往返各一次	$40\sqrt{L}$	$12\sqrt{n}$

注：1. L为往返测段、符和或闭合水准路线的长度（km）；n为测站数。

2. 当水准路线布设成支线时，其路线长度不应大于2.5km。

二、RTK 加密

RTK 平面控制点按精度划分等级为一级控制点、二级控制点和三级控制点。RTK 高程控制点按精度划分等级为等外高程控制点。一级、二级、三级平面控制点及等外高程控制点，适用于布设外业数字测图和摄影测量与遥感的控制基础，可以作为图根测量、像片控制测量、碎步点数据采集的起算依据。RTK 测量可采用单基站 RTK 和网络 RTK 两种方法进行，有条件采用网络 RTK 测量的地区，宜先采用网络 RTK 技术测量。在进行 RTK 测量时，依据《全球定位系统实时动态测量（RTK）技术规范》（CH/T 2009—2010），卫星的状态应满足表 3-15 的要求。

表 3-15　RTK 卫星的状态

观测窗口状态	截止高度角 15° 以上的卫星个数	PDOP 值
良好	≥6	<4
可用	5	≥4 且 ≤6
不可用	<5	>6

1. RTK 平面控制点测量

采用 RTK 进行图根点布设时，依据《全球定位系统实时动态测量（RTK）技术规范》（CH/T 2009—2010），其主要的技术应满足表 3-16 所示的要求。

表 3-16　RTK 平面控制点测量的主要技术要求

等级	相邻点间平均边长/m	点位中误差/cm	边长相对中误差	与基准站的距离/km	观测次数	起算点等级
一级	500	≤ ±5	≤1/20000	≤5	≥4	四等及以上
二级	300	≤ ±5	≤1/10000	≤5	≥3	一级及以上
三级	200	≤ ±5	≤1/6000	≤5	≥2	二级及以上

注：1. 点位中误差指控制点相对于最近基准站的误差。

2. 采用单基准站 RTK 测量一级控制点需至少更换一次基准站进行观测，每站观测次数不得少于 2 次。

3. 采用网络 RTK 测量各级平面控制点可不受流动站到基准站距离的限制，但应在网络有效服务范围内。

4. 相临点间距离不宜小于该等级平均边长的 1/2。

（1）RTK 平面控制点测量时基准站的技术要求

1）采用网络 RTK 测量时，CORS 网点的设立要求按《全球导航卫星系统连续运行参考站网建设规范》（CH/T 2008—2005）执行。

2）自设基准站如需长期和经常使用，宜埋设有强制对中的观测墩。

3）自设基准站应选择在高一级控制点上。

4）用电台进行数据传输时，基准站宜选择在测区相对较高的位置。用移动通信进行数据传输时，基准站必须选择在测区有移动通信接收信号的位置。

5）选择无线电台通信方法时，应按约定的工作频率进行数据链设置，以避免串频。

6）应正确设置随机软件中对应的仪器类型、电台类型、电台频率、天线类型、数据端口和蓝牙端口等。

7）应正确设置基准站坐标、数据单位、尺度因子、投影参数和接收机天线高等参数。

（2）RTK 平面控制点测量时流动站的技术要求

1）网络 RTK 测量的流动站应获得系统服务的授权。

2）网络 RTK 测量流动站应在 CORS 网的有效服务区域内进行，并实现数据与服务控制中心的通信。

3）用测量手簿设置流动站与当地坐标的转换参数、平面和高程的收敛精度，设置与基准站的通信。

4）RTK 测量流动站不宜在隐蔽地带、成片水域和强电磁波干扰源附近观测。

5）观测开始前应对仪器进行初始化，并得到固定解，当长时间不能获得固定解时，宜断开通信链路，再次进行初始化操作。

6）每次观测之前，流动站应重新初始化。作业过程中，如果出现卫星信号失锁，则应重新初始化，并经重合点测量检测合格后，方能继续作业。

7）每次作业开始与结束前，均应进行一个以上已知点的检核。

8）RTK 平面控制点测量平面坐标转换残差应不超出 ±2cm。

9）测量手簿设置控制点的单次观测的平面收敛精度应不超出 ±2cm。

10）RTK 平面控制点测量流动站观测时应采用三角架对中、整平，每次观测历元数应大于 20 个，各次测量的平面坐标较差应满足 ±4cm 的要求后取中数作为最终结果。

11）进行后处理动态测量时，流动站应先在静止状态下观测 10～15min，然后在不丢失初始化状态的前提下再进行动态测量。

2. RTK 高程控制点测量

RTK 高程控制点的埋设一般与 RTK 平面控制点同步进行，标石可以重合。依据《全球定位系统实时动态测量（RTK）技术规范》（CH/T 2009—2010），RTK 高程点控制测量的主要技术要求见表3-17。

表 3-17　RTK 高程控制点测量的主要技术要求

大地高中误差	与基准站的距离/km	观测次数	起算点等级
≤ ±3cm	≤5	≥3	四等及以上水准

注：1. 大地高中误差指控制点大地高相对于最近起算点的误差。

　　2. 网络 RTK 高程控制测量可不受流动站到基准站距离的限制，但应在网络有效服务范围内。

流动站的高程异常可以通过数学拟合、似大地水准面精化模型内插等方法获取。当采用数学拟合方法时，拟合的起算点平原地区一般不少于 6 点，拟合的起算点点位应均匀分布于测区四周及中间，间距一般不宜超过 5km。地形起伏较大时，应按测区地形特征适当增加拟合的起算点数。当测区面积较大时，宜采用分区拟合的方法。

RTK 高程控制点测量高程异常拟合残差应 ≤ ±3cm。RTK 高程控制点测量设置高程收敛精度应 ≤ ±3cm。RTK 高程控制点测量流动站观测时应采用三角架对中、整平，每次观测历元数应大于 20 个，各次测量的高程较差应满足 ≤ ±4cm 的要求后取中数作为最终结果。

当采用似大地水准面精化模型内插测定高程时，似大地水准面模型内符合精度应小于 ±2cm。如果当地某些区域的高程异常变化不均匀，拟合精度和似大地水准面模型精度无法满足高程精度要求时，则可对 RTK 测量大地高数据进行后处理，或用几何水准测量方法进行补充。

3. RTK 成果检测

用 RTK 技术施测的平面控制点成果应进行 100% 的内业检查和不少于总点数 10% 的外业检测，外业检测可采用相应等级的卫星定位静态（快速静态）技术测定坐标，可应用全站仪测量边长和角度等方法，检测点应均匀分布测区。依据《全球定位系统实时动态测量（RTK）技术规范》（CH/T 2009—2010），RTK 成果检测结果应满足表 3-18 的规定。

表 3-18　RTK 平面控制点检测精度要求

等　　级	边长校核		角度校核		坐标校核
	测距中误差/mm	边长较差的相对误差	测角中误差/(")	角度较差限差/(")	坐标较差中误差/cm
一级	≤ ±15	≤1/14000	≤ ±5	≤14	≤ ±5
二级	≤ ±15	≤1/7000	≤ ±8	≤20	≤ ±5
三级	≤ ±15	≤1/5000	≤ ±12	≤30	≤ ±5

用 RTK 技术施测的高程控制点成果应进行 100% 的内业检查和不少于总点数 10% 的外业检测。外业检测可采用相应等级的三角高程和几何水准测量等方法，检测点应均匀分布于测区。依据《全球定位系统实时动态测量（RTK）技术规范》（CH/T 2009—2010），检测结果需满足表 3-19 的规定。

表 3-19　RTK 高程控制点检测精度要求

高差较差/mm
≤40$\sqrt{L}$

注：L 为检测线路长度，以 km 为单位，不足 1km 时按 1km 计算。

────────────　【单元小结】　────────────

本单元重点介绍了测量中常用坐标系间的转换方法，通过对平面控制网和高程控制网的等级及精度要求、外业观测要求及内业数据处理要求的学习，可以对数字测图项目中的控制测量部分有一个整体的认识和了解，并通过工程实例的演示，提高利用相关软件进行数据处理的能力。

【习 题】

1. 空间直角坐标系和大地坐标系是怎样定义的？

2. 已知地面点 A 在北京 54 坐标系中的大地经度、大地纬度和大地高分别为 $106°21'16.3456''$、$29°30'28.3364''$、308.226m，试计算该点的空间直角坐标。

3. GNSS 控制网外业观测方式有哪些？各有哪些优缺点？

4. 已知北京 54 坐标系中的 A、B 两点坐标 $X_A = 2564087.502$，$Y_A = 406588.270$ 和 $X_B = 2537420.003$，$Y_B = 394388.989$ 以及某地方坐标系中的 A、B 两点坐标 $x_A = 564029.012$，$y_A = 306529.379$ 和 $x_B = 537361.563$，$y_B = 294329.755$。试求解其转换参数，并将 54 坐标系下的 C 点坐标 $X_C = 2548372.373$，$Y_C = 380834.111$ 转换到地方坐标系中。

5. 某工程项目布设了四等三角高程点，其观测数据经整理和已知点 $D01$、$D14$ 高程见表 3-20，试用平差软件计算未知点的高程，并输出成果及精度报告。

表 3-20 某四等三角高程观测数据表

点号	目标	仪器高/m	天顶距	斜距/m	觇标高/m	已知高程/m	备注
$D01$	$D02$	1.412	$94°44'58.4''$	516.000	1.515	451.258	
$D02$	$D01$	1.500	$85°15'03.6''$	516.001	1.427		
	$I9$		$81°19'14.5''$	382.643	1.552		
$I9$	$D02$	1.537	$98°40'42.6''$	382.645	1.515		
	$I10$		$103°04'29.6''$	141.016	1.515		
$I10$	$I9$	1.500	$76°54'58.6''$	141.016	1.552		
	$I11$		$92°45'57.0''$	557.570	1.515		
$I11$	$I10$	1.500	$87°14'15.8''$	557.572	1.515		
	$I12$		$90°39'47.4''$	474.108	1.515		
$I12$	$I11$	1.500	$89°20'08.9''$	474.110	1.515		
	$D13$		$90°18'27.5''$	326.541	1.515		
$D13$	$I12$	1.500	$89°41'19.4''$	326.542	1.515		
	$D14$		$90°02'20.1''$	679.445	1.515	399.676	

6. 某工程布设了一级导线作为首级控制网，其观测数据经整理和已知 $A1$、$A2$、$A8$、$A9$ 四点坐标见表 3-21，试采用平差软件计算未知点的平面坐标，并输出成果及精度报告。

表 3-21　某导线观测数据表

点号	目标	水 平 角	天 顶 距	斜距/m	平面坐标/m		备注
	A1	0°00′00″			3353907.209	462097.016	
A2	G3	92°28′26.41″	89°24′54.50″	224.863	462097.016	462295.318	
G3	A2	0°00′00″	90°34′41.25″	224.862			
	G4	230°46′50.88″	92°53′25.75″	123.135			
G4	G3	0°00′00″	87°05′40.50″	123.134			
	G5	167°12′37.09″	90°58′58.25″	338.135			
G5	G4	0°00′00″	89°00′51.80″	338.133			
	G6	163°38′02.71″	91°57′36.00″	359.786			
G6	G5	0°00′00″	88°02′14.25″	359.784			
	G7	223°07′37.78″	89°48′13.50″	175.990			
G7	G6	0°00′00″	90°11′17.62″	175.990			
	A8	158°33′25.69″	88°08′37.25″	227.781			
A8	G7	0°00′00″	91°51′00.00″	227.780	3355534.888	461583.969	
	A9	147°55′20.32″	85°13′01.00″	513.330	3355836.984	461173.924	

单元 4

碎 部 测 量

单元概述

课题 1 主要讲述了碎部点的测量方法，主要有极坐标法、方向交会法、距离交会法和垂足计算法；结合实际地形，讲述地物地面的取舍方法。

课题 2 主要讲述了用全站仪进行数据采集与传输的方法，要求能利用全站仪进行设站操作，利用主流的草图法和编码法进行数据采集并结合仪器实际情况进行数据传输。

课题 3 陈述了应用 GNSS RTK 方法进行数据采集与数据传输的方法，结合全站仪完成在困难地区的野外数据采集工作。

课题 4 陈述了电子平板法数据采集与数据传输，对比测记法与编码法的不同点。

单元目标

【知识目标】

1. 正确陈述碎部点测量与取舍方法。

2. 正确陈述使用全站仪、GNSS RTK 和电子平板方法进行数据采集的方法。

3. 正确陈述使用全站仪、GNSS RTK 和电子平板方法进行数据传输的方法。

【技能目标】

1. 掌握全站仪设站操作及草图法与编码法数据采集。

2. 掌握 GNSS RTK 设站操作及数据采集。

3. 掌握电子平板设站操作及数据采集。

【情感目标】

通过本章数字测图全站仪数据采集与数据传输的学习，掌握利用全站仪、GNSS RTK 及电子平板方法等相关仪器和设备进行数据采集与传输的方法，提高学生"动手"和"动脑"的能力，激发学生对数字测图的学习兴趣。

课题1 碎部测量概述

【学习目标】

1. 掌握常用碎部点的测量方法。

2. 熟悉极坐标法、方向交会法、距离交会法和垂足计算法测量碎部点的原理和计算。

3. 了解地物、地貌取舍方法。

所谓碎部点就是地物、地貌的特征点，如房角、道路交叉点、山顶和鞍部等。大比例尺地形图测绘过程是先测定碎部点的平面位置与高程，然后根据碎部点对照实地情况，以相应的符号在图上描绘地物、地貌。测量碎部点时，可以根据实际的地形情况、使用的仪器和工具选择不同的测量方法。

一、常用碎部点的测量方法

测量碎部点的目的，主要是获得碎部点的坐标、高程和绘图信息，一般可用仪器直接测得。但由于通视等原因，个别点只能通过间接测算的方法确定。间接测算的思路是，先利用全站仪和GPS-RTK测定一些基础碎部点，作为对其他碎部点进行定位的依据，再用勘丈法、方向法、直角、平行等方法推算一些碎部点。可以认为，在基础碎部点上，只要能够用作图的方法确定出点的位置，则都可以使用间接测算法。

1. 极坐标法

极坐标法是根据测站点上的一个已知方向，测定已知方向与所求点方向的角度，以及量测测站点至所求点的距离，以确定所求点位置的一种方法。如图4-1所示，设 A、B 为地面上的两个已知点，欲测定碎部点（房角点）1、2、…、n 的坐标，可以将仪器安置在 A 点，以 AB 方向作为零方向，观测水平角 β_1、β_2、…、β_n，测定距离 S_1、S_2、…、S_n，即可利用极坐标计算公式（4-1）计算碎部点 $i(i=1、2、…、n)$ 的坐标。

$$\alpha_{AB} = \tan^{-1}\frac{Y_B - Y_A}{X_B - X_A} \qquad (4-1)$$

$$\alpha_{Ai} = \alpha_{AB} + \beta_i$$

$$X_i = X_A + S_i \cos \alpha_{Ai}$$

$$Y_i = Y_A + S_i \sin \alpha_{Ai}$$

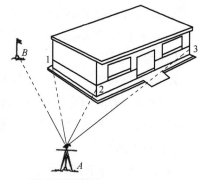

图4-1 极坐标法

测图时，可按碎部点坐标直接展绘在测图纸上，也可根据水平角和水平距离用图解法将碎部点直接展绘在图纸上。

当待测点与碎部点之间的距离便于测量时，通常采用极坐标法。极坐标法是一种非常灵活的也是最主要的测绘碎部点的方法。例如，采用经纬仪和平板仪测图时常采用极坐标法。极坐标法测定碎部点的方法适用于通视良好的开阔地区。碎部点的位置都是独立测定的，因此不会产生误差积累。

在利用全站仪进行数字测图时，全站仪测量碎部点的原理也是极坐标法，与图解法测图不同的是，它可以直接测定并显示碎部点的坐标和高程，极大提高了碎部点的测量速度和精度，因此在大比例尺数字测图中被广泛采用。

2. 方向交会法

方向交会法又称为角度交会法，是分别在两个已知测点上对同一碎部点进行方向交会以确定碎部点位置的一种方法。如图 4-2a 所示，A、B 为已知点，为测定河流对岸的电杆 1、2，在 A 点测定水平角 α_1、α_2，在 B 点测定水平角 β_1、β_2，利用前方交会公式（4-2）计算 1、2 点的坐标；也可以利用图解法，根据测量水平距离，在图上交会碎部点，如图 4-2b 所示。

$$\begin{cases} x_i = \dfrac{x_A \cot\beta_i + x_B \cot\alpha_i - y_A + y_B}{\cot\alpha_i + \cot\beta_i} \\[3mm] y_i = \dfrac{y_A \cot\beta_i + y_B \cot\alpha_i + x_A - x_B}{\cot\alpha_i + \cot\beta_i} \end{cases} \tag{4-2}$$

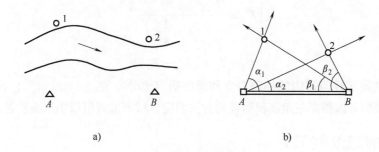

a)　　　　　　　　　　　b)

图 4-2　方向交会法

方向交会法常用于测绘目标明显、距离较远、易于瞄准的碎部点，如电杆、水塔和烟囱等地物。

3. 距离交会法

距离交会法是测量两已知点到碎部点的距离来确定碎部点位置的一种方法。如图 4-3a 所示，A、B 为已知点，P 为测定碎部点，测量距离 D_1、D_2 后，利用式（4-3）计算 P 点坐标，式中 α、β 由式（4-3）计算。也可以利用图解法，利用圆规根据测量水平距离，在图上交会出碎部点，如图 4-3b 所示。

$$\begin{cases} \alpha = \arccos \dfrac{D_{AB}^2 + D_1^2 - D_2^2}{2 D_{AB} D_1} \\[3mm] \beta = \arccos \dfrac{D_{AB}^2 + D_2^2 - D_1^2}{2 D_{AB} D_2} \end{cases} \tag{4-3}$$

当碎部点到已知点（困难地区也可以是已测的碎部点）的距离不超过一尺段，地势比较平坦且便于量距时，可采用距离交会的方法测绘碎部点，如城市大比例地形图测绘、地籍测量时，常采用这种方法。

4. 垂足计算法

如图 4-4 所示，A、B、1、2、3、4 点为已知碎部点，求未知碎部点 1′、2′、3′、4′的坐标，计算公式见式（4-4）。

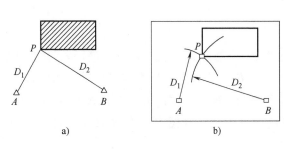

图 4-3　距离交会法

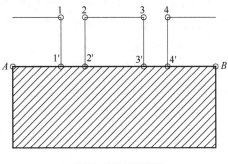

图 4-4　垂足计算法

$$\begin{cases} k = \dfrac{Y_B - Y_A}{X_B - X_A} \\[2ex] X'_i = \dfrac{Y_i - Y_A + X_A k + \dfrac{X_i}{k}}{k + \dfrac{1}{k}} \\[2ex] Y'_i = Y_A + (X'_i - X_A)k \end{cases} \qquad (4\text{-}4)$$

使用该公式确定建筑群内的楼道口点和道路折点十分方便。

碎部点的高程可以根据三角高程测量的方法测定，城市地区可以用水准测量的方法测定。

二、地物地貌取舍方法

特征点指决定地物形状的地物轮廓线上的转折点、交叉点、弯曲点及独立地物的中心点等，如房角点、道路转折点、交叉点、河岸线转弯点等。依比例表示的地物，将其正射投影位置的几何形状相似地描绘在图上，或将其边界位置表示在图上，在边界内绘上相应符号；不能依比例表示的地物，在图上以相应的地物符号表示在地物中心的位置。

地物、地貌的各项要素的表示方法和取舍原则，除应按现行国家标准《1∶500、1∶1000、1∶2000 地形图图示》（GB/T 20257.1—2007）和相关规范执行外，还应符合如下有关规定。

1. 测量控制点测绘

测量控制点是测绘地形图和工程测量施工放样的主要依据，在图上应精确表示。

各等级平面控制点、导线点、图根点、水准点，应以展点或测点位置为符号的几何中心位置，按图式规定符号表示。

2. 水系测绘

1）江、河、湖、水库、池塘、泉、井等及其他水利设施，均应按棱角或弯曲的地点准确测绘表示，有名称的加注名称。根据需要可测注水深，也可用等深线或水下等高线表示。

2）河流、溪流、湖泊、水库等水涯线，按测图时的水位测定，当水涯线与陡坎线在图上投影距离小于 1mm 时，以陡坎线符号表示。河流在图上宽度小于 0.5mm、沟渠在图上宽度小于 1mm（1∶2000 在形图上小于 0.5mm）的用单线表示。

3）海岸线应以平均大潮高潮的痕迹所形成的水陆分界线为准。各种干出滩（海滩）应在图上用相应的符号或注记表示，并应适当测注高程。

4）水位高及施测日期视需要测注。水渠应测注渠顶边和渠底高程；时令河应测注河床高程；堤、坝应测注顶部及坡脚高程；池塘应测注塘顶边及塘底高程；泉、井应测注泉的出水口与井台高程，并根据需要注记井台至水面的深度。

3. 居民地及设施测绘

1）居民地的各类建筑物、构筑物及主要附属设施应准确测绘实地外围轮廓并如实反映建筑结构特征。测量房屋时应用房屋的长边控制房屋，不可用短边两点和长边距离画房，以避免误差太大。当成片房屋的内部无法直接测量时，可用全站仪测量外部轮廓，内部用钢尺丈量。

2）房屋的轮廓应以墙基外角为准，并按建筑材料和性质分类，注记层数。1∶500、1∶1000 地形图房屋应逐个表示，临时性房屋可舍去；1∶2000 地形图可适当综合取舍，小于 1mm 宽的小巷，可适当合并，图上宽度小于 0.5mm 的小巷可不表示。对于 1∶5000 比例尺的地形图，小巷和院落连片的，可合并测绘。

3）建筑物和围墙轮廓凸凹在图上小于 0.4mm，简单房屋小于 0.6mm 时，可用直线连接。街区凸凹部分的取舍，可根据用图的需要和实际情况确定。

4）1∶500 比例尺测图，房屋内部天井宜区分表示；对于 1∶1000 比例尺测图，图上面积 6mm² 以下的天井可不表示。

5）垣栅应类别清楚，取舍得当。城墙按城基轮廓依比例尺表示；围墙、栅栏、栏杆等可根据其永久性、规整性、重要性等综合考虑取舍。

6）台阶和室外楼梯长度大于图上 3mm、宽度大于图上 1mm 的应在图中表示。

7）永久性门墩、支柱大于图上 1mm 的依比例实测、小于图上 1mm 的测量其中心位置，用符号表示。重要的墩柱无法测量中心位置时，要量取并记录偏心距和偏离方向。

8）建筑物上突出的悬空部分应测量最外范围的投影位置，主要的支柱也要实测。

9）对于地下建（构）筑物，可只测量其出入口和地面通风口的位置和高程。

10）工矿及设施应在图上准确表示其位置、形状和性质特征；依比例尺表示的，应测定其外部轮廓，并应按图式用相应的符号表示或注记；不依比例尺表示的，应测定其定位点或定位线，并用不依比例尺符号表示。在工矿区测绘地形图时，建（构）筑物细部坐标点测量的位置见表 4-1。

表 4-1　建（构）筑物细部坐标点测量的位置

类　别		坐　标	高　程	其 他 要 求
建（构）筑物	矩形	主要墙角	主要墙外角、室内地坪	
	圆形	圆心	地面	注明半径、高度或深度
	其他	墙角、主要特征点	墙外角、主要特征点	
地下管线		起、终、转、交叉点管道中心	地面、井台、井底、管顶、下水测出入口管底或沟底	经委托方开挖后施测

（续）

类　别	坐　标	高　程	其他要求
架空管道	起、终、转、交叉点支架中心	起、终、转、交叉点、变坡点的基座面或地面	注明通过铁路、公路的净空高
架空电力线路电信线路	铁塔中心、起、终、转、交叉点杆柱的中心	杆（塔）的地面或基座面	注明通过铁路公路的净空高
地下电缆	起、终、转、交叉点的井位或沟道中心，入地处、出地处	起、终、转、交叉点的井位或沟道中心，入地处、出地处、变坡点的地面和电缆面	经委托方开挖后施测
铁路	车档、岔心、进厂房处、直线部分每50m一点	车档、岔心、变坡点、直线段每50m一点、曲线内轨每20m一点	
公路	干线交叉点	变坡点、交叉点、直线段每30～40m一点	
桥梁、涵洞	大型的四角点，中型的中心线两端点，小型的中心点	大型的四角点，中型的中心点两端点，小型的中心点、涵洞进出口底部高	

4. 交通测绘

1）交通及附属设施的测绘，图上应准确反映陆地道路的类别和等级、附属设施的结构和关系；正确处理道路的相交关系及与其他要素的关系；正确表示水运和海运的航行标志，河流和通航情况及各级道路的通过关系。

2）铁路轨顶、公路路中、道路交叉处、桥面等，应测注高程，曲线段的铁路应测量内侧轨顶高程；隧道、涵洞应测注底面高程。

3）公路与其他双线道路在图上均应按实宽依比例尺表示。公路应在图上每隔150～200mm注出公路技术等级代码，国道应注出国道路线编号。公路、街道按其铺面材料分为水泥、沥青、砾石、条石或石板、硬砖、碎石和土路等，应分别以砼、沥、砾、石、砖、碴、土等注记于图中路面上，铺面材料改变处应用点线分开。

4）铁路与公路或其他道路平面相交时，不应中断铁路符号，而应将另一道路符号中断；城市道路为立体交叉或高架道路时，应测绘桥位、匝道与绿地等；多层交叉重叠，下层被上层遮住的部分可不绘，桥墩或立柱应根据用图需求表示。

5）路堤和路堑应按实地宽度绘出边界，并应在其坡顶和坡脚适当测注高程。

6）道路通过居民地不宜中断，应按真实位置绘出。高速公路应绘出两侧围建的栅栏（或墙）和出入口，注明公路名称。中央分隔带视用图需要表示。市区街道应将车行道、过街天桥、过街地道的出入口、分隔带、环岛、街心花园、人行道与绿化带绘出。

7）跨河或谷地等的桥梁，应测定桥头、桥身和桥墩位置，并应注明建筑结构；码头应测定轮廓线，并应注明其名称，无专有名称时，应注记"码头"；码头上的建筑应测定并用相应符号表示。

8）大车路、乡村路、内部道路按比例实测，宽度小于图上 1 mm 时只测路中线，以小路符号表示。

5. 管线测绘

1）永久性的电力线、电信线均应准确表示，电杆和铁塔位置应实测。当多种线路在同一杆架上时，只表示主要的。城市建筑区内电力线和电信线可不连线，但应在杆架处绘出线路方向。各种线路应做到线类分明，走向连贯。

2）架空的、地面上的、有管堤的管道均应实测，分别用相应符号表示，并注明传输物质的名称。当架空管道直线部分的支架密集时，可适当取舍。地下管线检修井宜测绘表示。

3）污水篦子、消防栓、阀门、水龙头、电线箱、电话亭、路灯、检修井均应实测中心位置，以符号表示，必要时标注用途。

4）成排的电杆不必每一个都测，可以隔一根测一根或隔几根测一根，因为这些电杆是等间距的，在内业绘图时可用等分插点画出。但有转向的电杆一定要实测。

5）地下光缆也应实测，但军用、国防光缆须经某些部门批准后在图上标出。

6）各种管线的检修井，电力线路、通信线路的杆（塔），架空管线的固定支架，应测出位置并适当测注高程点。

6. 地貌测绘

地面上的山脊线、山谷线、坡度变化线和山脚线都称为地性线，在地性线上有坡度变换点，它们是表示地貌的主要特征点的，如果测出这些点，再测出更多的地形点，则能正确而详细地表示实地的情况。

1）地貌和土质的测绘，图上应正确表示其形态、类别和分布特征。在平原地区测绘大比例尺地形图，地形较为简单，因地势较平坦，高程点可以稀一些，但有明显起伏的地方，高处应沿坡走向有一排点，坡下有一排点，这样画出的等高线才不会变形。在测山区时，做到山上有点，山下有点，确保山脊线，山谷线等地性线上有足够多的点，画出的等高线才准确。

2）自然形态的地貌宜用等高线表示，崩塌残蚀地貌、坡、坎和其他特殊地貌应用相应符号或用等高线配合符号表示。

3）各种天然形成和人工修筑的坡、坎，其坡度在70°以上时表示为陡坎，70°以下时表示为斜坡。斜坡在图上投影宽度小于2mm，以陡坎符号表示。当坡、坎比高小于1/2基本等高距或在图上长度小于5mm时，可不表示，坡、坎密集时，可以适当取舍。

4）坡度在70°以下的石山和天然斜坡，可用等高线或用等高线配合符号表示。独立石、土堆、坑穴、陡坡、斜坡、梯田坎、露岩地等应在上下方分别测注高程或测注上（或下）方高程及量注比高。

5）各种土质按图式规定的相应符号表示，大面积沙地应用等高线加注记表示。

7. 植被与土质测绘

1）地形图上应正确反映植被的类别特征和范围分布。对耕地、园地应实测范围，并配置相应的符号表示。大面积分布的植被在能表达清楚的情况下，可采用注记说明。同一地段生长有多种植物时，可按经济价值和数量适当取舍，符号配制不得超过三种（连同土质符号)。

2) 旱地包括种植小麦、杂粮、棉花、烟草、大豆、花生和油菜等的田地，经济作物、油料作物应加注品种名称。有节水灌溉设备的旱地应加注"喷灌""滴灌"等。一年分几季种植不同作物的耕地，应以夏季主要作物为准配置符号表示。

3) 田埂宽度在图上大于1mm的应用双线表示，小于1mm的用单线表示。田块内应测注有代表性的高程。

4) 梯田坎坡顶及坡脚宽度在图上大于2mm时，应实测坡脚。当1:2000比例尺测图梯田坎过密，两坎间距在图上小于5mm时，可适当取舍。梯田坎比较缓且范围较大时，可用等高线表示。

5) 地类界与线状地物重合时，只绘线状地物符号。

8. 注记

1) 要求对各种名称、说明注记和数字注记准确注出。图上所有居民地、道路、街巷、山岭、沟谷、河流等自然地理名称，以及主要单位等名称，均应调查核实，有法定名称的应以法定名称为准，且应正确注记。

2) 高程注记点的分布应符合下列规定：

① 图上高程注记点应分布均匀，丘陵地区高程点注记间距宜符合表4-2的规定；平坦及地形简单地区可放宽至1.5倍；地貌变化较大的丘陵地、山地与高山地应适当加密。

表4-2 丘陵地区高程点注记间距

比　例　尺		1:500	1:1000	1:2000	1:5000
一般地区/m		15	30	50	100
水域	断面间距/m	10	20	40	100
	断面上测点间距/m	5	10	20	50

② 山顶、鞍部、山脊、山脚、谷底、谷口、沟底、沟口、凹地、台地、河川湖池岸旁、水涯线上以及其他地面倾斜变换处，均应测高程注记点。

③ 城市建筑区高程注记点应测设在街道中心线、街道交叉中心、建筑物墙基脚和相应的地面、管道检查井井口、桥面、广场、较大的庭院内或空地上以及其他地面倾斜变换处。

④ 基本等高距为0.5m时，高程注记点应注至cm；基本等高距大于0.5m时可注至dm。

⑤ 计曲线上的高程注记，字头应朝向高处，且不应在图内倒置；山顶、鞍部、凹地等不明显处等高线应加绘示坡线；当首曲线不能显示地貌特征时，可测绘1/2基本等高距的间曲线。

9. 地形要素的配合

1) 当两个地物中心重合或接近，难以同时准确表示时，可将较重要的地物准确表示，次要地物移位0.3mm或缩小1/3表示。

2) 当独立性地物与房屋、道路、水系等其他地物重合时，可中断其他地物符号，间隔0.3mm，将独立性地物完整绘出。

3) 房屋或围墙等高出地面的建筑物，直接建筑在陡坎或斜坡上且建筑物边线与陡坎上沿线重合的，可用建筑物边线代替坡坎上沿线；当坎坡上沿线距建筑物边线很近时，可移位间隔 0.3mm 表示。

4）悬空建筑在水上的房屋与水涯线重合，可间断水涯线，房屋照常绘出。

5）水涯线与陡坎重合，可用陡坎边线代替水涯线；水涯线与斜坡脚线重合，仍应在坡脚将水涯线绘出。

6）当双线道路与房屋和围墙等高出地面的建筑物边线重合时，可以用建筑物边线代替路边线。道路边线与建筑物的接头处应间隔 0.3mm。

7）当地类界与地面上有实物的线状符号重合时，可省略不绘；当与地面无实物的线状符号（如架空管线、等高线等）重合时，可将地类界移位 0.3mm 绘出。

8）当等高线遇到房屋及其他建筑物时，双线道路、路堤、路堑、坑穴、陡坎、斜坡、湖泊、双线河以及注记等均应中断。

9）独立树、岩峰、山洞和空旷区域低矮的独立房、小棚房等明显、突出、具有判定方位作用的地物，应测绘并表示。

10）当在图上不能同时按真实位置表示两个以上地物符号时，应分主次取舍或移位表示，移位后的要素不应改变其相对位置。

综上所述，地物、地貌的各项要素的表示方法和取舍原则，应按现行国家标准地形图图式执行，即《1∶500、1∶1000、1∶2000 地形图图式》（GB/T 20257.1—2007）。

三、地物、地貌测绘中的跑尺

（1）地物测绘中的跑尺方法

1）当地物较多时，分类跑尺。

2）当地物较少时，可从测站附近开始，由近到远，采用半螺旋形跑尺路线跑尺。待迁站后，立尺员再由远至近，以半螺旋形路线回到测站。

3）若有多人跑尺，则可以以测站为中心，划成几个区，采取分区专人包干的方法跑尺；也可以按照地物类别分工跑尺。

（2）地貌测绘中立尺点的选择与密度

1）正确选择地貌特征点，错选或漏测，将使绘出的等高线与实地不符。

2）注意地貌的综合取舍，没必要将地貌所有的微小变化都测绘出来。

3）合理测绘地貌特征点的多少，原则上是少而精。特征点的多少取决于地貌的复杂程度、测图比例尺和等高距等。

测绘山地地貌的跑尺方法，可选择沿山脊和山谷跑尺法、沿等高线跑尺法，其中沿山脊和山谷跑尺法如图4-5所示，跑尺员很累，耗体力；当使用沿等高线跑尺法勾绘等高线时，容易判断错地性线上的点位。

图4-5　沿山脊和山谷跑尺法

课题2 全站仪数据采集与数据传输

【学习目标】

1. 掌握常见全站仪的设站步骤。

2. 掌握应用草图法和编码法进行野外数据采集的方法与实施过程。

3. 掌握全站仪数据传输方法。

全站仪数据采集的实质是极坐标测量数据采集的应用，所谓极坐标法即在已知坐标的测站点（等级控制点、图根控制点或支站点）上安置全站仪或测距经纬仪，在测站定向后，观测测站点至碎部点的方向、天顶距和斜距，利用全站仪内部自带的计算程序，进而计算碎部点的三维坐标，如图4-6所示。由于全站仪数据采集具有精度高、速度快、测量范围大、人工干预少、不易出错、能进行数据采集等特点，因此是目前大比例尺数字测图野外数据采集的主要方法。

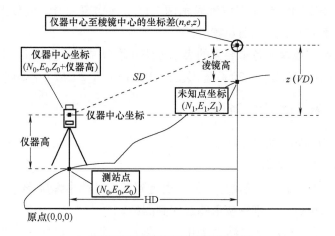

图4-6 全站仪坐标测量示意图

一、全站仪设站步骤

目前，全站仪品牌众多，操作方法不尽相同，但其坐标数据采集的步骤大同小异。本书选择了以常规全站仪和 WinCE 全站仪、WinMG 2007 全站仪为例，将其主要操作步骤归纳如下。

1. 准备工作

在测站点（等级控制点、图根控制点或支站点）安置全站仪，完成对中和整平工作，并量取仪器高。其中，全站仪的对中偏差不应大于5mm，仪器高和棱镜高的量取应精确至1mm。

测出测量时测站周围的温度和气压，并输入全站仪；根据实际情况选择测量模式（如反射片、棱镜、无合作目标），当选择棱镜测量模式时，应在全站仪中设置棱镜常数；检查全站仪中角度和距离的单位是否设置正确。

2. 测站设置、定向与检查

（1）测站设置　建立文件（项目、任务），为便于查找，文件名称根据习惯（如测图时间）或个性化（如作业员姓名）等方式命名。建好文件后，将需要用到的控制点坐标数据录入并保存至该文件中。

打开文件，进入全站仪野外数据采集功能菜单，进行测站点设置。输入或调入测站点点名及坐标、仪器高和测站点编码（可选）。

（2）定向　选择较远的后视点（等级控制点、图根控制点或支站点）作为测站定向点，输入或调入后视点点号及坐标和棱镜高。精确瞄准后视定向点，设置后视坐标方位角（全站仪水平读数与坐标方位角一致）。

（3）检核　定向完毕后，施测前视点（等级控制点、图根控制点或支站点）的坐标和高程，作为测站检核。检核点的平面坐标较差不应大于图上的 0.2mm，高程较差不应大于 1/5 倍基本等高距。如果大于上述限差，则必须分析产生差值的原因，解决差值产生的问题。该检核点的坐标必须存储，以备以后进行数据检查及图形与数据纠正工作。

每站数据采集结束时应重新检测标定方向，检测结果若超出上述两项规定的限差，则其检测前所测的碎部点成果须重新计算，并应检测不少于两个碎部点。

3. 数据采集

测站定向与检核结束后，进行碎部点的坐标测量。输入碎部点的点名、编码（可选）、棱镜高后，开始测量。存储碎部点坐标数据，然后按照相同的方法测量并存储周围碎部点坐标。注意，当棱镜有变化时，在测量该点前必须重新输入棱镜高，然后再测量该碎部点坐标。

4. 常用全站仪设站实例

（1）拓普康 GTS—330N 系列全站仪设站步骤　拓普康 GTS—330N 系列包含 GTS—332N、GTS—335N、GTS—336N 三种全站仪，该系列全站仪可将测量数据存储在全站仪内存中，内存划分为测量数据和坐标数据，文件数可达 30 个，测点数目在未使用内存于放样模式的情况下，最多可达 24000 个点。

特别提醒的是，关闭电源时应确认仪器处于主菜单显示屏或角度测量模式，这样可以确保存储器输入、输出过程的完结，避免存储数据可能出现对视的情况。为安全起见，建议预先充足电池，准备好已充足电的备用电池。

进入数据采集之前，应进行有关参数设置，如大气改正、棱镜常数的设置；距离测量次数（N 次测量/单次测量）；测量模式（精测模式/跟踪模式/粗测模式）等。

① 设置棱镜常数。

若选用拓普康的棱镜应设置为零，若不使用拓普康的棱镜，则必须设置相应的棱镜常数。一旦设置了棱镜常数，则开关机后该常数仍被保存。棱镜常数可用"三段法"获得。表 4-3 为该项设置的操作步骤。

表4-3 棱镜常数设置步骤

操作过程	操作	显示
步骤1：由"距离测量"或"坐标测量"模式按<F3>（S/A）键，进入"设置音响模式"	<F3>	设置音响模式 PSM：0.0PPM0.0 信号：[| | | | |] 棱镜　PPM T-P ---
步骤2：按<F1>（棱镜）键	<F1>	棱镜常数设置 　棱镜：　0.0mm 输入 --- --- 回车
步骤3：按<F1>（输入）键，输入棱镜常数改正值，按<F4>键确认，显示屏返回"设置音响模式"	<F1>→ 输入数据→ <F4>	设置音响模式 PSM：14.0PPM　0.0 信号：[| | | | |] 棱镜　PPM T-P ---

② 设置大气改正。

光线在空气中的传播速度并非常数，它随大气的温度和压力而变，仪器一旦设置了大气改正值即可自动对测距成果实施大气改正，本仪器的标准大气状态为：温度15℃/59°F，气压1013.25hPa/760mmHg，此时大气改正值为0，大气改正值在关机后可保留在仪器内存中。

预先测得测站周围的温度和气压，如温度：26℃，气压：1017.0 hPa，直接在仪器中设置温度和气压值。表4-4为该项设置的操作方法。

表4-4 直接设置温度和气压值的方法

操作过程	操作	显示
步骤1：由"距离测量"或"坐标测量"模式按<F3>（S/A）键，进入"设置音响模式"	<F3>	设置音响模式 PSM：0.0PPM0.0 信号：[| | | | |] 棱镜　PPM T-P ---
步骤2：按<F1>（T-P）键	<F3>	温度和气压设置 　温度→0.0℃ 　气压：1013.2hPa 输入 --- --- 回车
步骤3：按<F1>（输入）键，输入温度与气压值，按<F4>键确认，显示屏返回"设置音响模式"	输入温度和气压	温度和气压设置 　温度：26.0℃ 　气压：1017.0hPa 输入 --- --- 回车

测定好温度和气压后，可以根据大气改正图或大气改正公式求得大气改正值（PPM），可按照表4-5中的步骤直接设定大气改正值。

表 4-5 直接设置大气改正值的方法

操作过程	操作	显示
步骤 1：由"距离测量"或"坐标测量"模式按 < F3 >（S/A）键，进入"设置音响模式"	< F3 >	设置音响模式 PSM：0.0 PPM　0.0 信号：[|||||] 棱镜　PPM　T-P
步骤 2：按 < F2 >（PPM）键	< F2 >	PPM 设置 PPM：　0.0 ppm 输入　- - -　- - -　回车
步骤 3：输入大气改正值，按 < F4 > 键确认，显示屏返回"设置音响模式"	< F1 > → 输入数据→ < F4 >	

③ 距离测量次数（N 次测量/单次测量）设置。当输入测量次数后，GTS-330N 系列就将按设置次数进行测量，并显示距离测量平均值。当输入观测次数为 1 时，因为是单次测量，所以仪器不显示距离平均值，仪器出厂时已被设置为单次观测。注意，进行此项设置时，确认仪器处于测角模式。表 4-6 为该项设置的操作方法。

表 4-6 距离测量次数设置步骤

操作过程	操作	显示
步骤 1：照准棱镜中心	照准	V：　　90° 10′ 20″ HR：　120° 30′ 40″ 置零　锁定　置盘 P1 ↓
步骤 2：按"◢◢"键，连续测量开始	◢◢	HR：　120° 30′ 40″ HD* [r]　　<<m VD：　　　　　m 测量　模式 S/A P1 ↓
步骤 3：当连续测量不再需要时，可按 < F2 >（测量）键，"*"标志消失并显示平均值 注意，当光电测距（EDM）正在工作时，再按 < F1 >（测量）键，模式即转变为连续测量模式	< F1 >	HR：　120° 30′ 40″ HD* [r]　　<<m VD：　　　　　m 测量　模式 S/A P1 ↓ HR：　120° 30′ 40″ HD：　123.456 m VD：　　5.678 m 测量　模式 S/A P1 ↓

④ 测距模式（精测模式/跟踪模式/粗测模式）设置。GTS—330N 系列提供三种测距模式，即精测模式、跟踪模式和粗测模式。其中，精测模式为正常测距模式，成果最小显示单位为 0.2mm 或 1mm；跟踪模式的观测时间比精测模式短，在跟踪移动目标时非常有用，成

果最小显示单位为10mm；粗测模式的观测时间比精测模式短，成果最小显示单位为10mm或1mm。表4-7为该项设置的操作方法。

表4-7　测距模式设置步骤

操作过程	操作	显示
步骤1：在"距离测量"模式下，按<F2>（模式）*键，所设置模式的首字母（F/T/C）将显示出来（F：精测、T：跟踪、C：初测）	<F2>	HR:　　120°30′40″ HD*　　123.456m VD:　　　5.678m 测量　模式　S/A　P1↓
步骤2：按<F1>（精测）键，按<F2>（跟踪）或<F3>（初测）键	<F1>→<F2>→<F3>	HR:　　120°30′40″ HD*　　123.456m VD:　　　5.678m 精测　跟踪　粗测　F
步骤3：若要取消设置，则按<Esc>键	<F1>→<F2>→<F3>	HR:　　120°30′40″ HD*　　123.456m VD:　　　5.678m 测量　模式　S/A　P1↓

（2）测站设置、定向与检查

1）测站设置准备工作。进入正常测量模式，按下<MENU>键，进入主菜单1/3，如图4-7所示。按<F1>（数据采集）键，仪器进入数据采集状态；按<F2>（放样）键，仪器进入放样状态；按<F3>（存储管理）键，仪器进入存储管理状态。

① 数据采集文件的选择。按<F1>（数据采集）键，仪器进入数据采集状态，首先必须要选定一个数据文件，在启动数据采集模式之前即可出现文件选择显示屏，由此可选定一个文件，也可在该模式下的数据采集菜单中选择。数据文件名可直接输入一个便于记忆的名字。具体操作步骤见表4-8。

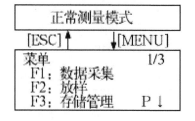

图4-7　正常测量模式主菜单

表4-8　数据采集文件选择步骤

操作过程	操作	显示
步骤1：由主菜单1/3，按<F1>（数据采集）键	<F1>	菜单　　　　　　1/3 F1：数据采集 F2：放样 F3：存储管理　　P1↓
步骤2：由<F2>（调用）键，显示文件目录	<F2>	选择文件 FN:_____ 输入　调用　---　回车

（续）

操作过程	操 作	显 示
步骤3：按<▲>或<▼>键使文件列表上下滚动，选定一个文件	<▲>或<▼>	AMIDATA /M0123 → *HILDATA /M0345 TOPDATA /M0789 --- 查找 --- 回车 TOPDATA /M0789 → RAPDATA /M0345 SATDATA /M0789 --- 查找 --- 回车
步骤4：按<F4>（回车）键，文件即被确认，显示"数据采集"菜单1/2	<F4>	数据采集 1/2 F1：测站点输入 F2：后视 F3：前视/侧视 P↓

② 坐标文件的选择。若需要调用坐标数据文件中的坐标作为测站点或后视点坐标使用，则预先应由"数据采集"菜单2/2选择一个坐标文件，具体步骤见表4-9。

表4-9 坐标文件的选择的步骤

操作过程	操 作	显 示
步骤1：由"数据采集"菜单2/2，按<F1>（选择文件）键	<F1>	数据采集 2/2 F1：选择文件 F2：编码输入 F3：设置 P↓
步骤2：按<F2>（坐标数据）键	<F2>	选择文件 F1：测量数据 F2：坐标数据 选择文件 FN：_____ 输入 调用 --- 回车
步骤3：按表4-8所示的步骤选择一个坐标文件		

2）测站设置。此处要说明的是，测站点与定向点在"数据采集"模式和"正常坐标测量"模式是相互通用的，可在"数据采集"模式下输入或改变测站点和定向点数值。

测站点坐标可利用内存中的坐标数据来设定，也可直接由键盘输入。一般而言，需要输入测站点点号或三维坐标、标识符、仪器高。若采用无码作业，则测站点上可不输入标识符；若测平面图，则仪器高可不输入。上述数据可按<Enter>键记录在仪器内。表4-10所示为利用全站仪内存中的坐标数据来设置测站点的步骤。

表4-10　利用内存中数据设置测站点

操 作 过 程	操　作	显　示
步骤1：由"数据采集"菜单1/2，按<F1>（测站点输入）键，显示原有数据	<F1>	点号 →PT-01　　2/2 标识符： 仪高　：　　　0.000m 输入　查找　记录　测站
步骤2：按<F4>（测站）键	<F4>	测站点 点号：PT-01 输入　调用　坐标　回车
步骤3：按<F1>（输入）键	<F1>	测站点 点号：PT-01 --- --- [CLR] [ENT]
步骤4：输入PT#，按<F4>（ENT）键	输入PT#→ <F4>	点号：→PT-11 标识符： 仪高：　　　0.000m 输入　查找　记录　测站
步骤5：输入标识符、仪高	输入 标识符和仪高	点号：→PT-11 标识符： 仪高 →　　　1.335m 输入　查找　记录　测站
步骤6：按<F3>（记录）键	<F3>	>记录?　　　[是]　[否]
步骤7：按<F3>（是）键，显示屏返回"数据采集"菜单1/2	<F3>	数据采集　　　1/2 F1：测站点输入 F2：后视 F3：前视/侧视　P↓

注：1. 字母数字输入方法请详见仪器说明书。

　2. 标识符可用通过编码库中登记号数的方法输入，为了显示编码库文件内容，可按<F2>（查找）键。

　3. 如果不需要输入仪器高，则可按<F3>（记录）键，在数据采集中存入的数据有点号、标识符和仪器；如果在内存中找不到给定的点，则在显示屏上就会显示"点号不存在"。

3）定向与检核。定向通过后视点来完成，后视点定向可按照用内存中的坐标数据、直接输入后视点坐标和直接输入设置的定向角三种方法来设定。定向点的设定与测站点设定基本相同，需要输入定向点点号（PT#）或三维坐标、标识符、棱镜高。若采用无码作业，则测站点上可不输入标识符（ID），若测平面图，则棱镜高可不输入。上述数据可按<Enter>键记录在仪器内。表4-11所示为通过输入点号，设置后视点，将后视定向角数据存储在仪器内的步骤。

表 4-11　通过输入点号设置后视点

操 作 过 程	操　作	显　示
步骤 1：由"数据采集"菜单 1/2，按 <F2>（后视）键，显示原有数据	<F2>	后视点→ 编码： 镜高：　　　　　0.000m 输入　置零　测量　后视
步骤 2：按 <F4>（后视）键	<F4>	后视 点号： 输入　调用　NE/AZ　回车
步骤 3：按 <F1>（输入）键	<F1>	后视 点号= ---　---　[CLR][ENT]
步骤 4：输入 PT#，按 <F4>（ENT）键，按同样方法输入点编码、棱镜高	点号输入→ <F4>	后视点→ PT-22 编码： 镜高：　　　　　0.000m 输入　置零　测量　后视
步骤 5：按 <F3>（测量）键	<F3>	后视后→ PT-22 编码： 镜高：　　　　　0.000m *角度　斜距　坐标　---
步骤 6：照准后视后，选择一种测量模式并按相应的软键 例：<F2>（斜距） 进行斜距测量 根据定向角计算结果设置水平度盘读数，测量结果被保存，显示屏返回至"数据采集"菜单 1/2		V　　　　90° 00′ 0″ HR　　　　0° 00′ 0″ SD*[n]　　　　<<m >测量--- 数据采集　　　　1/2 F1：测站点输入 F2：后视 F3：前视/侧视　　P↓

注：1. 每次按 <F3> 键，输入方法在坐标值、设置角度和坐标点号间交替变换。

　　2. 字母数字输入方法请详见仪器说明书。

　　3. 点编码可用通过编码库中登记号数的方法输入，为了显示编码库文件内容，可按 <F2>（查找）键。

　　4. 数据采集顺序可设置为"编辑"→"测量"，如果在内存中找不到给定的点，则在屏幕上就会显示"点号不存在"。

拓普康 GTS—330N 系列全站仪不能直接显示检核误差值，因此只能在数据文件中查询后视点测量坐标值与后视点控制成果进行对比，求得二者差值。然后，根据相关规范要求判断检核是否正确。查找记录数据请参见仪器说明书。

4）数据采集。数据采集是在测站设置、定向与检核合格的前提下，利用全站仪照准位置点上放置的合作目标，获取水平角、竖直角、斜距（平距）和目标高等数据，从而得到位置点坐标，具体步骤见表4-12。

表4-12 通过输入点号设置后视点

操 作 过 程	操 作	显 示
步骤1：由"数据采集"菜单1/2，按<F3>（后视/侧视）键，显示原有数据	<F2>	数据采集　　　　1/2 F1：测站点输入 F2：后视 F3：前视/侧视　P↓ ———————— 点号→ 编码： 镜高：　　　　0.000m 输入　查找　测量 同前
步骤2：按<F1>（输入）键，输入点号后按<F4>（ENT）键	<F1>→ 输入点号→ <F4>	点号＝PT-01 编码： 镜高：　　　　0.000m --- ---　[CLR]　[ENT]
步骤3：同样的方法输入编码和棱镜高	<F1>→ 输入编码→ <F4>→ <F1>→ 输入镜高→ <F4>	点号＝PT-01 编码→ 镜高：　　　　0.000m 输入　查找　测量 同前 ———————— 点号 →PT-01 编码：TOPCON 镜高：　　　　1.200m 输入　查找　测量 同前 - - - - - - - - - 角度　*斜距　坐标 偏心
步骤4：按<F3>（测量）键	<F3>	点号 →PT-01 编码：TOPCON 镜高：　　　　1.200m 输入　查找　测量 同前 - - - - - - - - - 角度　*斜距　坐标 偏心
步骤5：照准目标点	照准	
步骤6：选择测量模式，按对应的<F1>～<F3>中的一个键 例：<F2>（斜距）开始测量，测量数据被保存，显示屏变换到下一个镜点，点号自动增加	<F2>	V ：　　90°10′20″ HR：　　120°30′40″ SD*[n]m　　　　<m >测量 - - - - - - - - - 　　　完成
步骤7：输入下一个镜点数据并照准该点	照准	

（续）

操 作 过 程	操　作	显　示
步骤 8：按 < F4 > （同前）键，按照上一个镜点的方法进行测量，测量数据测量并保存。按同样的方法进行测量，测量完毕后，按 < Esc > 键即可退出"数据采集"模式	< F4 >	点号 → PT-02 编码：TOPCON 镜高：　　　　1.200m 输入　查找　测量　同前 V ：　　　90° 10′ 20″ HR：　　120° 30′ 40″ SD*[n]　　　　　　<m >测量 - - - - - - - - - - - - <完成> 点号 → PT-03 编码：TOPCON 镜高：　　　　1.200m 输入　查找　测量　同前

5. 科力达 WinCE（R）系列全站仪设站步骤

科力达 WinCE 系列全站仪主要包括科力达 KTS 470 和 KTS 580 系列全站仪两大类，该系列全站型电子速测仪是自主研发的带 WinCE 操作系统的新一代全站型电子速测仪。WinCE（R）系列全站仪使用微软 Windows CE 操作系统，可使得在全站型电子速测仪上的浏览方式与在 PC 上使用 Microsoft Windows 的方式相似，真正实现了全站仪的计算机化、自动化、信息化、网络化，非常直观地与基于 Windows 的 PC 机进行信息的存取、处理和交换。

（1）数据采集准备工作　同样，科力达 WinCE 系列全站仪在进入数据采集之前，也应进行有关的参数设置。鉴于参数设定的基本原理相同，读者若有需要，请参见科力达 WinCE 系列全站仪用户手册。此处不再赘述。

（2）科力达 WinCE（R）系列全站仪界面　按下全站键盘上的 < POWER > 键开机。进入 Win 全站型电子速测仪欢迎界面。科力达 KTS 470 和 KTS 580 系列全站仪的界面在全站仪功能设置上基本相同，如图 4-8 和图 4-9 所示。

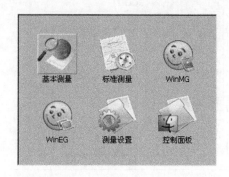

图 4-8　科力达 KTS 470 系列全站仪界面

图 4-9　科力达 KTS 580 系列全站仪界面

（3）新建工程（作业）或打开工程（作业）　在全站仪功能主菜单上，单击"标准测量"，进入标准测量程序。标准测量程序要求在每次测量时建立一个作业文件名，如不建立文件名，则系统会自动建立一个默认文件名（DEFAULT），测量中的所有观测成果均存入该文件中，具体方法见表4-13。

表 4-13　新建工程（作业）方法

操 作 步 骤	按　键	显　示
步骤1：在标准测量程序主菜单中，单击"工程"菜单	＜工程＞	工程　记录　编辑　程序　▯▯▯　✕ 新建 打开　uth.npj 删除　9个 　　7个 选项　5个 格网因子 数据导出 数据导入 最近工程　▶　标准测量程序 退出
步骤2：在"工程"菜单中，单击"新建"命令	"新建"	工程　记　**新建工程**　✕　▯▯▯　✕ 工程信息　工程 当前工程　作者 测量数据　概述 坐标数据 固定数据 测站点名　其它 后视点名 侧视点名 前视点名 创建
步骤3：在弹出的"新建工程"对话框中，输入工程名、作者、工程概述等信息。输入完一项，按＜ENT＞键或用笔针单击下一栏，将光标移到下一输入项	输入信息→ ＜ENT＞	工程　记　**新建工程**　✕▯▯▯　✕ 工程信息　工程　south 当前工程　作者　960 测量数据　概述 坐标数据 固定数据 测站点名　其它 后视点名 侧视点名 前视点名 创建

（续）

操 作 步 骤	按 键	显 示
步骤4：所有信息输入完毕，单击"创建"按钮将作业存储。新建立的作业默认为当前作业。系统返回标准测量程序主菜单	"创建"	工程 记录 编辑 程序　□□□ × 工程信息 当前工程：south.npj 测量数据：　0个 坐标数据：　0个 固定数据：　5个 测站点名： 后视点名： 侧视点名： 前视点名： 标准测量程序

注：1. 工程：由操作者任意取的作业文件名，此后的测量数据均存于该文件中。

　　　作者：操作者的姓名（可以默认）。

　　　概述：该工程的大概情况（可以默认）。

　　　其他：操作者可输入的其他信息，如仪器型号等（可以默认）。

　　2. 如按<Esc>键，则该作业文件名不存储而返回到标准测量程序主菜单。

　　3. 如果作业名已经存在，则程序会提示"同名的工程已经存在！"因此，如果不能保证内存中是否存在要新建的作业名，则可以在新建作业前通过"打开"菜单查看内存中已经存在的作业名。

建立一个新的作业文件。作业名包括16个字符，可以是字母A~Z，也可以是数字0~9和_、#、$、@、%、+、-等符号，但是第一个字符不能为空格。

若要打开已保存的工程（文件），可在标准测量程序主菜单中单击"工程"菜单，按表4-14所示完成操作。

表4-14　打开工程的方法

操 作 步 骤	按 键	显 示
步骤1：在"工程"菜单中，单击"打开"或按"▲"和"▼"键在屏幕列出的内存中的所有作业中进行选择	"打开"	打开工程 □ □ □□ □　? OK × \SouthDisk\WinTS\ □ default □ south 名称(N)：[　　　] 类型(T)：[　]

89

（续）

操 作 步 骤	按 键	显 示
步骤2：用笔针双击需要打开的作业文件，或在名称栏中直接输入作业名		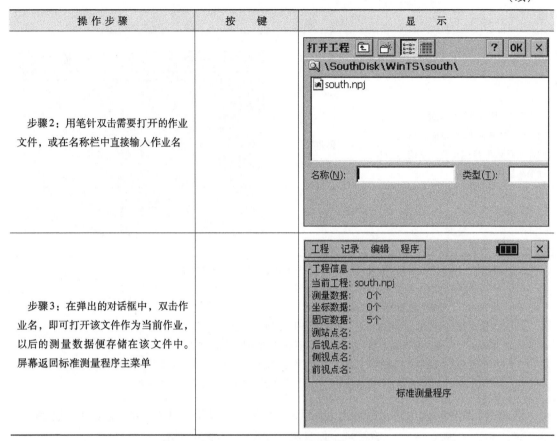
步骤3：在弹出的对话框中，双击作业名，即可打开该文件作为当前作业，以后的测量数据便存储在该文件中。屏幕返回标准测量程序主菜单		

注：可以通过按＜Esc＞键放弃上一步的选择，屏幕便返回标准测量程序主菜单。

（4）设置测站点、后视点与检核　测站点与后视点的设置工作主要在"记录"菜单中完成。"记录"菜单主要用于采集和记录原始数据，可以设置测站点和后视方位，进行后视测量、前视测量、侧视测量和横断面测量。

1）设置测站点。如表4-15所示，进行测站设置。

表4-15　设置测站点

操 作 步 骤	按 键	显 示
步骤1：在"标准测量程序"主菜单中，单击"记录"或按"◄"和"►"	"记录"或"◄"和"►"	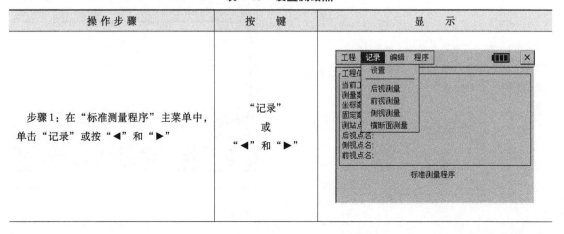

（续）

操作步骤	按　键	显　示
步骤2：在"记录"菜单中，单击"设置"按钮	"设置"	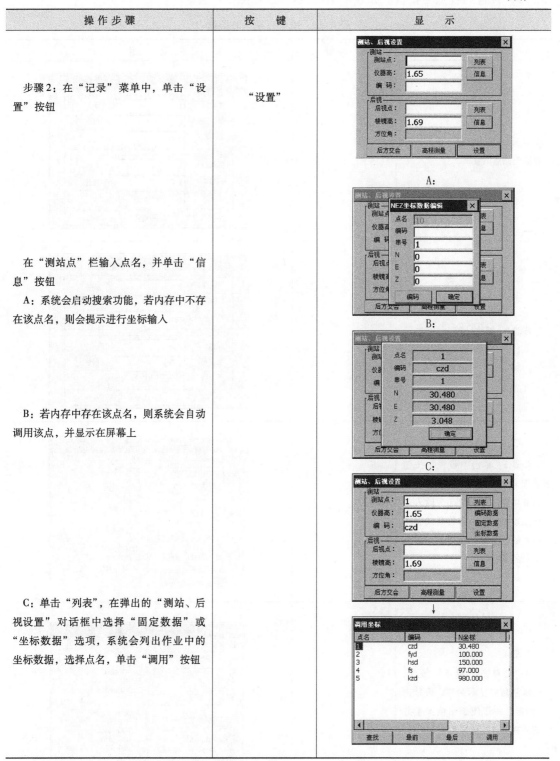
在"测站点"栏输入点名，并单击"信息"按钮 A：系统会启动搜索功能，若内存中不存在该点名，则会提示进行坐标输入 B：若内存中存在该点名，则系统会自动调用该点，并显示在屏幕上 C：单击"列表"，在弹出的"测站、后视设置"对话框中选择"固定数据"或"坐标数据"选项，系统会列出作业中的坐标数据，选择点名，单击"调用"按钮		

注：1. 后方交会：后方交会功能键用于计算测站点的坐标。

　　2. 高程测量：测量一点高程的功能键。详细介绍请参见仪器用户手册。

2）设置后视点与检核。如表4-16所示，进行测站设置。

表4-16　设置后视点与检核

操作步骤	按键	显示
步骤1：输入后视点名，进行方法测站点设置		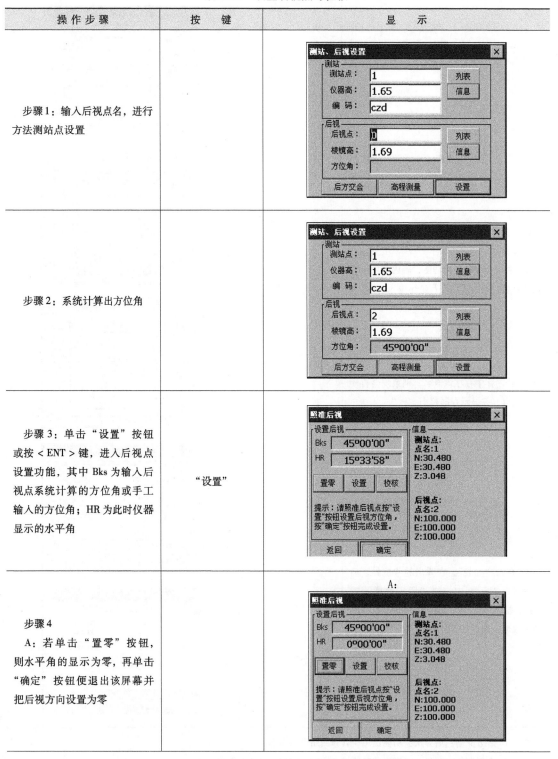
步骤2：系统计算出方位角		
步骤3：单击"设置"按钮或按＜ENT＞键，进入后视点设置功能，其中 Bks 为输入后视点系统计算的方位角或手工输入的方位角；HR 为此时仪器显示的水平角	"设置"	
步骤4 A：若单击"置零"按钮，则水平角的显示为零，再单击"确定"按钮便退出该屏幕并把后视方向设置为零		

（续）

操　作　步　骤	按　键	显　示
B：若单击"设置"按钮，则水平角显示的角度将为方位角		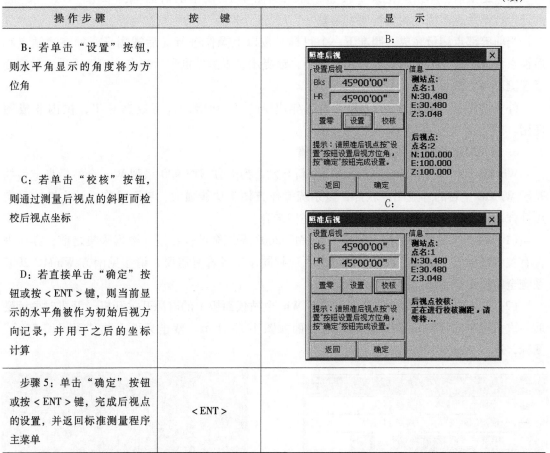
C：若单击"校核"按钮，则通过测量后视点的斜距而检校后视点坐标		
D：若直接单击"确定"按钮或按 < ENT > 键，则当前显示的水平角被作为初始后视方向记录，并用于之后的坐标计算		
步骤 5：单击"确定"按钮或按 < ENT > 键，完成后视点的设置，并返回标准测量程序主菜单	< ENT >	

（5）数据采集　在完成测站点、后视点与检核后，可进行数据采集。数据采集可根据工作需要在"标准测量"界面中，选择"记录"菜单下的"前视测量"子菜单，根据作业要求输入点名及棱镜高（如不测高程，则无须输入棱镜高），然后照准棱镜中心，最后单击"测量"按钮，开始测量，如图 4-10 和图 4-11 所示。

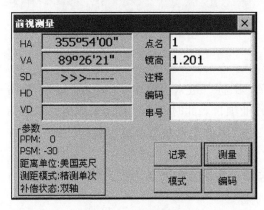

图 4-10　照准前视界面

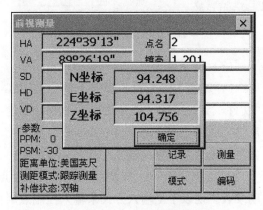

图 4-11　坐标测量成果

测量结束后，单击"记录"按钮，弹出如图 4-12 所示的对话框，单击"OK"按钮，则记录数据并返回标准测量程序主菜单。

当前碎部点测量完成，照准下一个目标，按以上操作进行（后视测量必须在测站点和后视点设置好后才可以进行，否则系统会自动提示设置测站点和后视点，然后才进入后视测量观测屏幕）即可。

外业结束后，利用全站仪的"数据导出/导入"功能，进行数据导出，供内业成图使用。

6. WinMG 2007 系统全站仪设站步骤

WinMG 2007 是南方测绘仪器公司全新开发，为南方 NTS 900 系列 Win 全站量身定做的基于 WinCE 平台的外业测量软件，该系统操作方便、功能强大、界面操作设计人性化且实用性强，是掌上平板电脑与 Win 全站的完美结合。

（1）数据采集准备工作　同样，WinMG 2007 系统全站仪在进入数据采集之前，亦应进行有关参数设置。鉴于参数设定的基本原理相同，读者若有需要，请参见南方 WinMG 2007 系统全站仪用户手册。此处不再赘述。

（2）WinMG 2007 全站仪界面　按下 Win 全站仪面板上的电源开关开机（开机时显示最后一次关机时的屏幕），Win 全站仪主界面如图 4-13 所示。双击桌面上的"WinMG 2007"图标，运行 WinMG 2007。

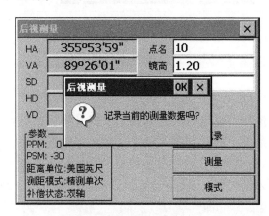

图 4-12　记录当前测量数据

图 4-13　Win 全站仪主界面

（3）使用 WinMG 2007 测图

1）新建图形。双击桌面上的"WinMG 2007"图标，进入 WinMG 2007 主界面。单击"文件"菜单下的"新建图形"命令，创建一个作业项目。此时作业项目尚未取名，图形信息将自动保存在临时文件 spdatemp. spd 中，为了使所测的图形数据能实时保存下来，最好先将工程命名保存（如 AA. spd）。

2）控制点录入。施测前要先输入控制点。控制点的输入有两种方式，即手工输入和自动录入。现以手工输入方式来输入控制点属性及坐标。

单击"文件"→"坐标输入"→"手工输入"命令，弹出坐标输入对话框，如图 4-14 所示。在"类别"栏中输入该点的属性；"编码"栏供用户输入自定义编码。下面依照

表4-17输入七个点。

表4-17 控制点成果表

点　号	点　名	X/m	Y/m	Z/m
1	1N0104	3355572.389	461531.598	309.21
2	1N0104-1	3355517.171	461507.220	309.86
3	1N0404	3355529.821	461704.684	302.92
4	1N0107	3355455.810	461675.845	304.67
5	1N0108	3355375.898	461692.463	301.15
6	1N0109	3355365.920	461576.449	296.055
7	I8	3355532.855	461585.240	303.03

注：点号自动累加，不能人工干预。

输入第四个点后单击右上角的 ⊠ 按钮退出，再单击 ⊕ 按钮可以看到四个点都已展在屏幕上，如图4-15所示。

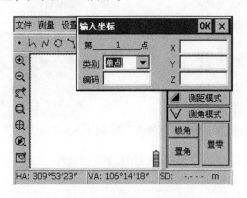

图4-14 坐标输入对话框

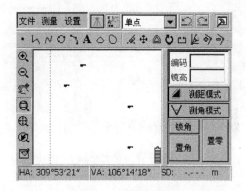

图4-15 控制点示图

3）测站定向。单击"测量"→"测站定向"命令，则会弹出一个对话框，如图4-16所示。测站定向提供了两种方式，即点号定向和方位角定向，这里选择点号定向方式。

按图4-16所示，分别输入测站点点号、定向点点号和仪器高，如果需要对测站点和定向点进行检核，则需要输入检核点点号，然后按"√"按钮。其中，测站点及定向点的输入既可通过数字键盘输入，也可使用辅助笔直接捕捉屏幕上的坐标点来输入。

单击"√"按钮，测站定向完成，可以在屏幕上看到 ⊼ （测站点）和 ♪ （定向点）两个符号，如图4-17所示。

4）启动掌上平板开始测量。下面即可开始进行测量工作了。单击屏幕上方工具栏中的"⊼"图标进入掌上平板测量，如图4-18所示。

① 选择地物所在的图层，再设置该地物的属性。以测一个房屋为例，先在图层下拉列表框内选择"居民地层"选项，如图4-19所示，然后在属性下拉列表框内选择"一般房屋"选项，如图4-20所示。

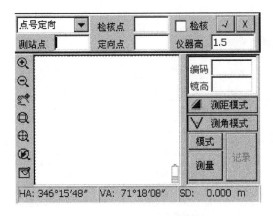

图 4-16　测站定向

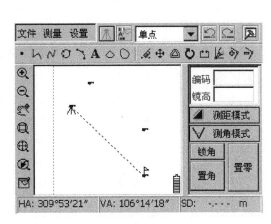

图 4-17　测站定向标示

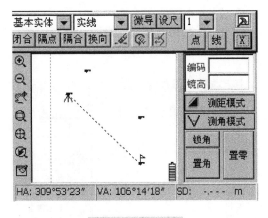

图 4-18　掌上平板

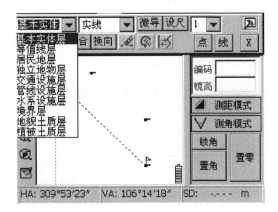

图 4-19　图层下拉列表框

⓵ 注意：属性对话框中常用的地物（使用过的地物）符号会自动前排。

② 选择"设尺"为"1"，单击"线"按钮，然后单击屏幕右侧测量窗口中的"测距模式"按钮进入测量状态，将望远镜对准目标后单击"测量"按钮，如图 4-21 所示。

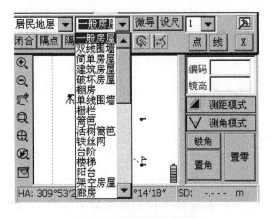

图 4-20　属性下拉列表框

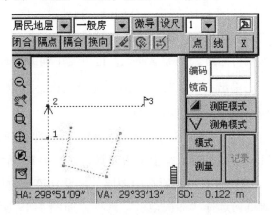

图 4-21　同步测量

在同步测量面板中,在屏幕下方测量窗口中的水平角(HA)、垂直角(VA)和斜距(SD)栏内将同步显示全站仪所测得的数值。

"镜高"和"编码"由用户输入,完成后单击"记录"按钮保存该点数据,绘图面板将同时显示所测坐标点的位置,如图4-22所示。

然后依次测得房屋的第2、3点,如图4-23所示,此时房屋三点已测好,单击"隔合"按钮,则房屋自动隔一点闭合,如图4-24所示。

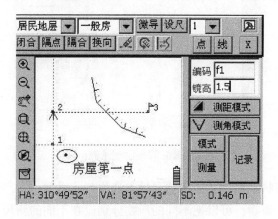

图4-22 房屋第一点　　　　　　　　　图4-23 房屋的三个点

下面以测一段陡坎为例。先将图层和属性下拉列表框分别设置为"地貌土质层"和"未加固陡坎",设置"设尺"为"1",单击"线"按钮,再单击"测量"→"记录"按钮开始测量,重复"测量"→"记录"步骤,依次测得陡坎的第1、2、3、4、5点,如图4-25所示。

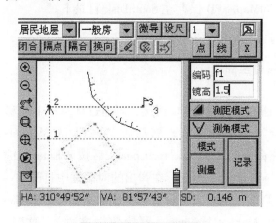
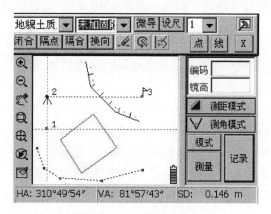

图4-24 隔点生成房屋　　　　　　　　图4-25 未加固陡坎

如果此时陡坎还未测完,但又需要测旁边一个路灯,则可以先设置"设尺"为"2"(此时未加固陡坎为被释放状态),再单击"单点",切换到点状地物测量状态,将图层下拉列表框设置为"独立地物层"、属性下拉列表框为"路灯",再单击"测量"按钮开始测量,测完后单击"记录"按钮,则路灯自动显示在屏幕上,如图4-26所示。

测完路灯后如果要继续测陡坎，只需选择尺"1"（此时刚才所测的未加固陡坎处于选中状态，即当前地物）就可以接着测得陡坎的第6、7点，这样保证了线性地物的完整性。所有地物测完后退出掌上测量平板，然后单击" ▣ "按钮刷新屏幕，所测的地物如图4-27所示。

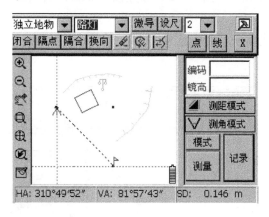

图4-26　路灯

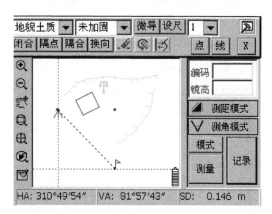

图4-27　简单地物

这幅图中包含了最简单的点状、线状、面状地物，其他地物测量方法均与此类似。

在测量的过程中，可能需要同时测量多个地物，可以把不同的地物分别设在不同的测尺上，当选中测尺时（如选中1），则该测尺所代表的地物即陡坎被选中，陡坎处于激活状态，所测的点即为该线上的点。当要继续测房屋时，只需选择相应的尺号2即可。

当要把一个地物设到某个测尺上时（如尺3），先选择地物的图层和属性，然后用光笔选择某个尺号（如尺3），再单击"设尺"按钮即可。

测图完成后，单击"文件"→"保存图形"命令，在弹出对话框中输入MyFirstMap后单击"确定"按钮，则WinMG 2007会将MyFirstMap. SPD保存在SouthDisk目录下。

> ❗ **注意**：用户数据必须保存在"**SouthDisk**"目录下，除此目录之外保存在其他路径下的用户数据在更换电池重新启动**Win**全站仪后将全部清空。

5）数据导入CASS。首先，将Win全站仪通过电缆线与PC连接，再通过计算机上的移动设备"Microsoft ActiveSync"来浏览Win全站仪上的文件，然后将PDA上的MyFirst-Map. SPD文件复制到PC机上。启动CASS，在命令行中输入"readspda"后按<Enter>键或单击"数据"→"WinMG 2007格式转换"→"读入"命令，在弹出的对话框中打开My-FirstMap. SPD文件，同时在存放MyFirstMap. SPD文件的目录下会自动生成两个文件，即My-FirstMap. dat（CASS格式的坐标数据文件）和MyFirstMap. hvs（原始数据文件）。这时，WinMG 2007所测的图形和数据就自动导入到了CASS 9.0软件中。

二、测记法野外数据采集

野外数字测图作业通常分为野外数据采集和内业数据处理两大部分，其中野外数据采集极其重要，它直接决定了成图质量与效率。野外数据采集就是在野外直接测定地形特征点的位置，并记录地物的连接关系及其属性，为内业数据处理提供必要的绘图信息及便于数字地图深加工使用。

野外数据采集主要是通过全站仪或 GPS-RTK 接收机实地测定地形特征点的平面位置和高程，将这些点位信息自动储存在仪器内存储器或电子手簿中。野外数据采集除采集碎部点的点位信息外还要采集与绘图有关的其他信息，不同的数字测图系统有不同的操作方法。

平板测图是把测区按标准图幅划分成若干幅图，再一幅一幅往下测，如图 4-28 所示。

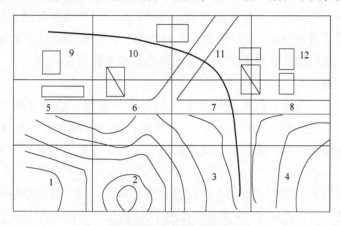

图 4-28　平板测图的分幅

目前，数字测图系统在野外进行数据采集时，一般采用测记法（草图法）或简编码配合草图法。为便于多个作业组作业，在野外采集数据之前，通常要对测区进行"作业区"划分。数字测图不是按图幅测绘，而是以道路、河流、沟渠、山脊线等明显线状地物为界，以自然地块将测区划分为若干个作业区，分块测绘的。分区的原则是各区之间的数据（地物）尽可能地独立（不相关），并各自测绘各区边界的路边线或河边线。例如，有甲、乙两个作业小队，甲队负责路南区域，乙队负责路北区域（包括公路）。甲队再以山谷和河为界，乙队再以公路和河为界，分块分期测绘，如图 4-29 所示。

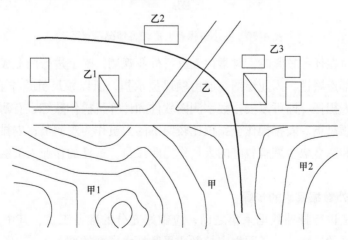

图 4-29　数字化测图是分块测绘的

对于地籍测量来说，一般以街坊为单位划分作业区。对于跨区的地物，如电力线等，会增加内业编图的难度。

测记法就是用全站仪（或其他测量仪器）在野外测量地形特征点的点位，用电子手簿（内存储器）记录测点的定位信息，用草图、笔记或简码记录其他绘图信息，到室内将测量数据传输到计算机，经人机交互编辑成图。由于测记法外业设备轻便，操作方便且野外作业时间短，因此是测绘人员常采用的作业方法。

测记法野外数据采集一般情况下在已知点（等级控制点、图根点或支站点）上安置全站仪，对中、整平、定向后，开始采集数据。特殊情况下可在通视良好、测图范围广的地点安置全站仪，利用"自由设站"（后方交会）的功能，先测算出测站点坐标，再用该点作为已知点采集数据。测记法数据采集主要分为无码作业和简码作业两种。

1. 作业人员安排

在数字测图作业过程中，应重视外业人员的组织与管理。绘制观测草图作业模式的要点，就是在全站仪采集数据的同时，绘制观测草图，记录所测地物的形状并注记测点顺序号；内业将观测数据通信至计算机，在测图软件的支持下，对照观测草图进行测点连线及图形编辑。

草图法测图时的人员组织，各作业单位的方法也不尽相同。有的单位的人员配置为：观测员1名、领尺员1名、跑尺员1~3名，如图4-30所示。为便于作业人员的技术能全面发展，一般为外业1天，内业1天，两人轮换。

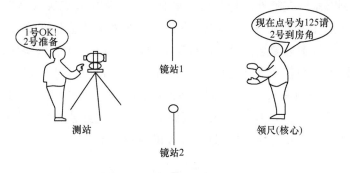

图 4-30　一小组作业人员配备情况示意图

有些测绘单位在任务较紧时，常常白天进行外业观测，晚上进行内业成图。领尺员负责画草图或记录碎部点属性，内业绘图一般由领尺员承担，所以领尺员是作业组的核心成员，需由技术全面的人担任，即可以安排数字测图软件和计算机操作熟练、有耐心、有一定指挥能力的人员作为领尺员。安排操作全站仪比较熟练的人员作为观测员；安排体力较好，对地形图的地形表达和综合取舍理解较好的人员作为跑尺员。这样的作业人员组合才能实现高效率的数字测图。

2. 草图法野外数据采集的步骤

在使用测记法进行野外数据采集之前，应做好充分的准备工作，其中主要包括两个方面：一是仪器工具的准备；二是图根点控制成果和技术资料的准备。

仪器工具方面的准备主要包括全站仪、对讲机、充电器、电子手簿或便携机、备用电池、通信电缆、花杆、反光棱镜、皮尺或钢尺（丈量地物长度用）、小钢卷尺（量仪器高用）、记录本和工作底图等。全站仪、对讲机应提前充电。在数字测图中，由于测站到镜站距离比较远，因此配备对讲机是必要的。同时对全站仪的内存进行检查，确认有足够多的内存空间，如果内存不够则需要删除一些无用的文件。如果全部文件均无用，则可将内存初始化。

图根点成果资料的准备主要是备齐所要测绘的范围内的图根点的坐标和高程成果表，在数据采集之前，最好提前将测区的全部已知成果输入到电子手簿或便携机中，以方便调用。目前，多数数字测图系统在野外进行数据采集时，都要求绘制较详细的草图。绘制草图一般在专门准备的工作底图上进行。这一工作底图最好用旧地形图、平面图的晒蓝图或复印件制作，也可用航片放大影像图制作。

全站仪草图法测图时，野外数据采集的步骤如下：

1）仪器观测员指挥立镜员到事先选好的某已知点上准备立镜定向，自己快速安置仪器，量取仪器高；然后启动操作全站仪，选择测量状态，输入测站点号和定向点号、定向点起始方向值（一般把起始方向值置零）和仪器高；瞄准定向棱镜，定好方向后，锁定全站仪度盘，通知立镜者开始跑点。

2）立镜员在碎部点立棱镜后，观测员及时瞄准棱镜，用对讲机联系确定镜高（一般设一个固定高度，如 2.0m）及所立点的性质，输入镜高（镜高不变时直接按 < Enter > 键），在要求输入地物代码时，对于无码作业直接按 < Enter > 键。在确认准确照准棱镜后，输入第一个立镜点的点号（如 0001），按"测量键"进行测量，以采集碎部点的坐标和高程；第一个碎部点数据测量保存后，全站仪屏幕自动显示下一立镜点的点号（点号顺序增加，如 0002）；依次测量其他碎部点。全站仪测图的测距长度，不应超过表 4-18 的规定。

表 4-18　全站仪测图的最大测距长度

比　例　尺	最大测距长度/m	
	地　物　点	地　形　点
1：500	160	300
1：1000	300	500
1：2000	450	700
1：5000	700	1000

由于地物有明显的外部轮廓线或中心位置，因此在测绘时较简单。在进行地貌采点时，可以用一站多镜的方法进行。一般在地性线上要有足够密度的点，特征点也要尽量测到。例如，在山沟底测一排点，也应该在山坡边再测一排点，这样生成的等高线才真实。测量陡坎时，最好坎上坎下同时测点或准确记录坎高，这样生成的等高线才没有问题。在其他地形变化不大的地方，可以适当放宽采点密度。

3）领尺员绘制草图，直到本测站全部的碎部点测量完毕。

4）全站仪搬到下一站，再重复上述过程。

5）在一个测站上所有的碎部点测完后，找一个已知点重测进行检核，以检查施测过程中是否存在因误操作、仪器碰动或出故障等原因造成的错误。检查完，确定无误后，关掉仪器电源，中断电子手簿，关机并搬站。到下一测站，重新按照上述采集方法和步骤进行施测。

3. 草图绘制

目前，大多数数字测图系统在进行野外数据采集时，都要求绘制较详细的草图。如果测区有相近比例尺的地图，则可利用旧图或影像图并适当放大复制，裁成合适的大小（如A4幅面）作为工作草图。

在这种情况下，作业员可先进行测区调查，对照实地将变化的地物反映在草图上，同时标出控制点的位置，这种工作草图也起到工作计划图的作用。在没有合适的地图可作为工作草图的情况下，应在数据采集时绘制工作草图。工作草图应绘制地物的相关位置、地貌的地性线、点号、丈量距离记录、地理名称和说明注记等。草图可按地物的相互关系分块绘制，也可按测站绘制，地物密集处可绘制局部放大图。草图上点号的标注应清楚、正确，并与全站仪内存中记录的点号建立起一一对应的关系。

（1）绘图前的准备 在应用草图法测绘大比例尺数字测图的过程中，草图绘制也是一项相当重要的工作。在外业每天测量的碎部点很多，凭测量人员的记忆是不能够完成内业成图的，所以必须在测绘过程中正确地绘制草图。

绘制草图时的准备工作主要有两个方面，一是绘图工具的准备，如铅笔、橡皮、记录板和直尺等；二是纸张的准备，如果测区内有旧的地形图（平面图）的蓝晒图或复印图，或有航片放大的影像图，则可将它们作为工作底图。

（2）绘图方法 进入测区后，领尺（镜）员首先对测站周围的地形、地物分布情况大概看一遍，认清方向，绘制含有主要地物、地貌的工作草图（若在原有的旧图上标明会更准确），便于观测时在草图上标明所测碎部点的位置及点号。

草图法是一种"无码作业"的方式，在测量一个碎部点时，不用在电子手簿或全站仪里输入地物编码，其属性信息和位置信息主要是在草图上用直观的方式表示出来。所以，在跑尺员跑尺时，绘制草图的人员要标注出所测的是什么地物（属性信息）及记下所测的点号（位置信息）。在测量过程中，绘制草图的人员要和全站仪操作人员随时联系，使草图上标注的点号和全站仪里记录的点号一致。草图的绘制要遵循清晰、易读、相对位置准确且比例一致的原则。草图示例如图4-31所示，图中为某测区在测站1上施测的部分点。

绘制草图的人员要对各种地物地貌有一个总体概念，知道什么地物由几个点构成，如一般点状物一个点，线状物两个点，圆形建筑物三个点，矩形建筑物四个点等，这要求测量人员熟悉测图所用的软件和地形图图式。另外，需要提醒一下，在野外采集时，能测到的点要尽量测，实在测不到的点可利用皮尺或钢尺量距，将丈量结果记录在草图上；室内用交互编辑方法成图或利用电子手簿的量算功能，及时计算这些直接测不到的点的坐标。

对于有丰富作业经验的领尺员，可以将绘制观测草图改为用记录本记录绘图信息，这将大大方便外业测量。采用图4-32的记录形式，可以较全面且准确地反映采集点的属性、方向、方位、连接关系和是否参与建模等信息。

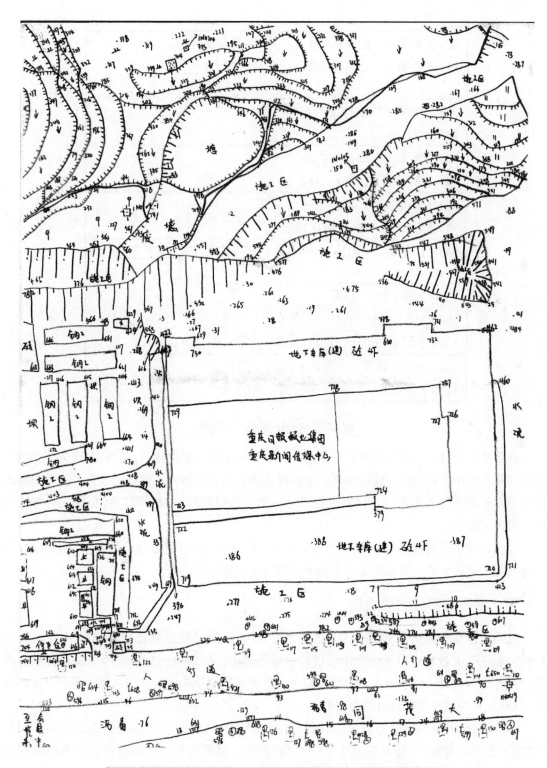

图 4-31　某测区在测站 1 上草图绘制示意图（不清晰，建议换图）

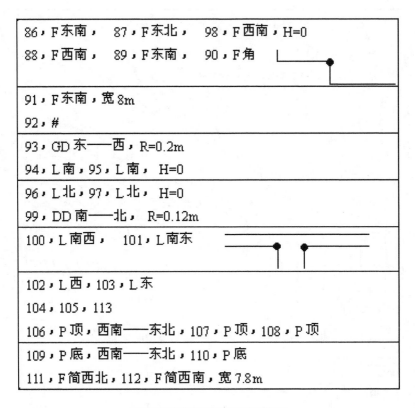

图 4-32 记录本记录绘图信息

值得注意的是，当进行野外数据采集时，由于测站离碎部点较远，因此观测员与立镜员之间的联系离不开对讲机。仪器观测员要及时将测点点号告知领尺员或记录员，使草图标注的点号和记录手簿上的点号与仪器观测点号一致。若两者不一致，则应在实地及时查找原因，并及时改正。

当然，数字测图过程的草图绘制也不是一成不变的，可以根据自己的习惯和理解绘图，不必拘泥于某种形式，只要能保证正确地完成内业成图即可。

三、编码法野外数据采集

编码法作业与无码作业的测量方法相同，所不同的是外业数据采集时现场输入编码（地物特征码），这样可以不绘草图或仅绘简单的草图。带编码的数据经内业识别自动转换为绘图程序内部码，以实现自动绘图。现在，有较多的测绘单位在使用这种方法，下面以南方 CASS 9.0 为例说明编码测图的流程。

CASS 系统的简码可分为野外操作码、线面状地物代码、点状地物代码和关系码四种（这里只介绍前两种）。每种只有 1～3 位字符组成，其形式简单、规律性强，无须特别记忆，且能同时采集测点的地物要素和连接关系。

（1）野外操作码 CASS 9.0 的野外操作码由描述实体属性的野外地物码和一些描述连接关系的野外连接码组成。CASS 9.0 专门有一个野外操作码定义文件 JCODE. DEF，该文件是用来描述野外操作码与 CASS 9.0 系统内部绘图编码的对应关系的，用户可编辑此文件使之符合自己的要求。

野外操作码定义文件 JCODE. DEF 用于定制有码作业时的野外操作码，每行定义一个野外操作码，最后一行用"END"结束。文件格式为：

> 野外操作码，CASS 9.0 编码
> ……
> END

野外操作码的定义有以下规则：

① 野外操作码有 1~3 位，第一位必须是英文字母，大小写等价，后面是范围为 0~99 的数字，无意义的 0 可以省略，例如，A 和 A00 等价、F1 和 F01 等价。

② 野外操作码后面可跟参数，如野外操作码不到 3 位，与参数间应有连接符"－"，如有三位，则后面可紧跟参数，参数有控制点的点名；房屋的层数；陡坎的坎高等。

③ 野外操作码第一个字母不能是"P"，该字母只代表平行信息。

④ Y0、Y1、Y2 三个野外操作码固定表示圆，以便和老版本兼容。

⑤ 可旋转独立地物要测两个点，以便确定旋转角。

⑥ 野外操作码如以"U""Q""B"开头，则将被认为是拟合的，所以如果某地物有的拟合，有的不拟合，则需要两个野外操作码。

⑦ 房屋类和填充类地物将自动被认为是闭合的。

⑧ 房屋类和符号定义文件第 14 类别地物，如只测三个点，则系统会自动计算并给出第四个点。

⑨ 对于查不到 CASS 编码的地物以及没有测够点数的地物，如果只测一个点，则自动绘图时将不做处理，如测两点以上则按线性地物处理。

系统默认野外操作码详见《用户手册》附录 A，用户可以编辑 JCODE. DEF 文件以满足自己的需要。

（2）线面状地物代码　各种不同的地物、地貌都有唯一的编码，表 4-19 所示为线面状地物符号代码、表 4-20 所示为点状地物符号代码。

表 4-19　线面状地物符号代码

坎类（曲）：K(U)＋数（0—陡坎，1—加固陡坎，2—斜坡，3—加固斜坡，4—垄，5—陡崖，6—干沟）

线类（曲）：X(Q)＋数（0—实线，1—内部道路，2—小路，3—大车路，4—建筑公路，5—地类界，6—乡、镇界，7—县、县级市界，8—地区、地级市界，9—省界线）

垣栅类：W＋数（0 与 1—宽为 0.5m 的围墙，2—栅栏，3—铁丝网，4—篱笆，5—活树篱笆，6—不依比例围墙，不拟合，7—不依比例围墙，拟合）

铁路类：T＋数（0—标准铁路（大比例尺），1—标（小），2—窄轨铁路（大），3—窄（小），4—轻轨铁路（大），5—轻（小），6—缆车道（大），7—缆车道（小），8—架空索道，9—过河电缆）

电力线类：D＋数（0—电线塔，1—高压线，2—低压线，3—通信线）

（续）

房屋类：F＋数（0—坚固房，1—普通房，2——般房屋，3—建筑中房，4—破坏房，5—棚房，6—简单房）

管线类：G＋数（0—架空（大），1—架空（小），2—地面上的，3—地下的，4—有管堤的）

植被土质：拟合边界：B－数（0—旱地，1—水稻，2—菜地，3—天然草地，4—有林地，5—行树，6—狭长灌木林，7—盐碱地，8—沙地，9—花圃）

不拟合边界：H－数（0—旱地，1—水稻，2—菜地，3—天然草地，4—有林地，5—行树，6—狭长灌木林，7—盐碱地，8—沙地，9—花圃）

圆形物：Y＋数（0—半径，1—直径两端点，2—圆周三点）

平行体：P＋（X（0—9），Q（0—9），K（0—6），U（0—6）…）

控制点：C＋数（0—图根点，1—埋石图根点，2—导线点，3—小三角点，4—三角点，5—土堆上的三角点，6—土堆上的小三角点，7—天文点，8—水准点，9—界址点）

例如：K0——直折线型的陡坎，U0——曲线型的陡坎，W1——土围墙

T0——标准铁路（大比例尺），Y012.5——以该点为圆心半径为 12.5m 的圆

表 4-20　点状地物符号代码

符号类别	编码及符号名称				
水系设施	A00 水文站	A01 停泊场	A02 航行灯塔	A03 航行灯桩	A04 航行灯船
	A05 左航行浮标	A06 右航行浮标	A07 系船浮筒	A08 急 流	A09 过江管线标
	A10 信号标	A11 露出的沉船	A12 淹没的沉船	A13 泉	A14 水 井
土质	A15 石 堆				
居民地	A16 学 校	A17 废气池	A18 卫生所	A19 地上窑洞	A20 电视发射塔
	A21 地下窑洞	A22 窑	A23 蒙古包		
管线设施	A24 上水检修井	A25 下水雨水检修井	A26 圆形污水篦子	A27 下水暗井	A28 煤气天然气检修井
	A29 热力检修井	A30 电信入孔	A31 电信手孔	A32 电力检修井	A33 工业、石油检修井
	A34 液体气体储存设备	A35 不明用途检修井	A36 消火栓	A37 阀门	A38 水龙头
	A39 长形污水篦子				

（续）

符号类别	编码及符号名称				
电力设施	A40 变电室	A41 无线电杆、塔	A42 电杆		
军事设施	A43 旧碉堡	A44 雷达站			
道路设施	A45 里程碑	A46 坡度表	A47 路标	A48 汽车站	A49 臂板信号机
独立树	A50 阔叶独立树	A51 针叶独立树	A52 果树独立树	A53 椰子独立树	
工矿设施	A54 烟囱	A55 露天设备	A56 地磅	A57 起重机	A58 探井
	A59 钻孔	A60 石油、天然气井	A61 盐井	A62 废弃的小矿井	A63 废弃的平峒洞口
	A64 废弃的竖井井口	A65 开采的小矿井	A66 开采的平峒洞口	A67 开采的竖井井口	
公共设施	A68 加油站	A69 气象站	A70 路灯	A71 照射灯	A72 喷水池
	A73 垃圾台	A74 旗杆	A75 亭	A76 岗亭、岗楼	A77 钟楼、鼓楼、城楼
	A78 水塔	A79 水塔烟囱	A80 环保监测点	A81 粮仓	A82 风车
	A83 水磨房、水车	A84 避雷针	A85 抽水机站	A86 地下建筑物天窗	
宗教设施	A87 纪念像、碑	A88 碑、柱、墩	A89 塑像	A90 庙宇	A91 土地庙
	A92 教堂	A93 清真寺	A94 敖包、经堆	A95 宝塔、经塔	A96 假石山
	A97 塔形建筑物	A98 独立坟	A99 坟地		

（3）连接关系符号 野外采集的数据有编码是基础，有编码的数据不能直接成图。"草图法"是人工连接，编码法成图中各个点位之间的连接靠的是这些连接符号，连接关系符号的具体含义见表 4-21。

（4）CASS 9.0 的简码使用规则 数据采集时，现场对照实地输入野外操作码（也可自己定义野外操作码，内业编辑索引文件），图中点号旁的括号内容为每个采集点输入的操作码。

表 4-21 描述连接关系的符号的含义

符 号	含 义
+	本点与上一点相连，连线依测点顺序进行
−	本点与下一点相连，连线依测点顺序相反方向进行
n +	本点与上 n 点相连，连线依测点顺序进行
n −	本点与下 n 点相连，连线依测点顺序相反方向进行
p	本点与上一点所在地物平行
np	本点与上 n 点所在地物平行
+ A $	断点标识符，本点与上点连
− A $	断点标识符，本点与下点连

注："+"和"−"符号表示连线方向。

1）野外操作码的编写。对于地物的第一点，操作码＝地物代码，如图 4-33 中的 1、5 两点（点号表示测点顺序，括号中的内容为该测点的编码，下同）。

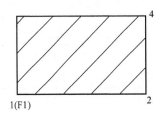 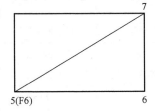

图 4-33 地物起点的操作码

2）当连续观测某一地物时，操作码为"+"或"−"。其中，"+"号表示连线依测点顺序进行；"−"号表示连线依测点顺序向相反的方向进行，如图 4-34 所示。在 CASS 中，连线顺序将决定类似于坎类的齿牙线的画向，齿牙线及其他类似标记总是画向连线方向的左边，因而改变连线方向就可改变其画向。

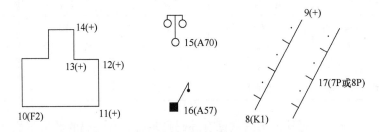

图 4-34 连续观测点的操作码

3）当交叉观测不同的地物时，操作码为"n +"或"n −"。其中，"+"和"−"符号的意义同上，n 表示该点应与以上 n 个点前面的点相连（n ＝ 当前点号 − 连接点号 − 1，即跳点数），还可用"+ A $"或"− A $"来标识断点，A $ 是任意助记字符，当一对 A $ 断点出现后，可重复使用 A $ 字符，如图 4-35 所示。

4）观测平行体时，操作码为"p"或"np"。其中，"p"的含义为通过该点所画的符

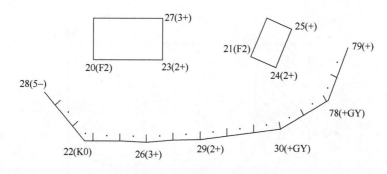

图 4-35　交叉观测点的操作码

号应与上点所在地物的符号平行且同类，"np"的含义为通过该点所画的符号应与以上跳过 n 个点后的点所在的符号画平行体，对于带齿牙线的坎类符号，将会自动识别是堤还是沟。若上点或跳过 n 个点后的点所在的符号不为坎类或线类，则系统将会自动搜索已测过的坎类或线类符号的点。因而，用于绘平行体的点，可在平行体的一"边"未测完时测对面的点，也可在测完后接着测对面的点，还可在加测其他地物点之后，测平行体的对面点，如图 4-36 所示。

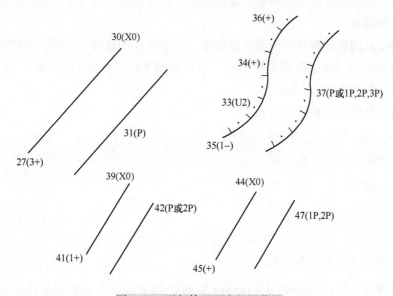

图 4-36　平行体观测点的操作码

5）若要对同一点赋予两类代码信息，则应重测一次或重新生成一个点，并分别赋予不同的代码，如图 4-37 所示。

四、数据传输

1. 数据通信及数据信息

（1）数据通信　数据通信是把数据的处理和传输合为一体，实现数字信息的接收、存储、处理和传输，并对信息流加以控制、校验和管理的一种通信形式。

数字测图的数据通信是指测绘仪器（全站仪、GPS 接收机等）与计算机（包括 PDA

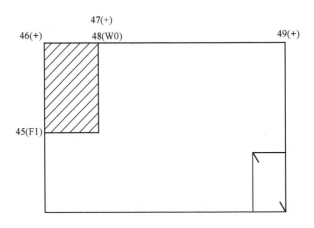

图 4-37　对同一点赋予两类代码的操作码

间的数据传输与处理。这里主要介绍全站仪与计算机间的数据通信。

（2）数据信息的表示　数据通信所要传输的信息是由一系列字母和数字组成的。而沿着传输线传送时，信息以电信号的形式传送。因此，实际上先要把传送的字符信息转换为二制形式，再把二进制信息转换为一系列离散的电子脉冲信号，以用于表示二进制信息。

2. CASS 数据格式

全站仪中记录的数据需要传输到计算机中，才能在绘图软件下使用。传输到计算机中的坐标数据，将存放到"坐标数据文件"中。坐标数据文件的后缀为".dat"，其文件名可由用户自行命名，如 20090607. dat。

坐标数据文件的数据格式如下：

总点数 N
点号 1，编码 1，Y_1，X_1，H_1
点号 2，编码 2，Y_2，X_2，H_2
点号 3，编码 3，Y_3，X_3，H_3
……
点号 n，编码 n，Y_n，X_n，H_n

该文件属文本文件，一般可用 Windows 中的"记事本"来编辑和修改。甚至可以将一些零散的碎部点坐标和高程，按照上述坐标数据文件的数据格式编辑生成可供展点使用的后缀为".dat"的文件。示例数据文件如下：

1，C0-XINAN，97500.079，70800.208，293.872
2，C0-XIBEI，97500.199，70787.399，293.275
3，C1-DONGNAN，97500.439，70782.802，293.052
4，X2，97500.523，70798.909，293.455
5，+，97500.743，70800.427，281.717
6，+，97500.891，70823.527，281.717

7, +, 97501.010, 70824.963, 293.808
8, +, 97501.010, 70824.963, 293.808
9, W0, 97501.105, 70791.798, 293.455
10, +, 97501.324, 70884.553, 287.417

需要说明的是，上述数据文件中可以没有编码，但在文件中的编码位置仍需保留，一般由两个"，"号隔开。例如：

11,, 97501.324, 70884.553, 294.533
12,, 97501.396, 70883.114, 294.884
13,, 97501.750, 70500.142, 281.717
14,, 97501.750, 70500.142, 281.717
15,, 97501.760, 70799.929, 293.808
16,, 97501.760, 70799.929, 293.808
17,, 97501.760, 70834.640, 294.102
18,, 97501.834, 70655.029, 287.417
19,, 97501.834, 70655.029, 287.417
20,, 97501.863, 70894.681, 293.808

3. 数据传输及通信参数

（1）数据传输的方式 电子设备之间的数字数据传输方式主要有有线的并行通信（传输）和串行通信（传输）、无线的红外线通信（IrDA）与蓝牙通信（Bluetooth）以及利用设备配置的 CF、PC 卡、USB 接口进行数据传输。

1）有线的并行通信（传输）和串行通信（传输）。串行通信适用于通信距离较远的情况，并行通信适用于通信距离较近的情况。

① 串行通信（传输）。在串行通信的数据传输中，数据信息是按二进制的顺序由低到高、一位一位地在一根信号线上传送的。串行通信设备要求简单，成本价格低，虽然传输速度较慢，但信息质量很高，所以是一种常用的信息交换方法。

与串行传输相对应，在各种输入、输出设备和计算机系统上常装有串行通信接口。计算机系统最常用的串行接口是美国电子工业协会 EIA（Electronic Industries Association）规定的 RS（Recommended Standard）–232C 标准，如计算机上的 COM1 和 COM2。通常，鼠标、全站仪、GPS 接收机、数据化仪等均采用标准串行接口，如图 4-38 所示。

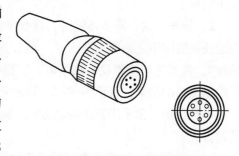

图 4-38 标准串行接口

② 并行通信（传输）。并行传输是指通过多条数据线将数据信息的各位二进制数同时并行传送，每位数要各自占用一条数据线。这种方式

通信速度快，但各位数据必须要求同时发送，并按同一速度传送，接收单元才能收到完整而准确的信息。若各位数据发送的速度快慢不一致，则可能收到错误信息。因此，必须使用专门技术和专门设备进行接收，制作成本较大。这是计算机内部数据传输的主要方式，如计算机上连接打印机、绘图仪等设备的多是并行接口，如 LPT1 和 LPT2。

2）无线的红外线通信（IrDA）与蓝牙通信（Bluetooth）。

① 红外线通信（IrDA）。红外线通信是利用红外线来传输信号的通信方式。红外线通信保密性强，不受无线电干扰，设备结构简单，价格低廉。目前，红外通信技术在多数情况下传输距离较短（最长为 3m，接收角度为 30°），且要求通信设备的位置固定。

② 蓝牙通信（Bluetooth）。蓝牙（10 世纪丹麦国王哈拉尔德的别名）通信技术是使用内制在芯片上的短程射频链接来替代电子设备上使用的电缆或连线的短距离无线数据通信技术。它能够在 10m（通过增加发射功率可达到 100m）的半径范围内实现单点对多点的无线数据和声音传输，其数据传输速率为 1MB/s。蓝牙技术使用全双向天线实现全双工数据传输，支持数据终端的移动性。

3）利用设备配置的 CF、PC 卡、USB 接口。随着科学技术的发展，部分全站仪已具备外部设备直接接入全站仪进行数据通信的功能。例如，利用和全站仪配套的 CF、PC 卡，可以将数据直接存储至该卡内，然后直接在笔记本式计算机上读取数据。

对基于 Win CE 平台的全站仪的数据通信则更加便捷，既可以使用普通 U 盘直接接入全站仪进行数据通信；也可在计算机上为安装微软的 Microsoft ActiveSync 同步软件，计算机会自动识别全站仪，该通信采用 USB 电缆和 USB 接口，仅需一根 USB 电缆便能进行全站仪与计算机之间的通信。

（2）同步传输与异步传输　串行数据通信有两种数据传输方式，即同步传输和异步传输。

1）同步传输。同步传输是指每一个数据位都是用相同的时间间隔发送，而接收时也必须以发送时的相同时间间隔接收每一位信息。也就是说，在同步方式下，接收单元与发送单元都必须在每一个二进制位上保持同步，而不论是否传输数据。同步传输时，接收单元的时间间隔判别是根据传过来的信息中开头的几个同步信号判断的，而后面的数据就不再需要加同步信号了。

2）异步传输。异步传输时，接收单元不能准确预计何时要接收下一个数据串，所以在发送任意数据串之前首先要发送一位二进制数据进行报警，起始位的值为"0"，叫作"起始位"，在其之后接着发送数据串。数据串发送完毕后，在其后加上 1～2 位二进制数来表示数据传输的结束，其值为"1"，因此称为"停止位"。

串行传输通常采用异步传输方式，而且全站仪、GPS 接收机的数据传输一般都采用异步传输方式。

（3）波特率　波特率表示数据传输速度的快慢，指每秒钟传输的数据位数，通常用位/秒（bit/s）表示。例如，某设备的数据传输速度为 480 个字符，每个字符包括 10 位（起始位 1 位，数据位 7 位，检验位 1 位，停止位 1 位），所以其波特率为 4800bit/s。全站仪数据传输时的波特率多采用 1200bit/s 以上。常见的波特率有 300bit/s、600bit/s、1200bit/s、

1800bit/s、2400bit/s、4800bit/s、9600bit/s、19200bit/s 等。

（4）数据位　用二进制来表示字母、数字和一些特殊符号，国际上通常使用美国标准信息交换码（American Standard Code for Information Interchange），即 ASCII 码。数据通信所传输的数据信息的二进制位数叫作数据位，它通常用七位二进制数表示，但有时也用八位二进制数表示。

（5）校验位　校验位又称为奇偶校验位，它位居于数据位的 7~8 位之后，为一个二进制位，以便在接收单元检核传输的数据是否有误。通常校验位有五种方式，即 NONE（无检验）、EVEN（偶检验）、ODD（奇检验）、MARK（标记校验）和 SPACE（空号校验）。

在全站仪的通信中，一般采用前三种校验方式，占一位，用 N、E 或 O 表示（分别代表 NONE、ENEN、ODD）。

（6）停止位　停止位是在校验位之后再设置的一位或二位二进制位，用于表示传输字符的结束。有些全站仪还规定了发送与接收端的应答信息。接收端没有发出请求发送的信息时不会接收全站仪发送的数据，这样就能确保数据传输的正确性和完整性。

大多数字测图软件系统都编写了各厂家生产的全站仪的相应接口程序，并写入了菜单中，用户使用时只要根据自己的全站仪型号进行选择即可。当然，也可以通过厂家提供的通信程序或用户自编的通信程序进行数据通信。

主要厂商生产的全站仪系列通信接口及参数设置见表 4-22。

表 4-22　全站仪系列通信接口及参数表

厂　商	Leica	Topcon	Sokkia	Pentax	South
接　口					
针脚定义	1-电源（VDC） 2-空（N.U） 3-信号地（GND） 4-接收（RXD） 5-发送（TXD）	1-信号地（GND） 2-空（N.U） 3-发送（TXD） 4-接收（RXD） 5-请求发送（CTS） 6-电源（VDC）	1-信号地（GND） 2-空（N.U） 3-发送（TXD） 4-接收（RXD） 5-请求发送（CTS） 6-电源（VDC）	1-发送（TXD） 2-接收（RXD） 3-请求发送（CTS） 4-允许发送（RTS） 5-信号地（GND） 6-空（N.U）	1-信号地（GND） 2-空（N.U） 3-发送（TXD） 4-接收（RXD） 5-请求发送（CTS） 6-电源（VDC）
波特率	110、300、600、1200、2400、4800、9600 可选	1200、2400、4800、9600 可选	1200、2400、4800、9600 可选	1200、2400、4800、9600 可选	1200、2400、4800 可选
数据位	7 位二进制	7 位二进制	7 位二进制	7 位二进制	7 位二进制
校验位	N、E 或 O	E	N	N	N
停止位	CR 或 CR LF	1	1	1	1

4. 在CASS软件中传输数据

以拓普康全站仪为例，在CASS软件中进行数据传输时，首先用数据线将全站仪和计算机连接起来，然后开启全站仪电源，并运行计算机中的南方CASS软件。

在全站仪主菜单中调用"存储管理"子菜单，如图4-39所示，选择数据格式，设置通信参数，选择要发送的测量数据类型，选择要发送的数据文件，然后等待按键发送，具体操作过程见表4-23。

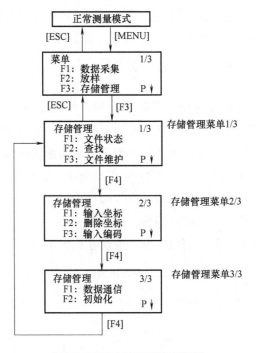

图4-39 "存储管理"子菜单

表4-23 全站仪与计算机数据传输操作过程

操 作 过 程	操 作	显 示
步骤1：由主菜单1/3按＜F3＞（存储管理）键	＜F3＞	存储管理 1/3 F1：文件状态 F2：查找 F3：文件维护 P↓
步骤2：按＜F4＞（P↓）键两次	＜F4＞ ＜F4＞	存储管理 3/3 F1：数据通信 F2：初始化 P↓
步骤3：选择数据模式 GTS格式：通常格式 SSS格式：包括编码	＜F1＞	数据传输 F1：GTS格式 F2：SSS格式

（续）

操 作 过 程	操 作	显 示
步骤4：按＜F1＞（数据通信）键	＜F1＞	数据传输 F1：发送数据 F2：接收数据 F3：通信参数
步骤5：按＜F1＞键	＜F1＞	发送数据 F1：测量数据 F2：坐标数据 F3：编码数据
步骤6：选择发送数据类型，可按＜F1＞～＜F3＞中的一个键 例：＜F1＞（测量数据）	＜F1＞	选择文件 FN： 输入 调用 … 回车
步骤7：按＜F1＞（输入）键，输入待发送的文件名，按＜F4＞（ENT）键	＜F1＞	发送测量数据 >OK? [是] [否]
步骤8：按＜F3＞（是）键，发送数据，显示屏返回菜单	＜F1＞→ 输入 FN→ ＜F4＞ ＜F3＞	发送测量数据! 正在发送数据! > 停止

通信参数设置的操作步骤见表4-24。

表 4-24　通信参数操作过程

操 作 过 程	操 作	显 示
步骤1：由主菜单1/3按＜F3＞（存储管理）键	＜F3＞	存储管理　　　　1/3 F1：文件状态 F2：查找 F3：文件维护　 P↓
步骤2：按＜F4＞（P↓）键两次	＜F4＞	存储管理　　　　3/3 F1：数据通信 F2：初始化　　 P↓
步骤3：按＜F1＞（数据通信）键	＜F4＞	数据传输 F1：GTS格式 F2：SSS格式
步骤4：按＜F1＞（GTS格式）键	＜F1＞	数据传输 F1：发送数据 F2：接收数据 F3：通信参数
步骤5：按＜F3＞（通信参数）键	＜F3＞	通信参数　　　　1/2 F1：协议 F2：波特率 F3：字符/检验　 P↓

（续）

操作过程	操　作	显　示
步骤6：按＜F2＞（波特率）键 　　[　]表示当前波特率设置	＜F2＞	波特率 [1200]　2400　4800 9600　19200　38400 　　　　　　　　回车
步骤7：按"▲""▼""▶""◀"，选 定所需参数	"▶" "▼"	波特率 1200　2400　4800 9600　[19200]　38400 　　　　　　　　回车
步骤8：按＜F4＞（回车）键	＜F4＞	通信参数　　　　　1/2 　F1：协议 　F2：波特率 　F3：字符/检验　P↓

其中，设置传输时的通信参数如图4-40所示。

图4-40　通信参数

在南方 CASS 9.0 软件中，单击"数据"→"读取全站仪数据"命令，就会出现如图4-40所示的菜单和对话框。在此对话框中选择仪器，设置通信口、波特率、检验、数据位、停止位、超时、临时通信文件和 CASS 坐标文件后，单击"转换"按钮（先在全站仪上按 < Enter > 键发送数据）即可将全站仪上的坐标数据文件传输到计算机中。

本例以拓普康全站仪为例，各项通信参数设置如图 4-40 所示。其他类型全站仪的数据传输方法与此类似，在此不再一一叙述。

5. 使用全站仪数据通信软件进行数据传输

全站仪数据通信软件很多，功能大同小异，选择自己喜欢用的一款即可。T—COM 是拓普康测量仪器（GTS/GPT 系列全站仪和 DL—101/102 系列电子水准仪）与微机之间进行双向数据通信的软件，可以在 Windows 95/98/NT/XP/2000 下运行。

T—COM 软件的主要功能有：

1）将仪器内的数据文件下载到计算机上。

2）将计算机上的数据文件与编码库文件传送到仪器内。

3）进行全站仪数据格式 GTS—210/220/310/GPT—1000 与 SSS（GTS—600/700/710/800）之间的转换，以及数字水准仪原始观测数据格式到文本格式的转换。

T—COM 软件的使用方法：首先用 F—3（25 针）或 F—4（9 针）RS—232 电缆连接计算机和测量仪器（全站仪和数字水准仪），然后在计算机上运行 T—COM，接着即可显示如图 4-41 所示的操作界面。

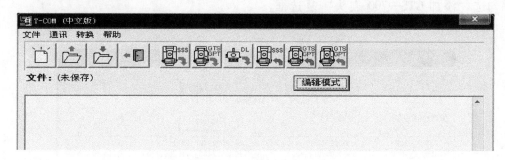

图 4-41 T—COM 操作界面 1

（1）使用 T—COM 进行数据通信的主要步骤

1）在全站仪上设置通信参数。

2）在计算机上设置相同的通信参数。

3）计算机进入接收状态，全站仪发送数据；或全站仪进入接收状态，计算机发送数据。

（2）数据文件下载 以全站仪 GTS—210/310/GPT—1000 系列为例（仪器内数据格式应设置为 GTS，本例为下载坐标数据文件），数据文件下载的步骤为：

1）在全站仪上选择程序→标准测量→SET UP→JOB→OPEN，选定需要下载的作业文件名。

2）在全站仪上进入 MENU→MEMORY MGR.→DATA TRANSFER（在 MEMORY MGR 的第三页）→COMM. PARAMETERS，设置通信参数：ACK/NAK（协议）、9600（波特率）、8/NONE（数据位/奇偶位）、1（停止位）。

3）在全站仪上进入 SEND DATA（发送数据），选择 COORD. DATA（坐标数据），然后选择 11 DIGITS 和要传输的数据文件，等待计算机设置。

4）在计算机上运行 T—COM 软件，按快捷键 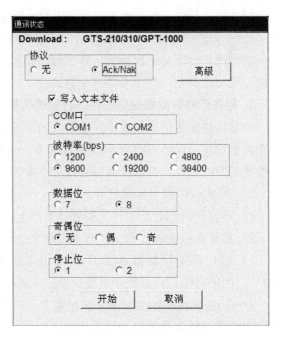 将显示通信参数设置，当设置为与全站仪相同的通信参数及正确的串口后，单击"开始"按钮，进入接收等待状态，如图 4-42 所示。

5）在全站仪上按"OK"按钮，计算机开始自动接收全站仪发送过来的数据。

6）传完后，数据会在 T—COM 软件的文本框中显示，如图 4-43 所示，直接单击"确认"按钮即可。

7）接着出现如图 4-44 所示的对话框，取消勾选"添加 GTS—700 表头"复选框，然后单击"确定"按钮。

图 4-42　T—COM 操作界面 2

图 4-43　T—COM 操作界面 3

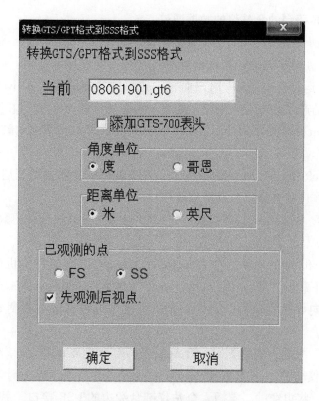

图 4-44　T—COM 操作界面 4

8）这样数据便转换成了可以编辑的格式，此时另存为文本文件即可。至此，文件传输完毕，如图 4-45 所示。

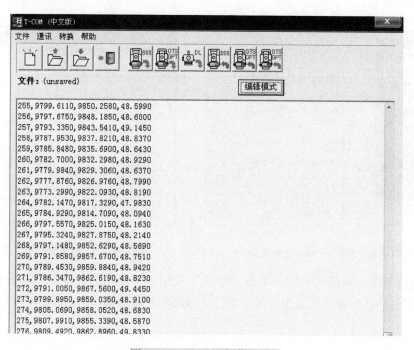

图 4-45　T—COM 操作界面 5

6. 基于 Win CE 平台的全站仪的数据通信

（1）安装 Microsoft ActiveSync Microsoft ActiveSync（ActiveSync）是 Microsoft Windows CE 系统设备的计算机同步软件，实现设备端与计算机的连接与通信。可以在 Win 98/ME/NT/2000/XP 系统上运行。对 Win7 用户而言，建议选择 Microsoft ActiveSync 6.1 及更高版本。在提供给用户的产品盒中有一张光盘是 Microsoft ActiveSync，也可在网络上下载。首先，将 Microsoft ActiveSyn 安装到桌面计算机上并建立桌面计算机与掌上电脑之间的通信，请按照以下步骤进行操作。

1）安装 Microsoft ActiveSync 之前应注意，在安装过程中需要重新启动计算机，所以安装前请保存现有工作内容并退出所有应用程序。

为安装 Microsoft ActiveSync，还需要一根 USB 电缆（全站仪配备的数据线）以连接掌上电脑和台式计算机。

2）安装 Microsoft ActiveSync。将"Microsoft ActiveSync 桌面计算机软件"光盘放入光驱，或运行网站上下载的"Microsoft ActiveSync"安装程序。Microsoft ActiveSync 安装向导将自动运行。如果该向导没有运行，则可到光驱所在盘符根目录下找到 setup. exe 后双击其运行。

单击"下一步"按钮以安装 Microsoft ActiveSync，如图 4-46 所示。

（2）连接全站仪与 PC 安装好 Microsoft ActiveSync 后，重新启动计算机。

使用连接电缆，将电缆的一端插入全站仪键盘旁边的 USB 接口，另一端插入台式计算机的某一通信端口。详细情况，请参阅硬件手册。

打开全站仪，软件将检测掌上电脑并配置通信端口。如果连接成功，则屏幕会显示如图 4-47 所示的信息。

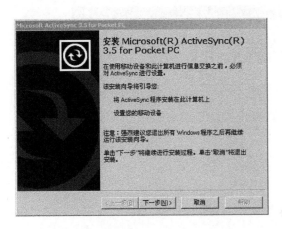

图 4-46　安装安装 Microsoft ActiveSync　　　　图 4-47　成功连接全站仪与 PC

当全站仪与掌上电脑同步后，单击"浏览"按钮，可浏览移动设备（全站仪）中的所有内容，如图 4-48 所示；同时也可进行文件的删除和复制等操作。

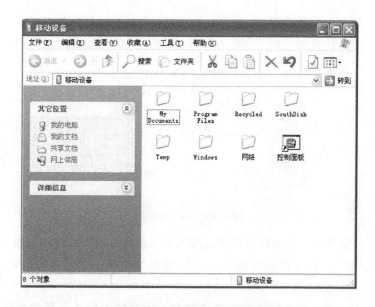

图 4-48 全站仪浏览文件

课题 3 GNSS RTK 数据采集与数据传输

【学习目标】

1. 了解 GNSS RTK 测量的基本原理。

2. 掌握 GNSS RTK 的基本组成。

3. 能够启动 GNSS RTK 接收机，并利用 GNSS RTK 进行参数计算、碎部点数据采集和数据传输。

RTK（Real Time Kinematic）是一种利用 GNSS 载波相位观测值进行实时动态相对定位的技术。进行 RTK 测量时，位于基准站上的 GNSS 接收机通过数据通信链实时地把载波相位观测值以及已知的测站坐标等信息播发给在附近工作的流动用户。这些用户就能根据基准站及自己所采集的载波相位观测值，利用 RTK 数据处理软件进行实时定位，进而根据基准站的坐标求得自己的三维坐标，并估算其精度，如有必要，还可将求得的 WGS-84 坐标转换为用户所需的坐标系中的坐标。

一、数据采集

1. 进行 RTK 测量所需配备的仪器设备

传统的 RTK 测量的设备包括 GNNS 接收机、数据通信链和 RTK 软件三大部分，它们的构成如图 4-49 所示。在整个 RTK 测量系统中，每个部分的作用如下。

GNSS 接收机：进行 RTK 测量时，至少需要配备两台 GNSS 接收机。一台接收机安装在基准站上，观测视场中所有的可见卫星；另一台或多台接收机在基准站附近进行观测和定位。这些站常被称为流动站。

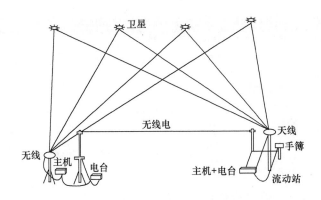

图 4-49 RTK 的组成

数据通信链：数据通信链的作用是把基准站上采集的载波相位观测值及站坐标等信息实时地传递给流动用户。它由调制解调器和无线电台等组成，通常可与接收机一起成套地购买。

RTK 软件：RTK 测量成果的精度和可靠性在很大程度上取决于数据处理软件的质量和性能。RTK 软件一般应具有下列功能：

1）快速而准确地确定整周模糊度。

2）基线向量解算。

3）解算结果的质量分析与精度评定。

4）坐标转换，即可根据已知点的坐标转换参数进行转换，也可根据公共点的两套坐标自行求解坐标转换参数。

2. GNSS RTK 测量系统的安装与调试

在野外进行 RTK 测量之前，应对所携带的 RTK 设备进行安装和调试，在保证 RTK 测量系统能够正常运转的情况下，才能进行后续的数据采集工作。现在市场上在售的 RTK 品牌比较多，现以国产中海达 V30 GNSS RTK 测量系统为例，阐述 GNSS RTK 采集碎部点的一般过程。

（1）基准站的架设与设置　基准站是 RTK 测量系统中固定不动的点，在选择基准站位置时应注意以下几点：

1）基准站的视场应开阔。

2）用电台进行数据传输时，基准站宜选择在测区相对较高的位置。

3）用移动通信进行数据传输时，基准站必须选择在测区有移动通信接收信号的位置。

4）选择无线电台通信方法时，应按约定的工作频率进行数据链设置，以避免串频。

在测区内选好基准站的位置后，可按照图 4-50 所示连接好基准站的测量设备，然后开启主机，利用 GNSS 接收机的功能键进行工作模式和数据链的设置。

双击"F1"键，有"基准站""移动站"和"静态"三个语音提示，选择需要的工作方式，按电源键确定，完成工作方式的设置。

双击"F2"键，语音提示设置 UHF、GSM、外挂三种数据链模式选择，基站和移动站均选择 UHF 模式，按电源键确定。

图 4-50　基准站连接图

长按"F2"键，语音提示频道，单击"F1"键进行频道逐个减 1，长按"F1"键进行频道逐个减 10；单击"F2"键进行频道逐个加 1，长按"F2"键进行频道逐个加 10，选择需要的频道，按电源键确定。

（2）移动站的安装与设置　移动站由 GNSS 接收机和手簿两部分构成，其连接如图 4-51 所示。连接完成后也需要进行工作模式和数据链的设置，设置方法与基准站一致。

（3）手簿软件的使用　手簿软件是对 GNSS 接收机进行设置和数据处理的工具，主要包括项目设置、坐标系统设置、设置基准站和设置移动站等。

1）设置项目。在一个新测区，首先要新建一个项目，存储测量的参数，将其设置均保存到项目文件中（*.prj）。同时，软件自动建立一个与项目名同名的文件夹，包括记录点库、放样点库、控制点库都放到坐标库目录 Points 文件夹中，新建一个项目如图 4-52 所示，设置后单击"下一步"按钮。

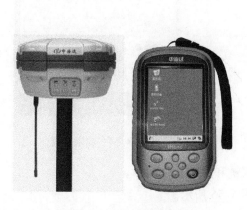

图 4-51　移动站连接图

图 4-52　设置项目

图 4-51 中的单选按钮含义如下：

① "新建"单选按钮：选择新建、输入项目名、单击"下一步"按钮完成项目新建。

② "打开"单选按钮：打开原有的项目。

③ "套用"单选按钮：套用原有项目参数来新建一个项目。

2）设置坐标系统。坐标系统的设置如图 4-53 所示，部分菜单功能如下。

① "文件"下拉列表框：输入坐标系统文件名称，默认和项目名称一致，用于保存下方的测量参数。

② "椭球"选项卡：源椭球一般为 WGS-84，目标椭球和已知点的坐标系统一致，如果目标坐标为自定义坐标系，则可以不更改此项选择，设置为默认值"北京-54"。

③ "投影"选项卡：选择投影方法，输入投影参数（中国用户投影方法，一般选择"高斯自定义"，输入"中央子午线经度"，通常需要更改的只有中央子午线经度，中央子午线经度是指测区已知点的中央子午线；若自定义坐标系，则输入该测区的平均经度，经度误差一般要求小于 30′。地方经度可用接收机实时测出，手簿通过蓝牙先连上 GNSS，在"GNSS"→"位置信息"中获得）。

④ "保存"按钮：单击右上角的"保存"按钮，可保存设置好的参数。记得单击右上角的"保存"按钮，否则坐标系统参数设置无效。完成后单击"下一步"按钮。

3）手簿和基准站主机的连接及设置。手簿和接收机连接前，应进行相关的设置，如图 4-54 所示，设置手簿型号、连接方式、端口、波特率和 GNSS 类型，单击"下一步"按钮，单击"搜索"出现机号后，选择机号，单击"连接"，如果连接成功会在接收机信息窗口中显示连接仪器号，如图 4-55 所示。在弹出"接收机信息"窗口后，选择设置基准站或移动站。

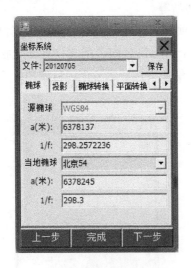

图 4-53　设置坐标系统

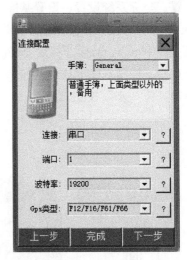

图 4-54　参数设置

手簿对基准站的设置主要是位置、数据链和差分三个菜单。

输入基准站点名和基准站仪器高，如图 4-56 所示。

单击"平滑"按钮，出现如图 4-57 所示的界面，平滑完成后单击右上角的"√"

按钮。

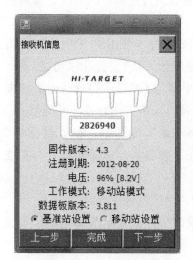

图 4-55　接收机设置

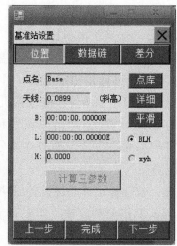

图 4-56　设置基准站点名和仪器高

图 4-57　获取基准站位置

如果基准站架设在已知点上，且知道转换参数，则可不单击"平滑"按钮。可直接输入该点的 WGS-84 的 *BLH* 坐标，或事先打开转换参数，输入该点的当地 *xyh* 坐标，这样基准站就以该点的"WGS-84 BLH"坐标为参考，发射差分数据。

在"基准站设置"界面中单击"数据链"选项卡，出现如图 4-58 所示的界面。选择数据链类型，输入相关参数。例如，用中海达服务器传输数据作业，需设置参数和选择内置网络时，其中分组号和小组号可变动，分组号为 7 位数，小组号为小于 255 的 3 位数，用电台作业时数据链则选择内置电台，选择电台频道。

单击"差分"按钮，出现如图 4-59 所示的界面。选择差分模式、电文格式（默认为 RTK、RTCM3.0，不需要改动），单击右下角"下一步"按钮，软件提示设置成功。

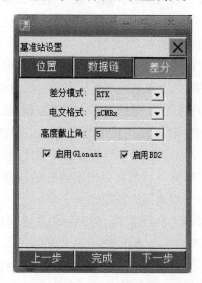

图 4-58　设置数据链　　　　　　　　图 4-59　设置差分电文格式

查看主机差分灯是否每秒闪一次红灯，当用电台时，电台收发灯应每秒闪一次，如果正常，则提示基准站设置成功，是否连接移动站。

4）手簿和移动站的连接及设置。连接手簿与移动站 GNSS 主机（使用 UHF 电台时，将差分天线与移动站 GNSS 主机连接好；使用 GPRS 时，不需要差分天线），打开移动站 GNSS 主机电源，调节好仪器工作模式，等待移动站锁定卫星。当手簿与 GNSS 主机连接时，如果连接成功，则会在"接收机信息"窗口中显示连接的仪器机号，连接方法和基准站类似。

设置移动站，使用菜单"移动站设置"，弹出"设置移动站"对话框。在"数据链"选项卡下，选择和输入的参数需与基准站一致，单击"差分"选项卡，选择并输入与基准站一样的参数，修改移动站天线高。

单击右下角的"完成"按钮，软件提示移动站设置成功，返回软件主界面。

至此，RTK 设备的安装和调试工作全部完成，如果测量的主界面显示为固定解，则说明所有的设置都是正确的，可以进行后面的碎部点测量。

3. 坐标系统转换

碎部测量所得到的结果是基于 WGS-84 坐标系下的成果，而我们所需要的成果是国家统一的国家 2000 坐标系或工程坐标系，因此需要利用手簿软件中的坐标转换功能先计算参数，然后将所求得的参数应用到项目中，便可以实时得到目标坐标系的成果。由于数字测图项目前期已进行控制测量，且点的密度较大，因此这里以四参数为例，说明参数的求解过程。

（1）已知点上观测　将移动站放置在测区卫星信号比较好的已知点进行观测，每次观测历元数不能少于 20 个，采样间隔为 2～5s，单次观测的平面收敛精度不应大于 2cm，高程收敛精度不应大于 3cm，各次测量的平面坐标和高程较差都不应大于 4cm，取各次观测三维坐标中数作为最终的结果。测完一个点后，再在另一个已知点上按照相同的精度要求进行观测，将观测的结果保存在手簿记录点库中。

（2）参数求解　进入软件主界面，单击"参数"→"左上角下拉菜单"→"参数计算"，进入"参数求解"主界面，如图 4-60 所示。

单击"添加"按钮，弹出如图 4-61 所示的界面，要求分别输入源点坐标和目标点坐标，单击从坐标点库中提取点的坐标，从记录点库中选择控制点的源点坐标，在目标坐标中输入相应点的当地坐标。单击"保存"按钮，重复添加，直至将参与解算的控制点加完，然后单击右下角的"解算"按钮，弹出求解好的四参数，如图 4-62 所示，单击"运用"按钮。

四参数中的缩放比例为一非常接近 1 的数字，越接近 1 越可靠，一般为 $0.999x$ 或 $1.000x$。

平面中误差、高程中误差表示点的平面和高程残差值，如果超过了要求的精度限定值，则说明测量点的原始

图 4-60　"参数求解"主界面

坐标或当地坐标不够准确。残差大的控制点，点名左边的小框内勾选掉，让其不参与坐标转换参数的解算，这对测量结果的精度有决定性的影响。

图 4-61　添加已知点坐标

图 4-62　四参数结果

在弹出的参数界面中，查看"平面转换"和"高程拟合"是否应用，确认无误后，单击右上方的"保存"按钮，如图 4-63 所示，再单击右上角的"×"按钮，返回软件主面。

4. 碎部点数据采集

应用四参数后，所建项目的记录点库将会被更新，以前测的点和后面测的点位坐标都会利用四参数进行转换，变成目标坐标系下的成果。

单击主菜单上的"测量"按钮，即可进入碎部测量界面，如图 4-64 所示。

图 4-63　应用四参数

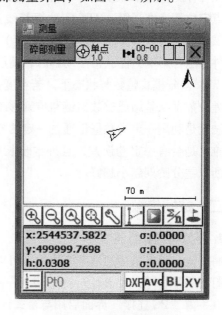

图 4-64　碎部测量界面

127

在一般情况下，到达测量位置，根据界面上显示的测量坐标及其精度和解状态，决定是否进行采集点。一般在 RTK 固定解，单击手动记录点（或按快捷键 < F2 >），软件先进行精度检查，若不符合精度要求，则会提示是否继续保存，如图 4-65 所示。单击"确定"按钮进行保存。随后弹出详细信息界面（图 4-66），可检查点的可靠性，同时软件根据全局点编号自动 +1，点名前缀是上次使用的历史记录，直接输入"天线高"，也可单击"天线高（米）"进行天线类型的详细设置，在"注记"下拉列表框中可输入注记信息，也可选择常用注记类型。若单击"取消"按钮取消，则不保存数据。

图 4-65　测量精度提示

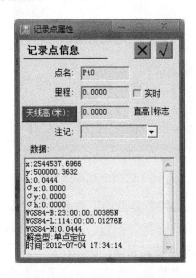

图 4-66　测量点的详细信息

在各种测量技术和模式下，坐标精度可以大概分为米级、亚米级、分米级和厘米级，通常单点定位精度在米级；RTK 定位短基线条件下可以在厘米级；RTD（码差分）模式和各种广域差分系统（WAAS/SBAS/DGPS 等）精度能在亚米或分米级。在 RTK 模式下由于观测条件等综合影响只能获得浮动解时，精度也较差，所以测量生产时应当注意看测量精度是否在 RTK 差分模式整数解状态下。若精度长且时间不佳，则可以尝试复位天线或重新解算。

差分数据从基站通过数据链路传到移动站总是需要一定时间的，为了可以实时计算，一个方法就是利用一定的数据量通过一定的模型进行差分数据的预测，从数学意义上来说，模型外推总是会有一定的误差，且外推步长越大，预测的误差也越大，这就是差分龄期的概念，所以差分龄期越小越好。

二、数据传输

1. 手簿与计算机通信

将手簿与计算机用通信电缆连接，可以选择 USB 方式通信。

打开手簿，单击"开始"→"设置"→"控制面板"→"PC 连接"。

在手簿"PC 连接"界面启用与台式计算机直接连接，单击"更改连接"→"USB"。

选择 Windows7 系统自带的"Windows Mobile 设备中心"进行连接。打开计算机的同步软件 Windows Mobile 设备中心，如图 4-67 所示，单击"设置设备"。然后勾选要进行同步的选项，若要复制项目文件，则需勾选"文件"复选框，单击"下一步"按钮，如图 4-68 所示。

 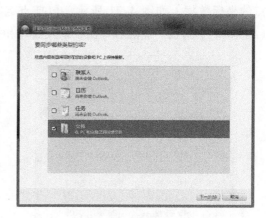

图 4-67   Windows Mobile 设备中心   图 4-68   选择文件

输入设备名称，选择是否在桌面创建快捷方式，选择首次同步数据的方式，然后单击"设置"按钮，如图 4-69 所示。

图 4-69   建立桌面快捷方式

进入"Windows Mobile 设备中心"窗口，如图 4- 70 所示，可以通过单击"文件管理"→"浏览设备上的内容"来进行手簿与计算机之间的文件操作。

图 4-70   文件操作

2. 数据下载

所有的碎部点数据都存储在项目文件夹的记录点库中，记录点库保存了采集的所有碎部点的坐标数据，如图 4-71 所示，包括点名、x、y、h，可以对记录点库中的点进行编辑（图 4-72）、过滤、删除和导出，以及新建和打开点库等操作。

图 4-71　记录点库中的坐标

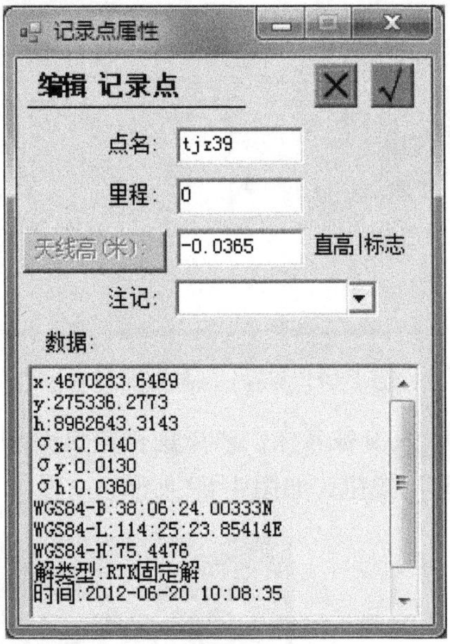

图 4-72　编辑记录点库

注：点库导出格式包括以下几种：AutoCAD（＊.dxf）、SHP 文件（＊.shp）、开思 SCG 2000（＊.dat）、PREGEO（＊.dat）、南方 Cass 7.0（＊.dat）、Excel 文件（＊.csv）、自定义（＊.csv、＊.txt）等。导出 CSV 格式如图 4-73 所示。

图 4-73　记录点库导出（CSV 格式）

课题 4　电子平板法数据采集与数据传输

【学习目标】

1. 熟悉电子平板的准备工作。

2. 掌握野外碎部点的采集及成图方法。

3. 了解野外作业的若干注意事项。

随着计算机技术的发展，便携机的体积、重量、功耗越来越小，这样便携机不易携带、电源不足等问题在某种程度上得到了解决，把便携机带到野外工作成为可能。因此，测绘系统在原有作业模式的基础上，增加了电子平板的作业模式，实现了所测即所得。

目前市场上的测绘软件主要有三种：一是广州南方测绘仪器公司和开思公司开发的CASS 系列和 SCS 系列；二是武汉瑞得测绘自动化公司开发的 RDMS 系列；三是清华山维公司与清华大学土木系联合开发的 EPSW 系列。这三种软件都支持电子平板方式，本节以CASS 9.0 软件为例，讲述电子平板法的数据采集与传输。

一、电子平板法数据采集

1. 准备工作

（1）测区准备

1）控制测量原则。当在一个测区内进行等级控制测量时，应该根据地形的实际情况和规范在甲方允许范围内布设控制点。当视线比较开阔时，可以考虑将点位的边长适当放长些。当地物复杂时，控制点的点位就要密些。

2）碎部测量原则。在进行碎部测量时，要求绘图员清楚地物点之间的连线关系，所以对于复杂地形要求测站到碎部点之间的距离较短，要勤于搬站，否则会令绘图员绘图困难。对于房屋密集的地方可以用皮尺丈量法丈量，用交互编辑方法成图。野外作业时，测站的绘图员与碎部点的跑尺员相互之间的通信是非常重要的，因此对讲机是必不可少的。

3）使用系统在野外作业所需的器材。安装好 CASS 软件的笔记本式计算机一台；全站仪一套（主机、三角架、棱镜和对中杆若干）；数据传输电缆一条；对讲机若干。

4）人员安排。根据电子平板作业的特点，一个作业小组的人员通常可以这样配备：测站观测员、计算机操作员各一名，跑尺员一至两名。根据实际情况，为了加快采集速度，跑尺员可以适当增加；遇到人员不足的情况，测站上可只留一个人，同时进行观测和计算机操作。

（2）出发前准备　完成测区的各种等级控制测量，并得到测区的控制点成果后，便可向系统录入测区的控制点坐标数据，以便野外进行测图时调用。

录入测区的控制点坐标数据可以按以下步骤进行操作：

移动鼠标光标至屏幕下拉菜单"编辑 \ 编辑文本文件"项，在弹出的选择文件对话框中输入控制点坐标数据文件名，如果是不存在该文件名，则系统便会弹出如图 4-74 所示的对话框，否则系统将出现如图 4-75 所示的窗口。

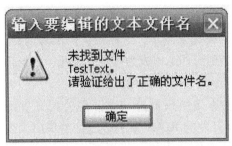

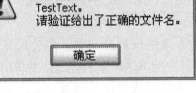

图 4-74　创建新文件名的对话框

图 4-75　记事本的文本编辑器

这时，系统便出现记事本的文本编辑器，按以下格式输入控制点的坐标，具体格式如下：

> 1 点点名，1 点编码，1 点 Y（东）坐标，1 点 X（北）坐标，1 点高程
>
> ……
>
> N 点点名，N 点编码，N 点 Y（东）坐标，N 点 X（北）坐标，N 点高程

有关说明如下：

1）编码可输可不输，即使编码为空，其后的逗号也不能省略。

2）每个点的 Y 坐标和 X 坐标以及高程的单位均为 m。

3）文件中间不能有空行。

2. 电子平板测图

（1）测前准备　完成测区的控制测量工作和输入测区的控制点坐标等准备工作后，便可进行野外测图了。

1）安置仪器。

① 在点上架好仪器，并把便携机与全站仪用相应的电缆连接好，开机后进入 CASS 9.0。

② 设置全站仪的通信参数（详见参考手册基础篇第三章 CASS 9.0 与全站仪及外设的连接）。

③ 在主菜单中单击"文件"→"CASS 参数配置"选项后，选择"电子平板"，出现如图 4-76 所示的界面，选定所使用的全站仪类型，并检查全站仪的通信参数与软件中设置的是否一致，单击"确定"按钮确认所选择的仪器。

说明："通信口"是指数据传输电缆连接在计算机的哪一个串行口，要按实际情况输入，否则数据不能从全站仪直接传到计算机上。

2）定显示区。定显示区的作用是根据坐标数据文件的数据大小定义屏幕显示区的大

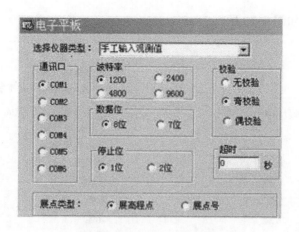

图 4-76 电子平板参数配置

小。首先移动鼠标光标至"绘图处理/定显示区"选项，单击后即出现如图 4-77 所示的对话框。

图 4-77 "输入坐标数据文件名"对话框

这时，输入控制点的坐标数据文件名，则命令行显示屏幕的最大、最小坐标。

测站准备工作如下：

① 单击屏幕右侧菜单中的"电子平板"选项，如图 4-78 所示，弹出如图 4-79 所示的界面。

提示输入测区的控制点坐标数据文件。选择测区的控制点坐标数据文件，如 D：\ 重庆工程职业技术学院 \ 教材编写 \ 数字测图原理与方法- 机械工业出版社 \ 测量数据 \ 96- 70 - Ⅰ - Ⅱ - Ⅳ控制点 . DAT。

② 若事前已经在屏幕上展出了控制点，则可直接单击"拾取"按钮再在屏幕上捕捉作为测站和定向点的控制点。若屏幕上没有展出控制点，则需手工输入测站点点号及坐标、定向点点号及坐标、定向起始值、检查点点号及坐标和仪器高等参数，利用展点和拾取

图 4-78 坐标定位菜单

的方法输入测站信息如图 4-80 所示。

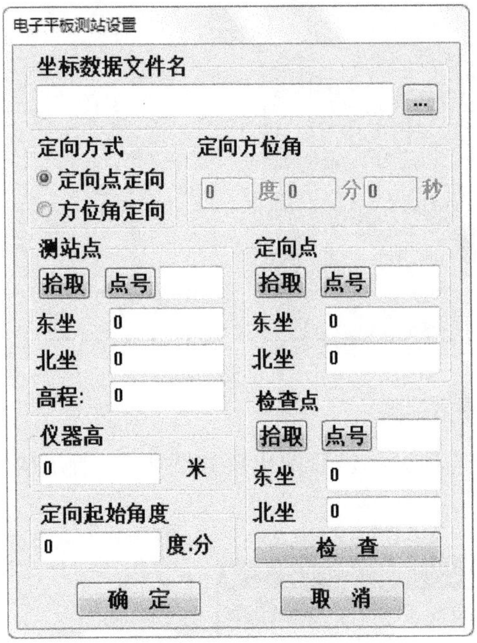

图 4-79 测站设置界面

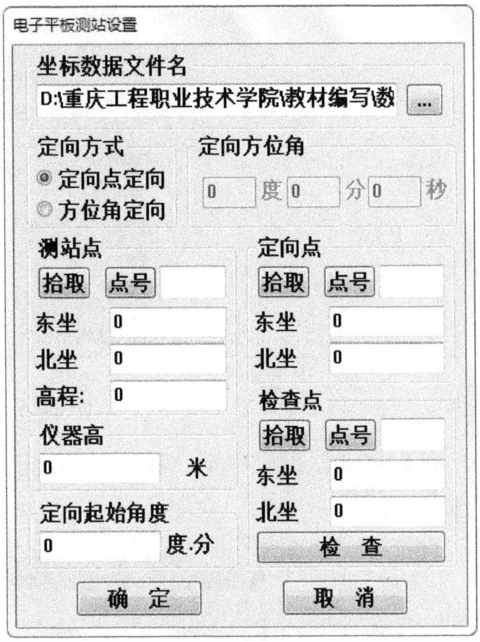

图 4-80 测站定向

说明：检查点用于检查该测站的相互关系，系统根据测站点和检查点的坐标反算出测站点与检查点的方向值（该方向值等于由测站点瞄向检查点的水平角读数）。这样，便可检查坐标数据是否输错、测站点是否给错或定向点是否给错，单击"检查"按钮将弹出如图 4-81 所示的检查信息。

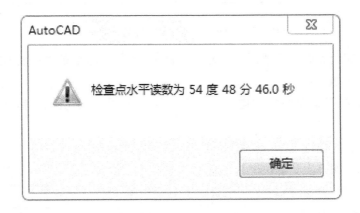

图 4-81 测站点检查对话框

说明：仪器高指现场观测时架在三角架上的全站仪中点至地面图根点的距离，单位为 m。

（2）实际测图操作 当测站的准备工作都完成后，如果已用相应的电缆连好全站仪与计算机，输入测站点点号、定向点点号、定向起始值、检查点点号、仪器高等，则可以进行碎部点的采集和测图工作了。

在测图的过程中，主要是利用系统屏幕的右侧菜单功能，如要测一幢房子和一根电线杆等，需要用鼠标选取相应图层的图标；也可以同时利用系统的编辑功能，如文字注记、移动、复制、删除等操作；也可以同时利用系统的辅助绘图工具，如画复合线、画圆、操作回退、查询等操作；如果图面上已经存在某实体，则可以用"图形复制"功能绘制相同的实体，这样就避免了在屏幕菜单中查找的麻烦。

CASS 系统中的所有地形符号都是根据最新国家标准地形图图式和规范编制的，并按照一定的方法分成各种图层，如控制点层——所有表示控制点的符号都放在此图层中（如三角点、导线点、GPS 点等）；居民地层——所有表示房屋的符号都放在此图层中（包括房屋、楼梯、围墙、栅栏和篱笆等符号）。

下面介绍各类地物的测制方法。

（1）点状地物测量方法　例如：测一钻孔的操作方法如下。

1）在屏幕右侧菜单中选取"独立地物"选项，系统弹出如图 4-82 所示的"矿山开采"对话框。

2）在对话框中单击鼠标左键选择表示钻孔的图标，图标变亮则表示该图标被选中，然后单击"确定"按钮，弹出如图 4-83 所示的数据输入界面。

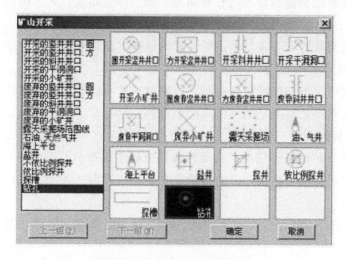

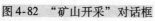

图 4-82　"矿山开采"对话框

图 4-83　数据输入界面

此处仪器类型选择为手工，则在此界面中可以手工输入观测值（若仪器类型为全站仪，则系统自动驱动全站仪观测并返回观测值）。输入水平角、垂直角、斜距、棱镜高等值，确定后选择下一个地物，以此类推。

"不偏"单选按钮：对所测的数据不做任何修改。

"偏前"单选按钮：指棱镜与地物点和测站点在同一直线上，即角度相同，偏距为实际地物点到棱镜的距离。

"偏左"单选按钮：实际地物点在垂直于测站与棱镜连线的左边，偏距为实际地物点到棱镜的距离。偏左示意图如图 4-84 所示。

"偏右"单选按钮：实际地物点在垂直于测站与棱镜连线的右边，偏距为实际地物点到棱镜的距离。

系统接收到观测数据后便在屏幕上自动将钻孔的符号展示出来，如图 4-84 所示，并且将被测点的 x、y、h 坐标写到先前输入的测区的控制点坐标数据文件中，如 C：\CASS90\DEMO\020205.DAT，点号顺序增加。图 4-85 所示为通过 1 号点偏前（2），偏左（3），偏右（4）测出的其他钻孔符号。

图 4-84 偏左示意图   图 4-85 系统在屏幕上展出的钻孔符号

注意事项如下：

① 如选择手工输入观测值，则系统会提示输入边长和角度，如选择全站仪，则系统会自动驱动全站仪进行测量。

② 标高默认为上一次的值。当测某些不需参与等高线计算的地物（如房角点）时，则选择"不建模"，不展高程的点则选择"不展高"。

③ 测碎部点的定点方式分全站仪定点和鼠标定点两种，可通过屏幕右侧菜单的"方式转换"选项进行切换。全站仪定点方式是根据全站仪传来的数据算出坐标后成图；鼠标定点方式是利用鼠标在图形编辑区直接绘图。

④ 观测数据分为自动传输和手动传输两种情况。自动传输是由程序驱动全站仪自动测距、自动将观测数据传至计算机，如宾得全站仪；手动传输则是全站仪测距、人工干预传输，如徕卡全站仪。

⑤ 当系统驱动全站仪测距后 20～40s 还没完成测距时，将自动中断操作，并弹出如图 4-86 所示的提示对话框。

⑥ 如果某地物还没测完就中断了，转而去测另一个地物，则可利用"加地物名"功能添加地物名备查，待继续测该地物时利用"测单个点"功能的"输入要连接本点地物名"选项继续连接测量，此处请参阅后面的多棱镜测量方法。

图 4-86 通信超时的提示对话框

（2）面状地物 以四点房屋测量方法为例，具体操作方法如下：

1）移动鼠标在屏幕右侧菜单中选择"居民地"→"一般房屋"选项，系统将弹出如图 4-87 所示的"一般房屋"对话框。

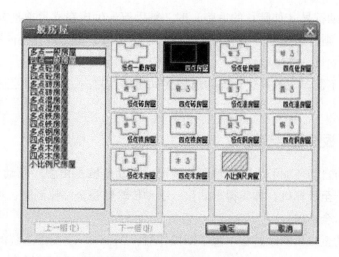

图 4-87 "一般房屋"对话框

2）移动鼠标到表示"四点房屋"的图标处单击鼠标左键，被选中的图标和汉字都呈高亮度显示。然后单击"确定"按钮，弹出全站仪连接界面，如图 4-88 所示。

3）系统驱动全站仪测量并返回观测数据（手工则直接输入观测值），方法同前。当系统接收到数据后，便自动在图形编辑区将表示简单房屋的符号展绘出来，如图 4-89 所示。

图 4-88 测量四点房屋

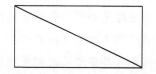

图 4-89 展绘出简单房屋的符号

（3）线状地物测制方法　测制方法基本同多点房测制方法，绘制完毕后系统会提问拟合线 < N > ?，如果是直线则回答否，直接按 < Enter > 键；如果是曲线则回答是，输入"Y"即可。

测完平面图便可参考本书单元 5 地形图绘制中的课题 1 大比例尺数字地形图内业成图方法，进行等高线的绘制和编辑，最后即可进行图形分幅和图幅整饰。

（4）立尺注意事项

1）当测三点房时，要注意立尺的顺序，必须按顺时针或逆时针立尺。

2）当测有辅助符号（如陡坎的毛刺）时，辅助符号生成在立尺前进方向的左侧，如果方向与实际相反，则可用如下方法换向：选择"地物编辑"→"线型换向"功能。

3）要在坎顶立尺，并量取坎高。

4）当测某些不需参与等高线计算的地物（如房角点）时，在观测控制平板上选择"不建模"选项。

二、电子平板法数据传输

观测数据分为自动传输和手动传输两种情况。自动传输是由程序驱动全站仪自动测距、自动将观测数据传至计算机，如宾得全站仪；手动传输则是全站仪测距、观测数据的传输要人工干预，如徕卡全站仪。

当在系统驱动全站仪测距过程中想中断操作时，Windows 版则由系统的时钟控制，由系统向全站仪发出测距指令后，20~40s 还没完成测距，则将自动中断操作，并弹出超时提示对话框。

总之，采用电子平板的作业模式测图时，首先要准备好测站的工作，然后再进行碎部点的采集，测地物就在屏幕右侧菜单中选择相应图层中的图标符号即可，然后根据命令区的提示进行相应的操作即可将地物点的坐标测下来，并在屏幕编辑区中展绘出地物的符号，实现所测所得。

──────── 【单元小结】 ────────

通过对本单元学习，碎部点的点位信息可以应用全站仪、GNSS-RTK 和电子平板等设备采集；掌握野外数据采集（草图法和编码法）流程至关重要，并要根据不同类型的采集设备和仪器完成数据传输，供内业成图使用。

──────── 【习　题】 ────────

1. 解释以下名词：
并行通信、串行通信、异步传输、波特率、数据编码、简编码

2. 数字测图时是如何划分测区的？

3. 常见的碎部点测量方法有哪些？极坐标法测量的原理是什么？

4. 全站仪都有哪些常见的测量功能？

5. 用全站仪在测站采集坐标时，要进行哪些设置？

6. 请举例说明使用全站仪采集数据的一般设站步骤。

7. 简述测记法测定碎部点的操作过程。

8. 请叙述草图法测图的步骤并结合实际地形绘制草图。

9. 什么叫数据编码？数据采集时为什么要采集编码？

10. 数字测图采集的地形特征点信息有哪些？

11. 全站仪与计算机之间的数据通信方式有哪些？

12. 全站仪与计算机进行数据传输时一般要设置哪些参数？

单元 ⑤

地形图绘制

单元概述

课题1主要讲述大比例尺数字地形图的内业成图方法，包括CASS 9.0软件的界面组成，大比例尺数字地形图的内业成图步骤和流程；CASS 9.0软件中展绘地物和等高线的绘制方法、地物的编辑方法、数字地形图的编辑修改方法等内容。其主要目的是全面了解CASS 9.0软件在数字地形图绘制中的应用。

课题2主要讲述利用CASS 9.0进行地形图数字化，包括地形图扫描设备，地形图的扫描方法及利用CASS 9.0进行地形图矢量化。

课题3主要讲述大比例尺航测数字测图方法，利用全数字摄影测量系统成为直接获得数字地形图的一种测绘方法。

课题3主要讲述大比例尺航测地形图目前常用的外业及内业设备，摄影测量中常涉及的一些基本概念，如航空摄影、像片控制测量和像片调绘等，以及大比例尺航测的基本流程。

单元目标

【知识目标】

1. 正确陈述数字测图软件CASS 9.0软件的基本情况。

2. 正确陈述利用CASS 9.0软件进行大比例尺数字地形图的内业成图步骤和流程。

3. 正确陈述CASS 9.0软件中展绘地物的方法，等高线绘制的流程，地物的绘制方法和数字地形图的编辑修改方法。

4. 正确陈述地形图扫描数字化的扫描方法及数字化流程。

5. 正确陈述航测地形图的基本方法和流程，以及航空摄影、像片控制测量、像片调绘的基本概念。

【技能目标】

1. 掌握将外业观测数据导入CASS 9.0软件的步骤和流程。

2. 掌握利用CASS 9.0软件，使用测记法和编码法绘制测区地物的方法；掌握测区等高线的绘制方法；掌握地物的常见编辑及修改方法。

3. 掌握利用CASS 9.0进行地形图数字化的流程及方法。

【情感目标】

通过本单元 CASS 9.0 软件的基本介绍，结合测区野外观测数据和已有地形图扫描图像，完成不同数据源的绘图流程。通过对软件的认识、熟悉和熟练阶段，激发学生对数字测图软件动手操作的学习兴趣，切实提高动手能力。

课题 1　大比例尺数字地形图内业成图方法

【学习目标】

1. 了解 CASS 9.0 软件的界面组成；了解大比例尺数字地形图的内业成图步骤和流程。

2. 掌握在 CASS 9.0 软件中展绘地物的方法；掌握等高线的绘制方法。

3. 掌握数字地形图的编辑修改方法。

在单元 4 中，我们已经用测记法、编码法和电子平板法等方法，通过全站仪和 GNSS-RTK 等方式，把野外碎部点采集的数据文件传输到了计算机中，下一步就是用这些数据文件展点成图。下面将以南方 CASS 9.0 软件为例，说明内业展点成图的步骤和方法。

一、成图软件简介

南方 CASS 9.0 软件的绘图界面主要由标题栏、菜单栏、CASS 属性栏、工具栏、屏幕菜单栏、绘图区、命令行和状态栏共 8 个部分组成，如图 5-1 所示。

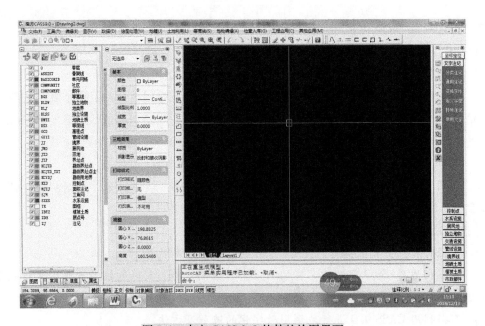

图 5-1　南方 CASS 9.0 软件的绘图界面

1. 标题栏

标题栏是 Windows 应用程序特有的，它一般出现在屏幕的顶部。它显示当前正在运行的程序名、版本号和正在编辑的文件名，如"南方 CASS 9.0—Drawing1. dwg"，如图 5-2 所示。在标题栏的右侧有最小化按钮、窗口还原按钮和关闭窗口按钮。

C 南方CASS9.0 - [C:\Users\Administrator\Desktop\测量数据\成果图\96-70-1-2-4.dwg]

图 5-2　标题栏

2. 菜单栏

CASS 9.0 主界面的第二行即为下拉式菜单，几乎所有 CASS 的操作均可通过调用菜单功能来实现。其中包括文件、工具、编辑、显示、数据、地图处理、地籍、土地利用、等高线、地物编辑、检查入库、工程应用和其他应用共 13 个子菜单。在子菜单中，如果其右侧出现"……"，则表示将出现对话框；如果其右侧出现"▶"，则表示还有子菜单，如图 5-3 所示。

文件(F)　工具(T)　编辑(E)　显示(V)　数据(D)　绘图处理(W)　地籍(J)　土地利用(L)　等高线(S)　地物编辑(A)　检查入库(G)　工程应用(C)　其他应用(M)

图 5-3　菜单栏

3. CASS 属性栏

CASS 属性栏的主要功能为管理图形实体在 AutoCAD 中的所有属性。

4. CASS 工具栏及 CAD 工具栏

CASS 工具栏或 CAD 工具栏，一般位于下拉菜单下面或屏幕的左右侧。工具栏中包含多个表示"命令"和"工具"的图标，它是把命令和工具图形化，让操作更方便快捷。操作时只要把光标放在图标上，略停片刻，光标的底部便显示该图标的名称或功能，单击图标即相当于在下拉菜单中选择相应功能项或在命令行输入相应命令，如图 5-4 所示。CASS 9.0 中有 80 多个工具栏。

图 5-4　CASS 工具栏及 CAD 工具栏

当然，我们可以显示或隐藏部分工具栏，方法有两个：一是把鼠标移到任一工具栏上，单击鼠标右键，工具栏前有"√"即表示该工具栏呈显示状态，否则就表示该工具栏呈隐藏状态，若要显示某一工具栏，只要用单击该工具栏即可；二是在命令行中输入 toolbar 命令，在其对话框中直接选择即可。

CASS 中常用的工具栏有：标准、图层、对象特性、绘图、修改和 CASS 实用工具栏等。

5. 屏幕菜单栏

右侧屏幕菜单在南方 CASS 软件中处于比较重要的地位，作业人员喜欢调用右侧屏幕菜单绘图，如图 5-5 所示。它包括了若干页，现分别介绍如下：

第一页提供了四种绘数字图的方式：坐标定位、点号定位、电子平板和地物匹配。其中，坐标定位、测点点号定位是草图法绘制地形图的基本方法；电子平板为测图内外业一体化提供了保证。

第二页"文字注记"包括的条目有：分类注记、通用注记、变换字体、定义字型、特殊注记、常用文字。

第三页"控制点"包括的条目有：平面控制点、其他控制点。

第四页"水系设施"包括的条目有：河流溪流、湖泊池塘、沟渠、水利设施、陆地要素、海洋要素、礁石。

第五页"居民地"包括的条目有：一般房屋、普通房屋、特殊房屋、房屋附属、支柱墩、垣栅。

第六页"独立地物"包括的条目有：矿山开采、工业设施、农业设施、科文卫体、公共设施、碑塑墩亭、文物宗教、其他设施。

第七页"交通设施"包括的条目有：铁路、铁路附属、公路、其他道路、道路附属、桥梁、渡口码头、航行标志。

第八页"管线设施"包括的条目有：电力线、通信线、管线、地下检修井、管道附属。

第九页"境界线"包括的条目有：行政界线、其他界线、地籍界线。

第十页"地貌土质"包括的条目有：等高线、高程点、崩塌残蚀、坡坎、其他地貌、土质。

第十一页"植被土质"包括的条目有：耕地、园地、林地、草地、其他植被、地类防火。

第十二页"市政部件"包括的条目有：面状区域、公用设施、道路交通、市容环境、园林绿化、房屋土地、其他设施。

6. 绘图区

绘图区是南方 CASS 应用程序窗口的中间区域，是最大的区域，供测量人员绘图和编辑使用。绘图区窗口有自己的标准特征，如滚动条、最大化按钮、最小化按钮及控制按钮等，使测量人员可以在图形界面内移动或改变其大小。

7. 命令行

CASS 命令行窗口位于状态条的上部，默认界面中一般显示三行命令行，其中最下面的一行等待键盘输入命令，上面两行一般显示命令提示符或与命令进程有关的其他信息，如图5-6所示。

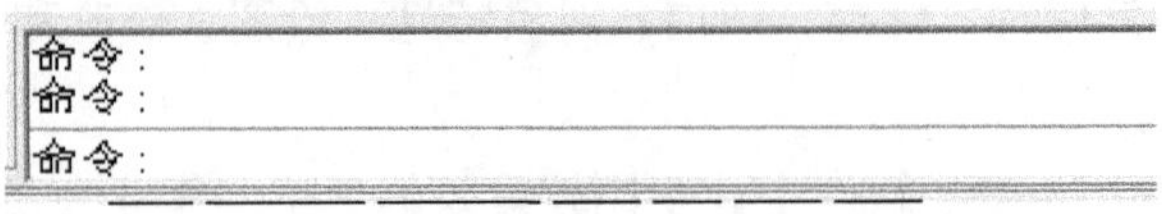

图 5-5　CASS 屏幕菜单栏

图 5-6　命令行

　　命令行的行数是可以改变的，当需要查看前面的命令时，可把光标放在命令行的顶部边界上。当光标变成两条短平行线，上下分别有一个小箭头（改变尺度光标）时，按住鼠标左健往上拖动，即可增加命令行显示的行数，查看之前执行的命令。反之，往下拖动则减少命令行的行数。也可以按 < F2 > 键调出 CASS 的本文窗口，查看之前所使用的命令和输入信息。

8. 状态栏

　　状态栏位于命令行的下部，它用于显示绘图所用的比例尺、光标的坐标位置，还有 AutoCAD 的捕捉按钮、栅格按钮、正交模式按钮、极轴追踪按钮、对象捕捉按钮、对象追踪按钮、线宽按钮以及 AutoCAD 的模型和图纸空间等状态，如图 5-7 所示。

| 70876.0118, 97802.1657, 0.0000 | 捕捉 | 栅格 | 正交 | 极轴 | 对象捕捉 | 对象追踪 | DUCS | DYN | 线宽 | 模型 |

图 5-7　状态栏

二、平面图绘制的基本方法

　　CASS 9.0 地形地籍成图软件提供了测点点位定位成图法、坐标定位成图方法、编码引导自动成图法、原始测量数据录入成图法、简编码自动成图法、测图精灵测图法、电子平板测图法和数字化仪成图法等八种方法。

1. 测记法工作方式

　　测记法工作方式主要是将野外数据采集存至全站仪内存或电子手簿中，同时是在野外绘制工作草图，回到室内后将数据传输至计算机中，对照工作草图完成绘图编辑工作。测记法在内业绘图时，根据工作方式不同可采用点号定位或坐标定位。

　　（1）地物绘制参数配置

　　功能：设置 CASS 软件的各种参数，用户通过设置该菜单选项，可自定义多种常用设置。

　　操作：单击"文件"→"CASS 参数配置"选项，系统会弹出一个对话框，该对话框内有四个选项卡，即"地物绘制""电子平板""高级设置"和"图廓属性"。

　　1）"地物绘制"选项卡，如图 5-8 所示。

　　高程注记位数：设置展绘高程点时高程注记小数点后的位数。

　　电杆间连线：设置是否绘制电力、电信线和电杆之间的连线。

　　围墙是否封口：设置是否将比例围墙的端点封闭。

　　斜坡短坡线长度：设置自然斜坡的短线是按新图式的固定 1mm 长度还是按旧图式的长线一半长度。

　　填充符号间距：设置植被或土质填充的符号间距，默认为 20mm。

　　陡坎默认坎高：设置绘制陡坎后提示输入坎高时默认的坎高。

　　高程点字高：设置高程点字高。

　　展点号字高：设置展点号字高。

143

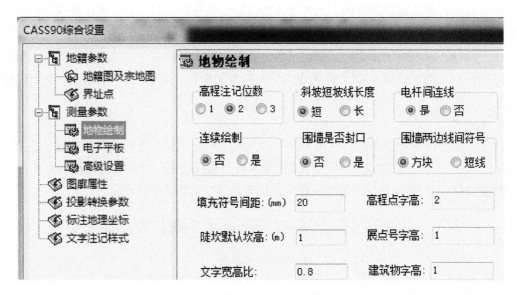

图 5-8 "地物绘制"选项卡

文字宽高比：设置文字宽高比。

建筑物字高：设置建筑物字高。

2）"电子平板"选项卡，如图 5-9 所示。提供手工输入观测值和南方全站仪、拓普康全站仪、索佳全站仪、徕卡全站仪、尼康全站仪、宾得全站仪、捷创力全站仪等七种全站仪供用户在使用电子平板作业时选用。

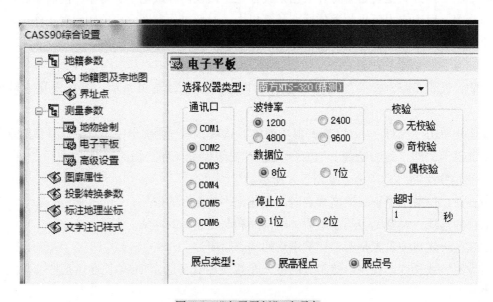

图 5-9 "电子平板"选项卡

3）"高级设置"选项卡，如图 5-10 所示。

生成交换文件：可按骨架线或图形元素生成交换文件。

读入交换文件：可按骨架线或图形元素读入交换文件。

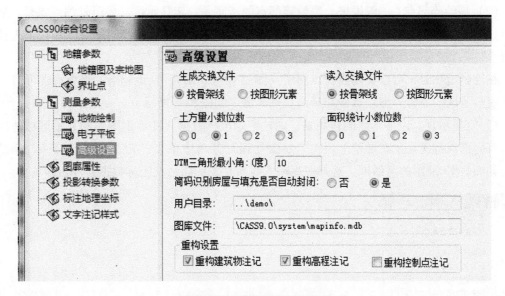

图 5-10　"高级设置"选项卡

简码识别房屋与填充是否自动封闭：选择简码识别房屋是否自动封闭。

DTM 三角形最小角：设置建三角网过程中三角形内角可允许的最小角度。系统默认为 10°，若在建三角网过程中发现有较远的点无法连上时，可将此角度改小。

用户目录：设置用户打开或保存数据文件的默认目录。

图库文件：设置图库文件的目录位置，注意，库名不能改变。

4）"图廓属性"选项卡，如图 5-11 所示。依实际情况填写图廓属性信息，则完成图廓属性的自定义。其中，测量员、绘图员和检查员等可以到加图框时再填。

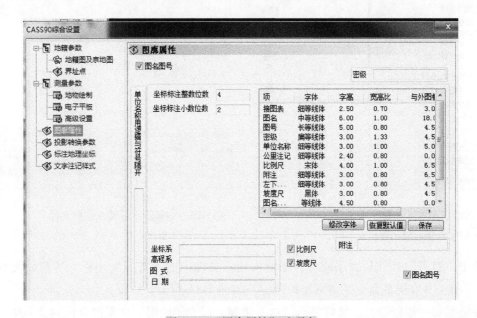

图 5-11　"图廓属性"选项卡

（2）展绘碎部点　一般说来，展绘碎部点的步骤是：定显示区、展野外测点点号、展高程点。展得的测点点号主要用于绘制地物，展得的高程点主要用于绘制等高线和在图上注记高程。

在绘制地物时，可以关闭高程点图层（图层号为 GCD），让地物绘制得更清晰可辨。

定显示区、展野外测点点号和展高程点等命令如图 5-12 所示。

1）定显示区。定显示区的作用是，通过给定坐标数据文件定出图形的显示区域，以保证所有碎部点都能显示在屏幕上。在"绘图处理"菜单中单击"定显示区"命令，系统会弹出如图 5-13 所示的对话框，选择数据输入时所存放的路径及坐标数据文件名即可。

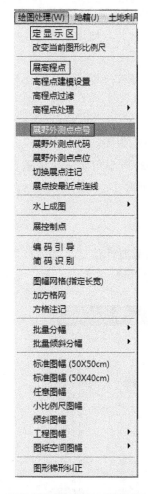

图 5-12　定显示区、展野外
测点点号、展高程点

图 5-13　定显示区时输入数据文件

单击"打开"按钮后，系统将自动检索相应文件中的所有点的坐标，找到最大和最小的 X、Y 值，并在屏幕命令区显示坐标范围，如图 5-14 所示。

在绘制每一幅新图时，最好先执行这一步骤，以方便绘图。如果没有做到这一步，也可以随后通过视图缩放操作来实现全图显示。

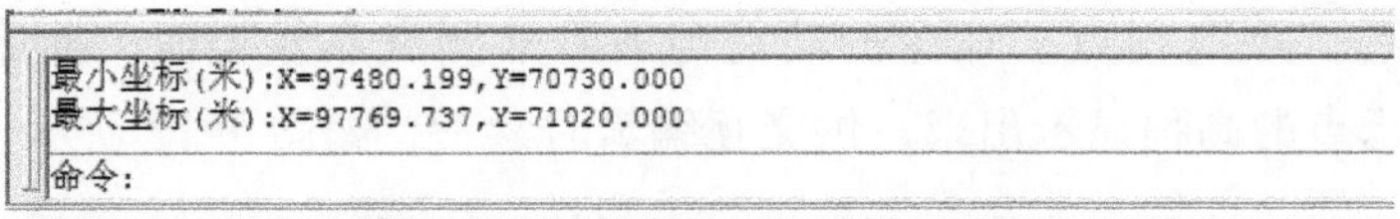

最小坐标(米):X=97480.199,Y=70730.000
最大坐标(米):X=97769.737,Y=71020.000
命令:

图 5-14 定显示区时的命令行显示

2）展野外测点点号。"展野外测点点号"命令的功能是，批量展绘野外测点，并在屏幕上将点号和点位显示出来，供交互编辑时参考。

执行该命令后，系统会弹出"输入坐标数据文件名"对话框。在此对话框中输入待展点的坐标数据文件名（后缀为 *.dat）即可，如图 5-15 所示。

图 5-15 展点时输入数据文件

展点号后显示的局部结果如图 5-16 所示。

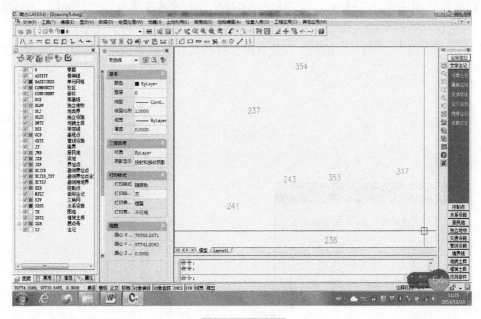

图 5-16 展点号

3）展高程点。"展高程点"命令的功能与展野外测点点号类似，批量展绘野外测点，并在屏幕上将碎部点的高程显示出来，供交互编辑时参考，如图 5-17 所示。

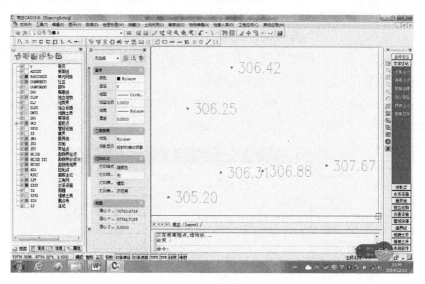

图 5-17　展高程点

4）切换展点注记。"切换展点注记"的功能是，将展绘的碎部点在显示点位、显示点号、显示代码和显示高程四个形式之间切换，并以上述四种方式之一显示出来，以方便交互编辑，如图 5-18 所示。

值得注意的是，用该方法切换显示的高程无法用于绘制等高线，只有通过"展高程点"命令得到的高程点才能用于绘制等高线。

（3）地物绘制

1）地物绘制主要有三种方式，一是使用 CASS 右侧的屏幕菜单，二是使用 CASS 实用工具栏，三是在命令行中输入命令。现以绘制加固陡坝为例演示 3 种方式绘制地物。

方法一：如图 5-19 所示，绘制加固陡坎时，需要从右侧屏幕菜单中单击"地貌土质"→

图 5-18　切换展点注记　　　　　　图 5-19　用屏幕菜单绘制地物

"人工地貌"命令，再从弹出的对话框中选择"加固陡坎"选项即可绘图。

方法二：如图 5-20 所示，选择 CASS 实用工具栏，单击图标"山"，即可绘制陡坎，根据命令行提示选择绘制加固陡坎。

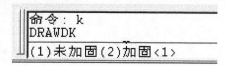

图 5-20 用 CASS 实用工具栏绘制地物

方法三：如图 5-21 所示，在命令行中输入命令"K"，按 < Enter > 键，根据命令提示，选择绘制加固陡坎。

2）地物绘制时的点位指定。在数字测图中，用草图法绘制地物时常见的有两种方法，一种是由鼠标定点；另一种是指定点号。

鼠标定点主要用对象捕捉的方式，将鼠标光标移动至屏幕下方状态栏"对象捕捉"按钮处，然后单击右键，在弹出的快捷菜单中选择"设置"选项，弹出"草图设置"对话框，在对话框中选择"对象捕捉"选项卡，勾选"节点"复选框，并单击"确定"按钮，如图 5-22 所示。

```
命令：k
DRAWDK
(1)未加固(2)加固<1>
```

图 5-21 输入命令绘制地物

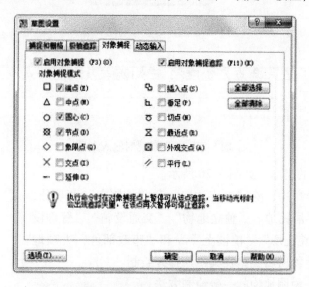

图 5-22 "对象捕捉"选项卡设置

结合草图，将屏幕上光标十字中心靠近展点号，此时出现黄色标记，单击鼠标左键即可完成捕捉工作，如图 5-23 所示。

采用点号定位时，需要在右侧屏幕菜单的顶部选择"点号定位"选项，如图 5-24 所示。这时，系统还要求输入坐标数据文件，选择前面展点用的坐标数据文件即可。

此后，在执行地物绘制命令时，只需要输入点号即可，如图 5-25 所示。

结合草图绘制地物，采用上述两种方法各有特点，操作人员可以根据自己的需要进行选择。

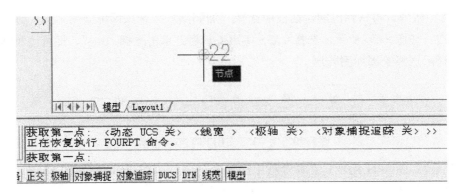

图 5-23　鼠标光标捕捉定点

图 5-24　选择"点号定位"选项

> 1.已知三点/2.已知两点及宽度/3.已知两点及对面一点/4.已知四点<3>:
> 第一点:
>
> 鼠标定点P/<点号>22

图 5-25　绘制地物时输入点号

3）地物绘制时的类型，如图 5-26 所示。

在右侧的屏幕菜单中，除"文字注记"和"控制点"两项外，还有"水系设施""居民地""独立地物""交通设施""管理设施""境界线""地貌土质""植被土质"和"市政部件"九项地物大类，可以根据地物所属类型在其中选择并绘制。

下面以房屋为例说明地物的一般绘制方法。

单击右侧屏幕菜单的"居民地"中的"一般房屋"按钮，弹出"一般房屋"对话框，在其中选择"四点砖房屋"选项并单击"确定"按钮，如图 5-27 所示。

输入"1"选择已知三点后，命令区提示：

"第一点"，打开对象捕捉，捕捉模式包括"节点"，捕捉到663 号点，单击鼠标左键；

"第二点"，捕捉到 621 号点，单击鼠标左键；

"第三点"，捕捉到 417 号点，单击鼠标左键，系统提示：

| 文字注记 |
| 控制点 |
| 水系设施 |
| 居民地 |
| 独立地物 |
| 交通设施 |
| 管线设施 |
| 境界线 |
| 地貌土质 |
| 植被土质 |
| 市政部件 |

图 5-26　地物绘制类型

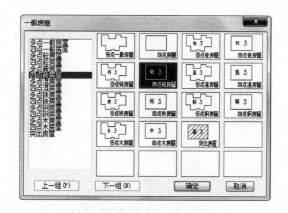

图 5-27   绘制四点砖房屋设置

"输入层数（有地下室输入格式：房屋层数-地下层数）<1>:"，输入楼层 2，即可完成绘制，结果如图 5-28 所示。

图 5-28   绘制四点砖房屋

其余地物结合工作草图同法绘制，在此不一一赘述。绘图结果如图 5-29 所示。

4）CASS 实用工具栏。在如图 5-30 所示的 CASS 绘图实用工具栏中，也可以单击其中一些按钮绘制地物，主要有以下几种。

⌐┘：根据提示绘制多点房屋。

▭：根据提示绘制四点房屋。

▥：根据提示绘制依比例围墙。

⊥⊥：根据提示绘制陡坎。

⋛：根据提示绘制自然斜坡。

╱：根据提示绘制电力线。

∫∫：根据提示绘制道路。

除此之外，还有其他一些按钮可用于 CASS 的常见操作。

◈ 查看实体编码，同"数据"菜单中的"查看实体编码"。

151

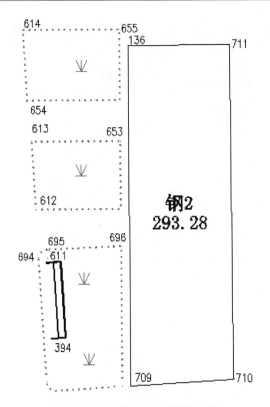

图 5-29 测记法绘制局部平面图

图 5-30 CASS 绘图实用工具栏

加入实体编码，同"数据"菜单中的"加入实体编码"。

重 重新生成，同"地物编辑"菜单中的"重新生成"。

批量选目标，同"编辑"菜单中的"批量选目标"。

线型换向，同"地物编辑"菜单中的"线型换向"。

修改坎高，同"地物编辑"菜单中的"修改坎高"。

查询坐标，同"工程应用"菜单中的"查询指定点坐标"。

查询距离和方位角，同"工程应用"菜单中的"查询两点距离及方位"。

注：注记文字，同右侧屏幕菜单中的"注记文字"。

.91：通过键盘进行交互展点。

⊙：展绘图根点。

152

5）快捷命令方式绘制地物。在各种版本的 CASS 软件中，均设置有一些可供快捷操作的命令，用户可以通过键盘输入命令进行操作。实践证明，这种方式操作速度较快，初学者应逐渐熟习并掌握。

在数字测图中常见的 CASS 快捷命令有：

DD——通用绘图命令。

D——绘制电力线。

FF——绘制多点房屋。

G——绘制高程点。

I——绘制道路。

K——绘制陡坎。

T——注记文字。

W——绘制围墙。

XP——绘制自然斜坡。

SS——绘制四点房屋。

H——线型换向。

J——复合线连接。

KK——查询坎高。

AA——给实体加地物名。

F——图形复制。

N——批量拟合复合线。

RR——符号重新生成。

S——加入实体属性。

V——查看实体属性。

WW——批量改变复合线宽。

X——多功能复合线。

Y——复合线上加点。

O——批量修改复合线高。

Q——直角纠正。

U——恢复。

常见的 CAD 快捷命令有：

A——画弧（arc）。

C——画圆（circle）。

CP——复制（copy）。

E——删除（erase）。

L——画直线（line）。

PL——画复合线（pline）。

LA——设置图层（layer）。

LT——设置线型（linetype）。

M——移动（move）。

P——屏幕移动（Pan）。

Z——屏幕缩放（Zoom）。

PE——复合线编辑（Pedit）。

R——屏幕重画（Redraw）。

2. "简码法"工作方式

"简码法"工作方式也称为"带简编码格式的坐标数据文件自动绘图方式"，与"草图法"相比在野外测量时不同的是，每一测点都已在现场输入地物点的属性码和连接码。

（1）定显示区　此步操作与"测记法工作方式"中的"定显示区"相同。

（2）简码识别　简码识别的作用是将带简编码格式的坐标文件转换成软件能识别的程序内部码。

执行"绘图处理"→"简码识别"命令，命令行显示"绘图比例尺 1:＜500＞（输入比例尺，回车）"。出现"选择简编码坐标数据文件"对话框。选择带简编码格式的坐标数据文件（此处以 CASS 9.0 安装后自带的"DEMO＼YMSJ. DAT"为例），当提示区显示"简码识别完毕！"时，则在绘图区域内自动生成平面图，如图 5-31 所示。

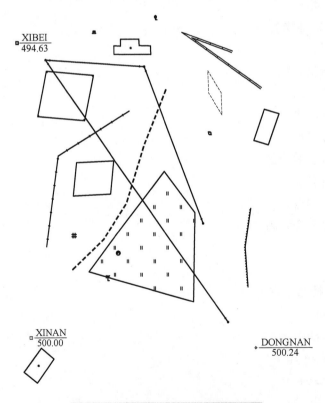

图 5-31　用 YMSJ. DAT 绘制的平面图

三、地形图的注记与编辑

1. 改变当前图形比例尺

"改变当前图形比例尺"命令的功能是，改变输出的数字地形图的比例尺的大小，如把 1:500 的比例尺改为 1:1000。

单击"绘图处理"→"改变当前图形比例尺"，按照图 5-32 所示进行操作即可。

2. 分幅

（1）标准图幅　"标准图幅"命令的功能是，给已分幅图形加 50cm×50cm 的方格网。单击"绘图处理"→"标准图幅（50cm×50cm）"命令，如图 5-33 所示。

系统会弹出"图幅整饰"对话框，如图 5-34 所示。

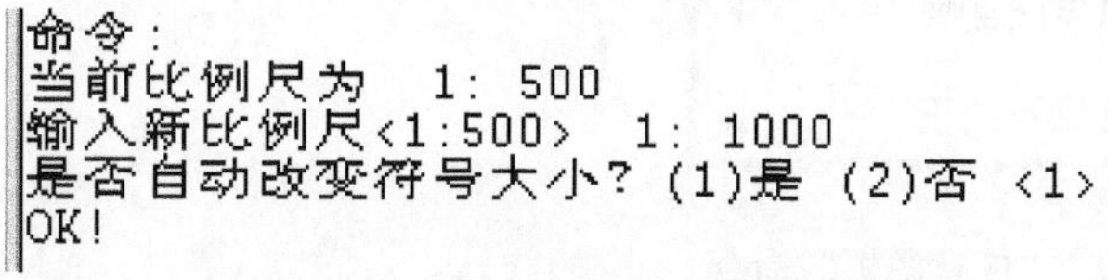

```
命令:
当前比例尺为  1: 500
输入新比例尺<1:500>  1: 1000
是否自动改变符号大小? (1)是 (2)否 <1>
OK!
```

图 5-32　改变当前比例尺大小

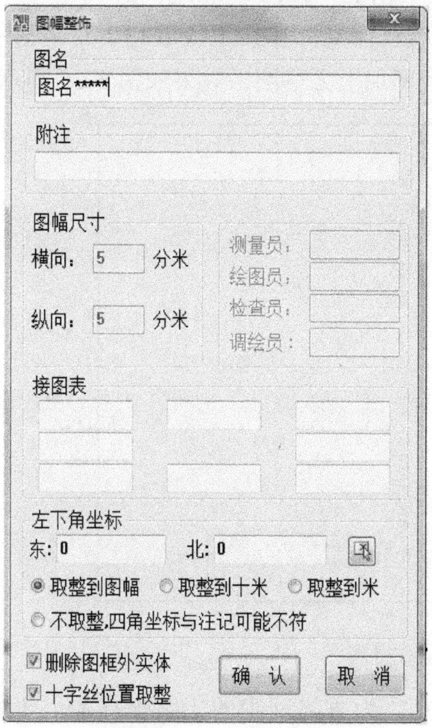

图 5-34　"图幅整饰"对话框　　　　图 5-33　调用标准图幅菜单

在此对话框中输入图名、测量员、绘图员、检查员、接图表和左下角坐标（或拾取），选择图幅左下角坐标的取整方式，并设置是否删除图框外实体后，单击"确定"按钮，即可形成一个标准 50cm×50cm 分幅的图幅。

（2）任意图幅 "任意图幅"的功能是，按任意的规格（如 60cm×70cm）进行分幅，如图 5-35 所示。

图 5-35 "任意图幅"命令

3. 加方格网与注记

（1）加方格网 "加方格网"命令的功能是为所选图幅区域加绘方格网。

单击"绘图处理"→"加方格网"命令，并用鼠标光标在绘图区域左下角单击一点，再在绘图区域的右上角单击一点，则会为所绘地形图加上方格网，效果如图 5-36 所示。

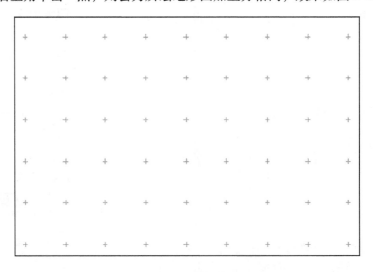

图 5-36 加方格网

（2）方格注记 "方格注记"命令的功能是，为方格网中的十字坐标加上坐标。单击"绘图处理"→"方格注记"命令，系统会提示"用一点指定附近需注记的'十'"，打开对象捕捉，选择对象捕捉模式为"交点"和"端点"，用鼠标光标在需要加方格注记的格网交点或端点上单击，该格网点附近就出现了该点的坐标。加入了方格注记的格网十字交点如图 5-37所示，其中（3355550，461500）为该十字交点的坐标。

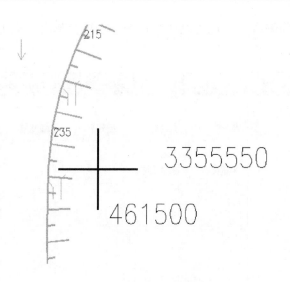

塘

3355550

461500

图 5-37　方格注记

4. 常见地物编辑

在数字地形图的内业绘图处理过程中，地物的编辑修改也是很重要的一环。因为根据外业成果直接绘制的陡坎、围墙、建筑物等地物，有时偶尔也会有些小问题，需要进行处理，如陡坎的方向画反了、矩形建筑物不是直角等。下面介绍常见的一些地物编辑修改方法，"地物编辑"菜单如图 5-38 所示。

（1）线型换向　"线型换向"命令的功能是改变各种陡坎和栅栏的方向。单击"地物编辑"→"线型换向"命令，系统会提示"请选择实体"，用鼠标在绘图区拾取一陡坎，就可改变陡坎的方向。

线型换向的实质是将要换向的线按相反的结点顺序重新连接。有些没有方向标志的线换向后虽然看不出变化，但实际上连线顺序变了。

（2）修改墙宽　"修改墙宽"命令的功能是依照围墙的骨架线来修改围墙的宽度。单击"地物编辑"→"修改墙宽"命令，系统会提示"选择依比例围墙或 U 形台阶骨架线"，用鼠标选择一个围墙，"输入围墙宽度或 U 形台阶级数：0.5"，并输入新的围墙宽度，如 0.8，则系统自动对围墙的宽度进行了修改。

（3）修改拐点　该菜单的功能是，当骨架线不是两边平行时，修改桥梁等 10 类地物符号的骨架线拐点。

（4）电力电信　"电力电信"命令的功能是画出电杆附近

图 5-38　"地物编辑"菜单

的电力电信线。单击"地物编辑"→"电力电线"命令，系统会弹出"电力电信线编辑"对话框，如图 5-39 所示。

图 5-39 "电力电信编辑"对话框

在对话框中选择输电线、加输电线、配电线、加配电线、通信线和加通信线中的一项，如配电线，按系统提示要求用鼠标确定起始位置，选择是否画电杆，用鼠标确定一个终止方向和第二个终止方向，按 <Enter> 键结束。绘出的效果如图 5-40 所示。

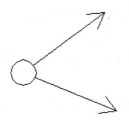

图 5-40 绘配电线

（5）植被、土质和突出房屋填充 这三个命令的功能是，在指定区域内进行植被的填充和各种土质的填充，以及对小比例尺中的房屋进行填充或在指定封闭的复合区域内填充指定的图案。

单击"地物编辑"→"植被填充"命令，系统会提示对稻田和旱地等进行填充。如图 5-41 所示，选择其中一种，如"稻田"选项，再选择填充方式，如区域填充或线上分布，然后用鼠标选择一条封闭的复合线，系统就会自动完成填充。

单击"地物编辑"→"土质填充"命令，系统会提示对肥气池和沙地等进行填充。选择其中一种，如"盐碱地"选项，用鼠标选择一条封闭的复合线，系统就会自动完成填充。

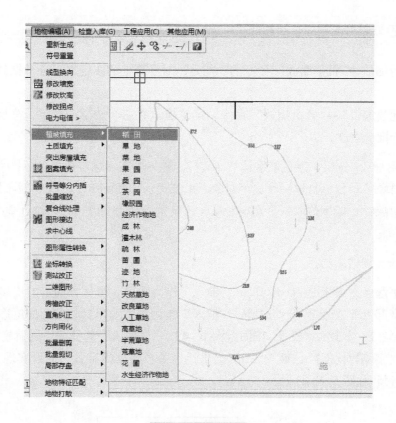

图 5-41　植被填充

单击"地物编辑"→"突出房屋填充"命令，系统会提示"请选择要填充的封闭复合线"，用鼠标选择一条封闭的复合线，系统就会自动完成填充。填充效果如图 5-42 所示。

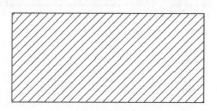

图 5-42　突出房屋填充

（6）图案填充　"图案填充"命令的功能是把指定封闭的复合线区域填充成指定的图案，颜色为当前图层颜色。

（7）符号等分内插　"符号等分内插"命令的功能是在两相同符号间按设置的数目进行等距内插。

执行此命令后，见命令区提示。

"请选择一端独立符号："；

"请选择另一端独立符号："，按提示输入两端符号；

"请输入内插符号数："，系统将按此数目进行符号内插。

> ⚠ **注意：两端符号应相同，否则此功能无法进行。**

（8）批量缩放 "批量缩放"命令的功能是，对屏幕上的注记文字进行批量放大、缩小或位移。

单击"地物编辑"→"批量缩放"命令，菜单提示有三个选项：文字、符号和圆圈。选择对文字进行批量缩放。

"1. 选目标/2. 选层，颜色或字体 <1>:"，输入1表示逐步选取目标；

"选择对象:"，鼠标拾取一个文字对象，系统提示"找到1个"文字对象；

"选择对象:"，鼠标拾取一个文字对象，系统提示"找到1个"，总计2个"文字对象"……

按 <Enter> 键结束选择。

"给文字起点 X 坐标差: <0.0>"，输入1作为文字 X 坐标方向上的位移量；

"给文字起点 Y 坐标差: <0.0>"，输入3作为文字 Y 坐标方向上的位移量；

"请选择: 1. 按比例缩放/2. 按固定大小 <1>"，输入1选择按比例缩放；

"输入文字缩放比例:"，输入1.5，给出比例系数缩放的系数，即可实现文字对象的批量缩放，过程如图5-43所示。

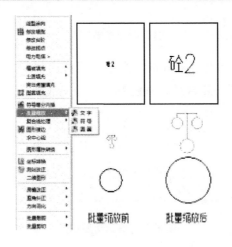

图 5-43 批量缩放

（9）图形接边 "图形接边"命令的功能是在两幅图进行拼接时，存在同一地物错开的现象，可用此功能将地物的不同部分拼接起来形成一个整体。执行此命令后，系统弹出如图5-44所示的"图形接边"对话框。

操作方式：有手工、全自动、半自动三种方式。"手工"是每次接一对边；"全自动"是批量接多对边；"半自动"是每接一对边前提示是否连接。

接边最大距离：设定能连接的两条边的最大距离，大于该值则不可连接。

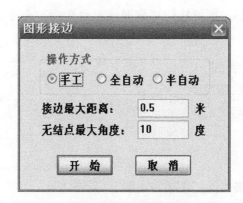

图 5-44　图形接边对话框

无结点最大角度：当参与接边一对线的交角不超过所设置的角度时，相接后则变成一条在相接处无节点的复合线。若超过该值则生成一条折线，相接处有节点。

设置好操作方式、接边最大距离和无结点最大角度后，单击"开始"按钮，再按照提示进行操作。

（10）求中心线　"求中心线"命令的功能是求两条复合线之间的中心线。执行此命令后，系统提示一：请选择第一根复合线；提示二：选择第二根复合线；提示三：请输入中线滤波参数，默认值为 0.2。确定后即绘制出两条复合线之间的中心线。

（11）图形属性转换　"图形属性转换"功能共有 14 种转换方式，每种方式有单个和批量两种处理方法，如图 5-45 所示。

图 5-45　"图形属性转换"

以"图层→图层"为例，单个处理时，提示："转换前图层："，输入转换前图层；"转换后图层："，输入转换后图层。

系统会自动将要转换图层的所有实体变换到要转换到的层中。

如果要转换的图层很多，则可执行"多属性批量转换"命令，但是要在记事本中编辑一个索引文件，格式是：

转换前图层1，转换后图层1

转换前图层2，转换后图层2

转换前图层3，转换后图层3

……

END

其他功能的索引文件格式同"图层→图层"，具体如下：

转换前 * *1，转换后 * *1

转换前 * *2，转换后 * *2

转换前 * *3，转换后 * *3

……

（12）坐标转换 "坐标转换"命令的功能是将平面直角坐标系图形或数据从一个坐标系转到另外一个坐标系。执行此命令后，系统会弹出"坐标转换"对话框，如图5-46所示。用户拾取两个或两个以上公共点即可进行转换。

说明：此转换功能只是对图形或数据进行平移、旋转和拉伸，而不是坐标的换带计算。

（13）测站改正 "测站改正"命令主要用于测量人员在外业采集数据时用错了测站点或后视定向点，或先测碎部后测控制的情况。

单击"地物编辑"→"测站改正"命令，系统会提示：

"请指定纠正前第一点：＜对象捕捉开＞"，用鼠标捕捉（或用键盘输入坐标）纠正前的测站点，如A1点；

"请指定纠正前第二点方向："，用鼠标捕捉（或用键盘输入坐标）纠正前的后视定向点，如A2点；

"请指定纠正后第一点："，用鼠标捕捉（或用键盘输入坐标）纠正后的测站点，如A1点；

"请指定纠正后第二点方向："，用鼠标捕捉（或用键盘输入坐标）纠正后的后视定向点，如A3点；

"请选择要纠正的图形实体："，用鼠标拾取所有要纠正的实体图形，如图5-47a中的矩形房屋。系统会弹出"输入纠正前数据文件名"对话框，如图5-48所示。在其中选择并打开纠正前的数据文件，系统会自动完成纠正，如图5-47b所示。

选择纠正前数据文件的目的，是对选中的要纠正的实体图形的坐标数据文件也进行纠正。

（14）房檐改正 单击"地物编辑"→"房檐改正"命令，系统会提示：

"选择要改正的房屋："，用鼠标拾取要进行房檐改正的房屋，如某一四点混凝土房屋；

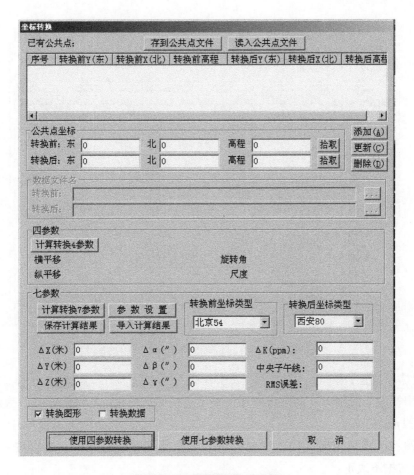

图5-46　"坐标转换"对话框

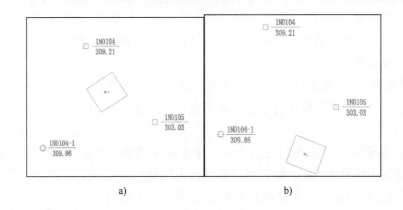

图5-47　测站纠正前后对比

a）纠正前　b）纠正后

"房檐改正边长是否改变（1---不改变，2---改变）<2>:"，输入2，表示房檐改正时边长要改变；

"输入房檐改正的距离（向内正向外负）<直接回车跳过>"，直接按<Enter>键，表

图 5-48 "输入纠正前数据文件名"对话框

示第一边房檐不改正;

"输入房檐改正的距离（向内正向外负）<直接回车跳过>",输入 –1,表示第二边房檐向外改正 1m;

"输入房檐改正的距离（向内正向外负）<直接回车跳过>:",直接按<Enter>键,表示第三边房檐不改正;

"输入房檐改正的距离（向内正向外负）<直接按<Enter>键跳过>:",输入 –1,表示第四边房檐向外改正 1m;

选择要改正的房屋,直接按<Enter>键表示该房屋房檐改正结束。

房檐改正如图 5-49 所示。

（15）直角纠正 "直角纠正"命令的功能是,为多边形内角纠正成直角,主要用于解决矩形建筑物等成图后不是直角等问题。

单击"地物编辑"→"直角纠正"命令,子菜单中有两个选项,即整体纠正和单角纠正,如选择"整体纠正"选项。

"选择要改正的房屋:",用鼠标拾取要进行房檐改正的房屋,如某一四点混凝土房屋;

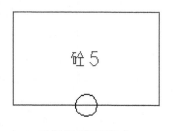

图 5-49 房檐改正

"请输入屋角偏离直角的最大允许角度:（度）<3.0>",如输入 5（直接按<Enter>键认可默认值）;

"（1）逐个选择（2）批量选择 <1>",输入 1,表示逐个选择;

"选择封闭复合线:",用鼠标选择封闭复合线,如选中某一要纠正的房屋;

"选择封闭复合线:",用鼠标选择封闭复合线,如选中另一要纠正的房屋;

……

直接按 < Enter > 键结束命令,纠正前后对比如图 5-50 所示。

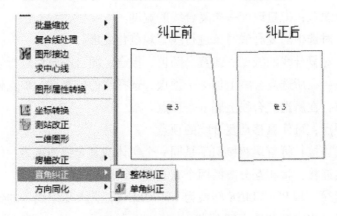

图 5-50　直角纠正前后对比

(16) 复合线处理　"复合线处理"命令的功能是对地物线型的批量处理,如图 5-51 所示,部分选项介绍如下。

图 5-51　复合线处理

批量拟合复合线：对先前的复合线进行拟合或取消拟合。

批量闭合复合线：将选定的未闭合线闭合。

批量修改复合线高：批量改变多条复合线的高度。

批量改变复合线宽：批量改变多条复合线的宽度。

线型规范化：对选中的复合线对象进行线型规范化处理。

复合线编辑：对复合线的线型、线宽、颜色、拟合、闭合等属性进行修改。

复合线上加点：在所选复合线上加一个顶点，选择线的位置即为加点处。

复合线上删点：在所选复合线上删一个顶点。

移动复合线顶点：可任意移动复合线的顶点。

相邻的复合线连接：将首尾相接但不是同一个实体的复合线连接为一体。

分离的复合线连接：将相互分离的两个独立复合线连接为一体。

重量线→轻量线：将 POLYLINE 转换为 LWPOLINE，大大压缩线条的数据量。

直线→复合线：将直线转换为复合线。

圆、弧→复合线：将圆弧转换为复合线。

SPLINE（样条曲线）→复合线：将样条曲线转换为复合线。

椭圆→复合线：将椭圆转换为复合线。

其他新增功能，见数字化地形地籍成图系统 CASS 9.0 参考手册 7.2.4。

（17）地物特征匹配　特性匹配俗称格式刷，其作用是可以将一个源对象的某些或全部特性复制到其他目标对象上，从而大大提高绘图的效率。源对象和目标对象可以相同也可以不同。如果源对象和目标对象不相同，则只能复制颜色、图层、线形、线型比例、线宽和厚度等基本特性；若相同则除了基本特性外，还可以复制对象的一些特有属性。

单击"地物编辑"→"地物特征匹配"命令，系统会提示选择单个刷或批量刷，如选择"单个刷"选项。

"选择源对象：[设置（S）]"，用鼠标拾取图 5-52 左下角的未加固陡坎作为源对象；

"选择要修改的目标对象："，用鼠标拾取图 5-52 左上角的圆弧作为要修改的目标对象；

"选择对象：找到 1 个"，直接按＜Enter＞键结束选择，图 5-52 左侧的普通线型圆弧就变成了右侧的未加固陡坎，如图 5-52 所示。

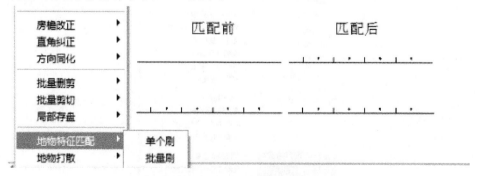

图 5-52　地物特征匹配

（18）地物打散　"地物打散"类似于 CAD 中的分解命令。它是将一个复杂的整体对象分解成多个单个对象，再对单个对象进行编辑处理。

单击"绘图处理"→"地物打散"命令，其子菜单中有"打散独立图块"和"打散复杂线型"两个选项，如选择"打散独立图块"选项，则系统会提示：

"本操作执行前应注意对原有图形存盘，是否继续?"，选择"是"继续操作；

"（1）手工选择要打散的复杂线型实体（2）打散相同编码的复杂线型实体＜1＞"，输入 1，选择前者；

"选择对象："，用鼠标拾取需要被打散的对象；

"找到 1 个，选择对象："，按＜Enter＞键结束选择；

"共打散 1 个图块"，系统即完成了对独立图块的打散操作，如图 5-53 所示。

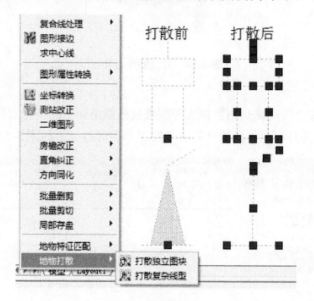

图 5-53　地物打散

（19）利用标准工具栏中的对象特性工具按钮也能实现对图形对象的编辑修改，其命令形式是：PROPERTIES。在标准工具栏中的按钮图标为 。

例如，图 5-54 左侧的修改前示例，不埋石图根点 1N0107 原来的高程为 304.67，现要改正为 3054.67，操作的方法如下：

单击"特性"工具按钮，弹出"特性"对话框，选中不埋石图根点 1N0107 的高程 304.67，在"内容"框中将 304.67，改正为 305.67，然后按＜Enter＞键即可。修改前后效果如图 5-54 所示。

四、等高线的绘制

通过"等高线"菜单可以建立数字地面模型（DTM），计算并绘制等高线，如自动切穿建筑物、陡坎、高程注记的等高线。

图 5-54　对象特性工具栏

1. 建立 DTM

"建立 DTM"命令的功能是用数据文件或直接根据图面上的高程点和控制点采用三角网法建立 DTM 模型，并且可以将所建立的三角网显示在屏幕上，如图 5-55 所示。

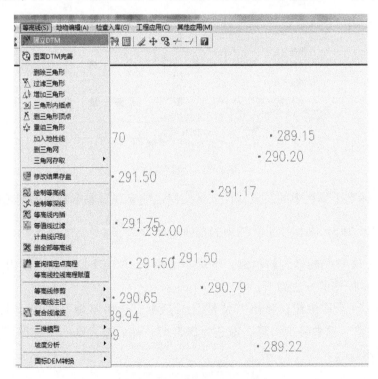

图 5-55　"建立 DTM"命令

单击"等高线"→"建立 DTM"命令，系统会弹出"建立 DTM"对话框，如图 5-56 所示，其中提供了两种建立 DTM 的方式。

图 5-56 "建立 DTM" 对话框

（1）由数据文件生成　选中"由数据文件生成"单选按钮，并指出数据文件的存储目录，如 C：\ Users \ Administrator \ Desktop \ 测量数据 \ 局部高程点 . dat，同时设置是否显示建立 DTM 的过程和结果、建模过程中是否考虑陡坎、是否考虑地性线，然后单击"确定"按钮即可绘制出三角网，如图 5-57 所示。

（2）由图面高程点生成　选中"由图面高程点生成"单选按钮之前，必须用封闭复合线（如多段线）在已展高程点区域将需要绘制等高线的范围圈出来。单击"确定"按钮后，系统会提示：

"请选择：（1）选取高程点的范围（2）直接选取高程点或控制点 < 1 >"，可输入 1，表示选择范围，或输入 2 表示直接选择高程点，系统将自动绘制三角网。

建立三角网后，还可以对三角网进行一些处理。单击"等高线"菜单下的命令，可以进行 DTM 的图

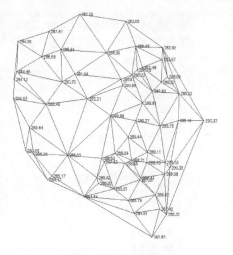

图 5-57 绘制三角网

面完善、删除三角形、过滤三角形、增加三角形、三角形内插点、删三角形顶点、重组三角形和加入地性线等工作，并且可以将三角网写入文件，或将已有文件读出来。

2. 绘制等高线

"绘制等高线"命令的功能是根据建立的三角网绘制等高线。

单击"等高线"→"绘制等高线"命令，系统会弹出"绘制等高线"对话框，如图 5-58 所示。在对话框中输入等高距并选择拟合方式，单击"确定"按钮后，系统将自动绘制好等高线。

有三角网的等高线和我们的看图习惯是不一致的，因此可以删除与等高线混在一起的三角网，保留等高线，方法是：单击"等高线"→"删三角网"命令，系统将自动删除三角网，仅剩下等高线和地物，如图 5-59 所示。

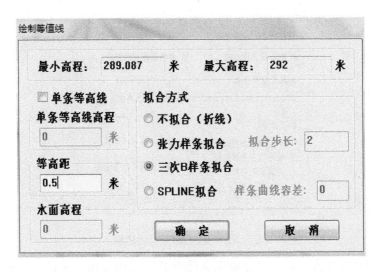

图 5-58 "绘制等高线"对话框

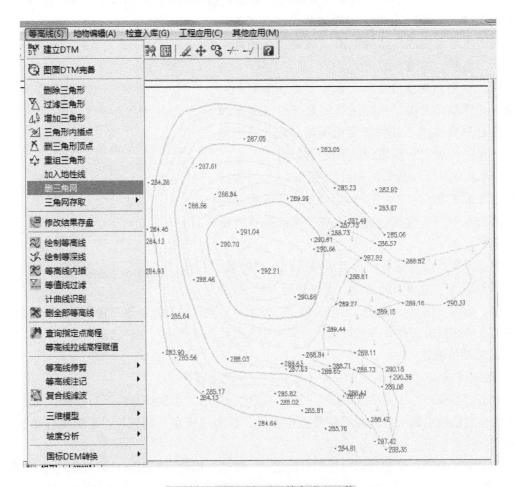

图 5-59 删除三角网后等高线和地物

3. 等高线内插

有时绘图过程中会出现等高线过于稀疏，或希望在计曲线之间插入首曲线的情况，这时可以用"等高线内插"命令来解决这个问题，如图 5-60 所示。

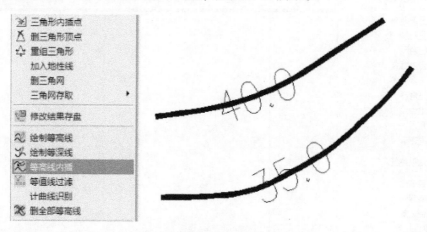

图 5-60　"等高线内插"命令

"等高线内插"命令的功能是在已有等高线之间内插等高线。

单击"等高线"→"等高线内插"命令，系统会提示：

"选择第一条等高线："，如选择高程为 35 的等高线（计曲线）；

"选择第二条等高线："，如选择高程为 40 的等高线（计曲线）；

"请给出内插等高线数：＜1＞"，如输入 4；

"请输入内插后滤波参数：＜0.2＞"，如默认 0.2，按＜Enter＞键后系统就会自动在两根等高线之间插入四条首曲线，如图 5-61 所示。

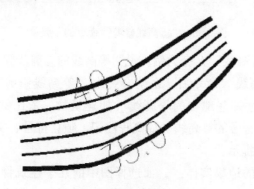

图 5-61　等高线内插

4. 等高线修剪

经过上述步骤绘制出来的等高线在与地物相遇时，往往是穿过了房屋、陡坎、围墙等地物，且与高程注记等文字内容相交在一起，因此需要对等高线进行修剪。

单击"等高线"→"等高线修剪"命令，其子菜单中有"批量修剪等高线""切除指定二线间等高线""切除指定区域内等高线""取消等高线消隐"四个命令，如图 5-62 所示。

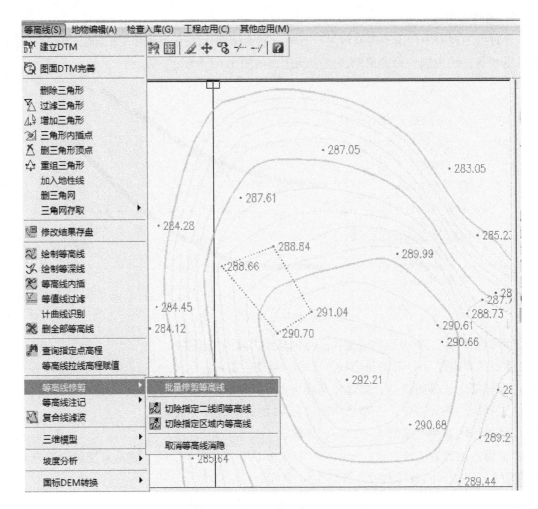

图 5-62 "等高线修剪"命令的子菜单

下面以"批量修剪等高线"命令为例，说明等高线的修剪步骤。

执行"批量修剪等高线"命令后，系统会弹出"等高线修剪"对话框，如图 5-63 所示。在其中选择修剪穿过哪些地物的等高线（如建筑物、依比例围墙、坡坎、控制点注记）、修剪穿过哪些注记符号的等高线（如高程注记、独立符号、文字符号）等内容，单击"确定"按钮后，系统会提示：

"选择要修剪等高线的地物实体："，如选择图中的几个建筑物、几个陡坎、几个围墙。系统会提示找到几个对象，按 < Enter > 键结束选择，然后系统就会自动完成等高线的修剪，效果如图 5-64 所示。

5. 等高线注记

等高线的注记是地形图测绘过程中的一个重要步骤，也是识读地形图的重要依据，其基本要求如下：

地形图上高程点的注记，当基本等高距为 0.5m 时，应精确至 0.01m；当基本等高距大于 0.5m 时，应精确至 0.1m。地形图的基本等高距，应按表 5-1 选用。

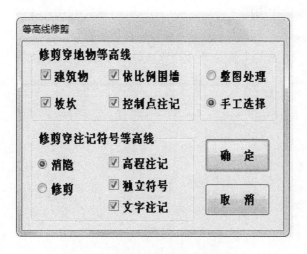

图 5-63　"等高线修剪"对话框

a)　　　　　　　　　　　　　　　　　　　b)

图 5-64　等高线修剪前后对比

a）修改前　b）修改后

表 5-1　基本等高距

地形类型	比例尺			
	1:500	1:1000	1:2000	1:5000
平坦地	0.5m	0.5m	1m	2m
丘陵地	0.5m	1m	2m	5m
山地	1m	1m	2m	5m
高山地	1m	2m	2m	5m

注：一个测区同一比例尺，宜采用一种基本等高距。

在"等高线注记"命令的子菜单中，还有"单个高程注记""沿直线高程注记""单个示坡线"和"沿直线示坡线"四个命令，如图 5-65 所示。下面仅说明"单个高程注记"和

"沿直线高程注记"命令的用法。

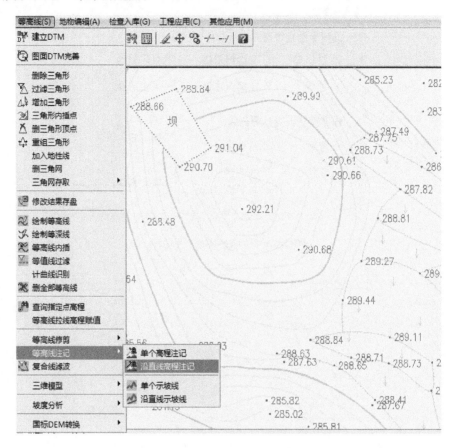

图 5-65 "等高线注记"命令的子菜单

（1）单个高程注记 "单个高程注记"命令的功能是在指定点给某条等高线注记高程。

单击"等高线内插"→"单个高程注记"命令，系统会提示：

"选择需注记的等高（深）线："，选择某一条等高线；

"依法线方向指定相邻一条等高（深）线："，选择相邻的另一条等高线，以确定注记文字的方向，这样就完成了某一条等高线的高程注记。

（2）沿直线高程注记 "沿直线高程注记"命令的功能是沿一条直线的方向给几条等高线注记高程。

执行此命令之前，需要先绘一条直线，该直线与需要注记高程的几条等高线相交。由于直线绘制的方向决定了注记文字的朝向，因此绘制直线时，应由低向高绘制。

单击"等高线内插"→"沿直线高程注记"命令，系统会提示：

"请选择：（1）只处理计曲线 （2）处理所有等高线 <1>"，如输入2，选择只处理计曲线；

"选取辅助直线（该直线应从低往高画）：<回车结束>"，选择之前绘制的辅助直线即可完成注记，如图5-66所示。

图 5-66　沿直线注记等高线

课题 2　地形图扫描数字化

【学习目标】

1. 了解常见的地形图扫描设备及扫描方法。

2. 掌握在 CASS 9.0 软件中进行矢量化的方法，并完成在指定区域进行地形图扫描矢量化的工作。

一、地形图扫描设备

扫描仪（scanner）是利用光电技术和数字处理技术，以扫描的方式将图形或图像信息转换为数字信号的装置，通常被用作计算机的外部仪器设备，是通过捕获图像并将之转换成计算机可以显示、编辑、存储和输出的数字化输入设备。照片、文本页面、图纸、美术图画、照相底片、菲林软片，甚至纺织品、标牌面板、印制板样品等三维对象都可作为扫描仪的扫描对象。扫描仪是一种可以提取和将原始的线条、图形、文字、照片、平面实物转换成可以编辑及加入文件中的装置。

扫描仪按扫描速度可分为高速、中速和低速扫描仪；按结构特点可分为手持式、平板式、滚筒式、馈纸式（也称为小滚筒式）、笔式扫描仪等；按应用范围可分为底片扫描仪、3D 扫描仪、工程图纸扫描仪、实物扫描仪和条形码扫描仪等。

1. 平板式扫描仪

平板式扫描仪又称为台式扫描仪，是目前市场上的主流产品，如图 5-67 所示。它诞生于 1984 年，按使用范围又可分为高档专业平板扫描仪和中低档平板扫描仪。其特点是使用方便，只要把扫描仪上盖打开，书本、报纸、杂志、照片底片等都可以放上去扫描，而且扫描出的效果也比较好。这种扫描仪一般采用 CCD 或 CIS 技术，由于其价格相对较低，又具有体积小、扫描速度快、扫描质量较好等优点，因此得到了广泛的应用，除了在印刷领域被普遍应用外，它也是一般办公和家庭用户的主选产品。平板式扫描仪的光学分辨率为 300 ~ 8000dpi（一般为 600 ~ 1200dpi），色彩位数为 24 ~ 48 位，扫描幅面多为 A4，个别为 A3。

2. 滚筒式扫描仪

滚筒式扫描仪是用于专业领域（如高档印刷产品）的扫描仪，处理的对象多为大幅面图纸和高档印刷的照片等，如图 5-68 所示。配套的矢量化软件和光栅模式下处理软件的发展也推动着其进入专业市场。

图 5-67　平板式扫描仪　　　　　　　　　　图 5-68　滚筒式扫描仪

滚筒式扫描仪的感光器件是光电倍增管，其光学分辨率可达 1000 ~ 8000dpi，色彩位数为 24 ~ 48 位。与 CCD 和 CIS 相比，不管是灵敏度，还是噪声系数，光电倍增管的性能都遥遥领先于其他感光器件。而且其输出信号在相当大的范围上保持着高度的线性输出，几乎不用做任何修正就可获得很好的色彩还原，因此采用光电倍增管的扫描仪要比其他扫描仪贵得多。同时，因为光电倍增管扫描仪一次只能扫描一个像素，所以这种扫描仪扫描的速度较慢。

滚筒扫描仪是由电子分色机发展而来的，其感测技术是应用了光电倍增管，而平板扫描仪则是由 CCD 器件来完成扫描工作的。两者工作原理不同，因此性能上也有很大的差异，具体如下。

1）最高密度范围不同：滚筒扫描仪的最高密度可达 4.0，而一般的中低档平板式扫描仪只有 3.0 左右。因而滚筒扫描仪在暗调的地方可以扫出更多细节，且提高了图像的对比度。

2）图像清晰度不同：滚筒扫描仪有四个光电倍增管：三个用于分色（红色、绿色和蓝色），一个用于虚光蒙版。它可以使不清楚的物体变得更清晰，可以提高图像的清晰度；而 CCD 则没有这方面的功能。

3）图像细腻程度不同：用光电倍增管扫描的图像输出后，其细节清楚、网点更细腻且网纹较小；而平板式扫描仪扫描的照片质量在图像精细度方面相对来说要差些。

3. 馈纸式扫描仪

馈纸式扫描又称为小滚筒式扫描仪，有彩色和灰度两种，彩色型号一般为 24 位彩色，如图 5-69 所示。馈纸式扫描仪多采用 CIS 技术，所以光学分辨率一般只有 300dpi，也有少数使用 CCD 技术的，虽然扫描效果明显优于 CIS 技术的产品，但是此类扫描仪的体积相对较大。馈纸式扫描仪工作时镜头固定，通过移动要扫描的物件来扫描，因此，这种扫描仪只能扫描较薄的物件，范围还不能超过扫描仪的大小。随着扫描仪技术的不断发展及价格的下降，馈纸式扫描仪也逐渐被其他类型的扫描仪所替代。

4. 工程图纸扫描仪

工程图纸扫描仪主要是为解决工程图纸的输入和保存等问题服务的，其光学分辨率一般为 200dpi、400dpi 或更高。大多数采用 CCD 技术，少数采用 CIS 技术。但是由于其用途特殊，因此一般单位较为少见。

5. 底片扫描仪

底片扫描仪又称为胶片扫描仪。它是专门用来扫描底片的，其光学分辨率很高，最低也在 1000dpi 以上，绝大多数都在 2700dpi 左右，如图 5-70 所示。现在有些高档平板式扫描仪也有底片扫描的功能，但它与专业的底片扫描仪相比，扫描效果差得多。

图 5-69　馈纸式扫描仪　　　　　　　　　　图 5-70　底片扫描仪

二、地形图扫描方法

1. 地形图扫描

一般来讲，比较旧的图纸或多或少会存在污点、折痕、断线、模糊不清或纸撕裂等问题。扫描仪是真实地反映原图的，只不过带消蓝去污功能的扫描仪能自动将蓝底色和小的污点消掉。如果需要得到清晰干净、不失真的图纸，那么就要用相应的软件对计算机里的图像文件做净化处理。经过净化处理的图像文件可以按照需要打印输出、保存或插到别的文件中。

通常直接扫描生成的图像文件是光栅文件，即由栅格像素组成的位图。这种位图只有用相应的程序才能被打开和浏览。形象地说，光栅文件中的一条直线是由许多光栅点构成的，这些光栅点没有任何的位置信息和属性，相互间没有联系，编辑起来比较困难，如编辑光栅线就是要编辑一个个光栅点。而常用的 CAD 软件中绘制的图形是矢量文件。矢量文件中的一条条线是由起点、终点坐标和线宽、颜色、层等属性组成，对它的操作是按对线的操作进行的，编辑起来很方便，如要改变一条线的宽度，则只要改变它的宽度属性，要移动它只要改变它的坐标。对应这两种类型的编辑处理软件就是光栅编辑软件和矢量化软件。

光栅编辑软件能对光栅图像进行操作。相对来说，光栅图与矢量图有如下不同：①光栅图没有矢量图编辑和修改起来方便、快捷，无法给实体赋予属性；②一般光栅图的存储空间比矢量图大，但 TIFF 格式的光栅图例外；③光栅图没有矢量图质量好，如光栅线没有矢量线光滑；④有些操作，如提取信息，对光栅图是根本不可能进行的，只有矢量图才能从中提取信息；⑤光栅图对输出要求高，前几年流行的笔式绘图仪是不能输出光栅图的。

2. 图像处理

图像经过扫描处理后，得到光栅图像，在进行扫描光栅图像的矢量化之前，需要对光栅文件进行预处理和细化处理。

（1）原始光栅图像预处理　纸质地形图经过扫描后，由于图纸不干净、线不光滑以及受扫描、摄像系统分辨率的限制，扫描出来的图像带有黑色斑点、孔洞、凹陷和毛刺，甚至有错误的光栅结构。因此，扫描地形图工作底图得到的原始光栅图像必须进行多项处理后才能完成矢量化，这就要用到光栅编辑软件。不同的光栅编辑软件提供的光栅编辑功能不同。目前，世界上较好的光栅编辑软件是挪威的 RxAutoImagePro97，能实现如下功能：智能光栅选择、边缘切除、旋转、比例缩放、倾斜校正、复制、变形、图像校准、去斑点、孔洞填充、平滑、细化、剪切、复制、粘贴、删除、合并、劈开等。对于仅仅是将图纸存档或不多做修改就打印输出的用户来说，这是一个最佳的选择，因为它可以免去购买全自动矢量化软件的投资，同时可以节省进行矢量化所花费的人力和时间。对原始光栅图像的预处理实质上是对原始光栅图像进行修正，经修正最后得到正式的光栅图像，其内容主要有以下几个方面：

1）采用消声和边缘平滑技术除去原始光栅图像中的噪声，减小这些因素对后续细化工作的影响并防止图像失真。

2）对原始光栅图像进行图幅定位坐标纠正，修正图纸坐标的偏差。由于数字化图最终采用的坐标系是原地形图工作底图采用的坐标系统，因此还要进行图幅定向，将扫描后形成的栅格图像坐标转换到原地形图坐标系中。

3）进行图层、图层颜色设置及地物编码处理，以方便矢量化地形图的后续应用。

（2）正式光栅图像的细化处理　细化处理过程是在正式光栅图像数据中，寻找扫描图像线条的中心线的过程。衡量细化质量的指标有：细化处理所需内存容量、处理精度、细化畸变、处理速度等。细化处理时要保证图像中的线段连通性，但由于原图和扫描的因素，在图像上总会存在一些毛刺和断点，因此要进行必要的毛刺剔除和人工的不断细化，细化的结果应为原线条的中心线。

三、地形图扫描数字化

地形图扫描数字化是利用扫描仪将纸质地形图进行扫描后，生成一定分辨率并按行和列规则划分的栅格数据，其文件格式为 GIF、BMP、TGA、PCX、TIF 等。应用扫描矢量化软件进行栅格数据矢量化后，采用人机交互与自动跟踪相结合的方法来完成地形图矢量化。扫描矢量化过程实质上是一个解释光栅图像并用矢量元素替代的过程，其作业流程如图 5-71 所示。

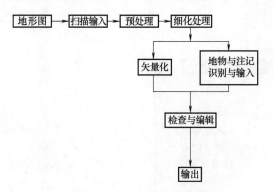

图 5-71　地形图矢量化流程

1. 绘制标准图框

运行南方 CASS 9.0 软件根据拟数字化的地形图图像，利用"绘图处理"→"标准图幅（50cm×50cm）"命令，结合数字化图像的西南角坐标，画出图框，如东坐标：57250，北坐标：66000，如图 5-72 所示。

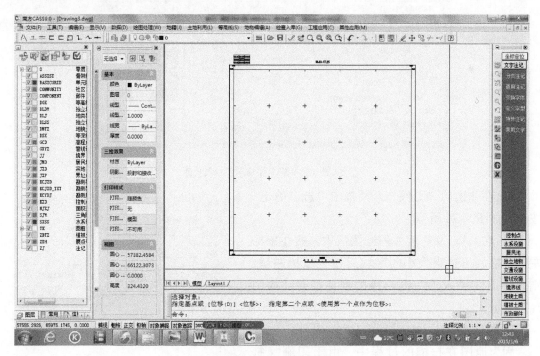

图 5-72　绘制标准图框

2. 插入光栅图像

1）运行南方 CASS 9.0 软件，单击"工具"→"光栅图像"→"插入图像"命令，如图 5-73 所示。

2）在弹出的图像管理器对话框中单击"附着图像（I）…"命令，如图 5-74 所示。

图 5-73　插入光栅图像　　　　　　　图 5-74　图像管理器对话框

3）在弹出的"选择图像文件"对话框中选择一幅扫描的栅格地形图，单击"打开"按钮，如图 5-75 所示。

图 5-75　"选择图像文件"对话框

4）在弹出的"图像"对话框中单击"确定"按钮，如图 5-76 所示。

5）在 CASS 9.0 软件的绘图区中，按住鼠标左键并拖放出适当大小的区域后松开鼠标左键，则在绘图区插入了一幅扫描的栅格图像，如图 5-77所示。

3. 图像纠正

因为地图在扫描的过程中，由于印刷（打印）和扫描的过程会产生误差，或存放过程中纸

图 5-76　"图像"对话框

张有变形，因此导致扫描到计算机中的地图实际值和理论值不相符，即光栅图像图幅坐标格网西南角点坐标、图幅坐标格网、图幅大小及图幅的方向与相对应比例的标准地形图的图幅坐标格网西南角点坐标、坐标格网、图幅大小及图幅方向不一致。因此，需要对正式光栅图像进行纠正处理，具体方法如下：

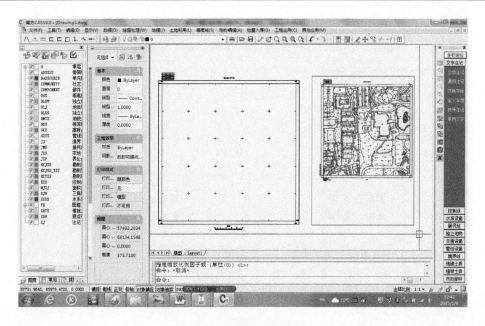

图 5-77　栅格图像的插入

1）单击"工具"→"光栅图像"→"图像纠正"命令，如图 5-78 所示。

2）根据 CASS 9.0 命令行的提示，选取需要纠正处理的扫描栅格图像，弹出"图像纠正"界面，如图 5-79 所示。

3）在"图像纠正"界面中单击"图面"所在行的"拾取"按钮，在扫描栅格图上将图幅内图廓西南角角点适量放大，并单击其交叉点。然后输入"实际"所在行的"东向"与"北向"坐标值，即"图面"拾取点的实际坐标值，最后单击"添加"按钮，将拾取的图幅西南角的图面坐标与实际坐标添加到"已采集控制点"区域，如图 5-80 所示。

4）按照上一步的方法，依次按逆时针的顺序采集图幅东南角、东北角、西北角的控制点图面坐标与实际坐标，然后单击"纠正"按钮，如图 5-81 所示。

5）经过前面几步，扫描栅格图就纠正好了，可绘制一个标准的 250m×250m 的正方形，与纠正好的扫描栅格图进行比较，检查纠正的精度是否满足要求，如图 5-82 所示。

上面是"四点法"纠正扫描栅格地形图，如果要求纠正的精度较高，则可采用"逐格网法"，即将扫描栅格图图幅的每个坐标格网的坐标信息按照上述方法采集到"已采集控制点"区域，再进行纠正。

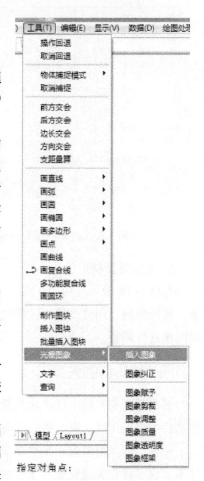

图 5-78　图像纠正

181

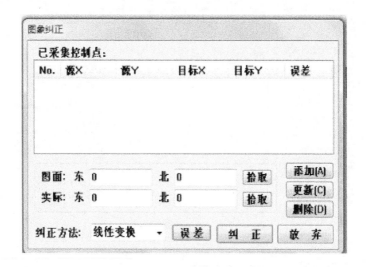

图 5-79 "图像纠正"界面

图 5-80 采集"纠正控制点"

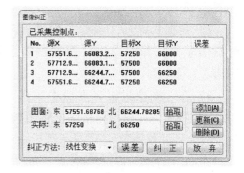

图 5-81 图像纠正

4. 图像质量校正

在图 5-78 中,利用"工具"→"光栅图像"命令的有关功能,还可以对图像进行图像赋予、图像剪裁、图像调整、图像质量、图像透明度和图像框架的操作。可以根据具体要求,对图像进行调整。

四、地形图的矢量化

根据需要将光栅图转换成矢量图的过程叫矢量化。矢量化就是从用像素点数据描述的位图文件中识别出线、圆、弧、字符、各种电路符号等基本几何图形。光栅矢量化的操作分为四个过程,即光栅编辑、半自动矢量化、全自动矢量化和后处理,每一个过程都由相应的软件来实现。现在矢量化软件非常多,如 VPStudio V9、TITAN ScanIn、r2v、Wintopo、CassCan等。不同的软件可能对每个过程采用不同的实现方式,用户可以根据自己的需要选用合适的

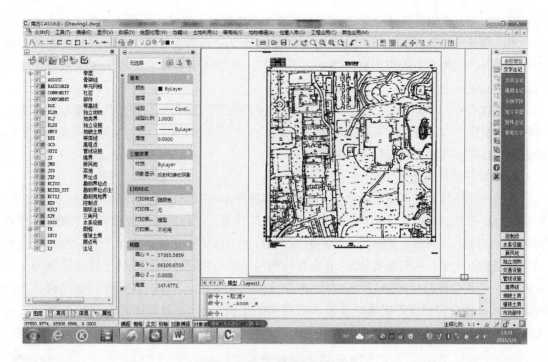

图 5-82　纠正栅格图的检查

软件。一般矢量化的方式有手工矢量化、半自动矢量化和全自动矢量化三种。

手工矢量化是完全采用人工方式用软件提供的工具将扫描光栅图转化成为矢量图。例如，在 AutoCAD 中要将栅格图矢量化，就需要人工利用 CAD 软件提供的点、线、面工具，将栅格图描一遍。虽然这种方式比较费时费力，但其后期编辑工作量很小。这种方式在测绘单位的早期地形图矢量化中使用较多。

半自动矢量化软件是用人工干预的方式将光栅图像转化成几何图形。例如，只要人工在光栅线上点一下，它就能按原光栅线的形状识别成相应宽度的线、圆或圆弧；一条非常复杂的等高线无论多么复杂，只要点一下它就能生成相应宽度的与原图非常匹配的矢量多义线，甚至能跳过小的断线。由于在碰到光栅交叉点时会停下来，需要人工干预，因此也称为交互式跟踪矢量化。

全自动矢量化软件能对全图或某部分光栅图一次性自动识别并转化成相应的几何图形。较好的全自动矢量化软件（如世界五星级矢量化软件——德国的 VP 系列产品）能识别直线、圆、弧、多义线、样条曲线、剖面线、轮廓线、箭头、各种符号、数字、英文字符等，还能识别线的宽度、线型、文字高度等，它能跳过窄的断点，还能对不同类型的图纸采用不同的识别参数。

转化成矢量的实体并不是 100% 正确的，需要对矢量化后的结果进行编辑修改，这就要用到后处理软件。矢量化的准确程度直接影响后处理的工作量，矢量化后的图形越准确，后处理的工作量就越小。有效实用、易于操作的矢量编辑工具，更可节省后处理的时间。对于光栅矢量混合存在的图形，后处理软件应有将所选矢量转化为光栅的功能。

用户可以根据自己的具体要求选用上述相应的软件，因为有些软件是分多个模块和版本出售的。此外，选用软件还应考虑的因素有输入文件格式、能输入的最大光栅文件大小、输出格式、与其他软件特别是用户CAD软件的兼容性、是否有批处理功能、可运行在何种操作平台上等。因为大多数应用软件是国外开发的，所以还应考虑它是否为中文版或中文界面，能否接受汉字等。

下面以CASS 9.0为例，介绍其矢量化地形图的过程，可利用右侧的屏幕菜单，可进行图形的矢量化工作。右侧的屏幕菜单是测绘专用的交互绘图菜单，包含大量的图式符号，可根据需要选择不同的图式符号进行矢量化。

1. 点状符号的矢量化

根据大比例尺地形图图示的要求，每个点状符号都有自己的定位点和特定的表示符号。因此，点状符号的矢量化仅需在将定制好的标准符号插入到相应的位置即可，下面以控制点为例进行说明。根据扫描地形图上的控制点类型，在CASS 9.0屏幕菜单上选择与控制点相对应的控制点类型，后根据CASS 9.0命令行的提示进行操作。例如，单击屏幕菜单的"独立地物"→"其他设施"→"路灯"命令，命令行出现"指定点"（初次操作还会出现"比例尺1:500"，用户需根据需要选择或输入需要的新比例尺），在栅格图像对应的"路灯"的定位点上单击，则完成了控制点的矢量化，如图5-83所示。

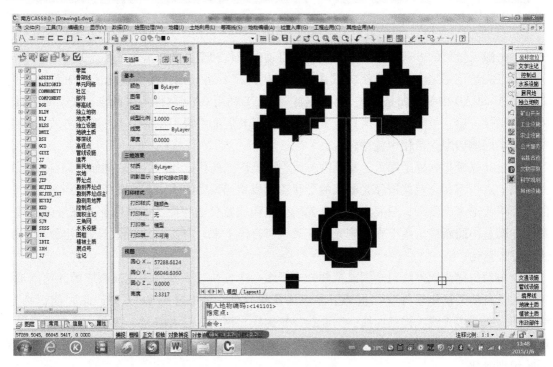

图5-83　点状地物的矢量化

2. 线状符号的矢量化

线状符号一般由一系列的坐标对和相应的线性构成，其矢量化主要是用特定的线形将扫描的线性地形描绘出来即可，下面以内部道路为例。在CASS 9.0屏幕菜单上单击"交通设施"→"城市道路"→"内部道路"命令，在弹出的对话框中选择"内部道路"后单击"确定"按钮，命令行出现"第一点：<跟踪 T/区间跟踪 N>"，单击需要矢量化的内部道路起点；命令行出现"指定点"，单击内部道路的下一特征点。如此重复，直到该内部道路边线的终点，然后按<Enter>键或单击鼠标右键，命令行出现"拟合<N>?"，该线状符号若需拟合，则输入"Y"后按<Enter>键，否则直接按<Enter>键或单击鼠标右键即可。已矢量化的内部道路如图 5-84 所示。

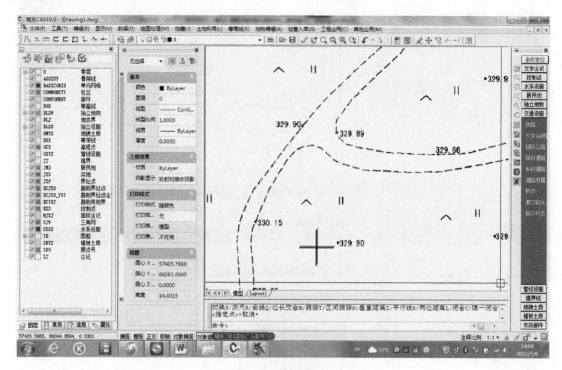

图 5-84　线状地物的矢量化

3. 面状符号的矢量化

面状符号的矢量化本质上与现状符号的矢量化相似，所不同的是面状符号首尾坐标是相同的，这里以房屋为例进行说明。在 CASS 9.0 屏幕菜单上单击"居民地"→"一般房屋"→"四点砖房屋"命令，单击"确定"按钮，命令行出现"1. 已知三点/2. 已知两点及宽度/3. 已知四点<1>："，输入"3"按<Enter>键，用鼠标左键在栅格图上点取需要适量化的砖房屋的四个特征点后输入"c"按<Enter>键，此时命令行出现"输入层数<1>："，输入层数（若为 1 层则直接按<Enter>键）后按<Enter>键，则完成了该砖房屋的矢量化，如图 5-85 所示。

4. 图廓的矢量

用 CASS 软件矢量化图廓比较简单，单击"绘图处理"→"标准图幅（50cm×50cm）"命令即可，如图 5-86 所示。

最后，在弹出的图幅整饰窗口中完善相应的内容，单击"确定"按钮。系统自动按要求在指定的位置插入了一幅标准的 1:500 的地形图图框。按照上述方法将所有的地形符号矢量化完成后，将扫描栅格图所在图层关闭，则将显示出一幅完整、标准的矢量地形图。

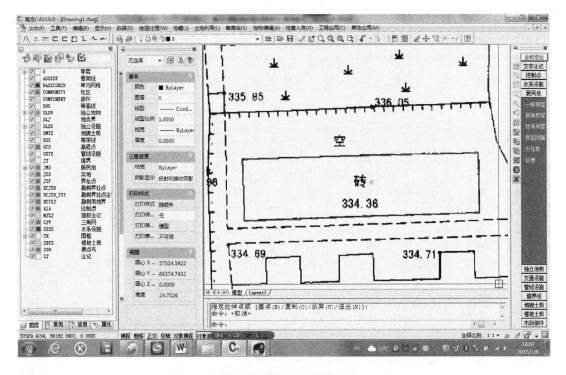

图 5-85　面状地物的矢量化

图 5-86　"标准图幅"命令

课题 3　大比例尺航测数字测图简介

【学习目标】

1. 了解航测地形图的基本方法和流程。

2. 了解航空摄影、像片控制测量、像片调绘的基本概念。

航空摄影测量是利用航空摄影机在空中摄取地面的影像，通过外业像片控制点联测，在内业建立地面模型，再通过全数字摄影测量系统在模型上进行测量，直接获得数字地形图的一种测绘方法。其主要特点是在像片上进行量测和解译，无须接触物体本身，因而很少受自然和地理条件的限制，从而将大量的野外工作转化为内业工作，大大提高了作业效率，改善了作业条件和环境，是现代测绘技术的发展方向之一。利用航空摄影测量手段可测绘各种大中比例尺的地形图，是摄影测量生产、研究和教学的主流。

一、大比例尺航测设备

1. 航摄无人机

伴随着无人飞行器（UAV）的发展，近年来无人飞行器将其自身特点与航空摄影测量结合，成为遥感与摄影测量的新平台被引入测绘行业，形成一个新的发展方向——无人飞行器低空航空摄影测量。无人驾驶飞行器摄影测量系统通过无线电遥控设备或机载计算机程控系统进行操控，使用小型数字相机（或扫描仪）作为机载遥感设备，以获取高分辨率空间数据为应用目标，通过 3S 技术在系统中的集成应用，达到实时对地观测能力和空间数据快速处理能力，是理想的遥感平台。无人机航测系统与传统测绘相比，具有使用成本低，机动灵活，载荷多样性，用途广泛，操作简单，安全可靠等优点，在现代测绘行业中发挥着越来越重要的作用。无人机航测系统如图 5-87 所示。

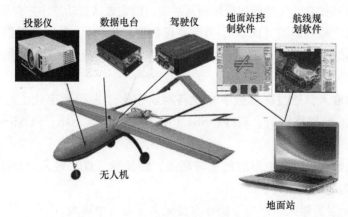

图 5-87　无人机航测系统

2. 全数字摄影测量系统

数字摄影测量是利用数字灰度影像，采用数字相关技术量测同名像点，在此基础上通过计算解析，进行内定向、相对定向和绝对定向，建立数字立体模型，从而建立数字高程模型，绘制等高线，制作矢量地形图、正射影像图以及为地理信息系统提供基础数据等。实现数字摄影测量自动测图的系统称为数字摄影测量系统（Digital Photogrammetric System，DPS）或数字摄影工作站（Digital Photogrammetric Workstation，DPW），如图 5-88 所示。

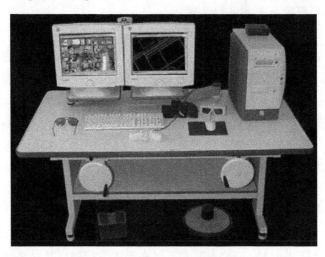

图 5-88　全数字摄影测量系统

　　数字摄影测量系统是基于数字影像或数字化影像来完成摄影测量作业的所有软、硬件组成的系统。数字摄影测量工作站主要由硬件部分和软件部分组成。其中，硬件部分主要包括计算机、立体观测眼镜、手轮、脚盘、鼠标及输入/输出设备等。软件部分由数字影像处理软件、模式识别软件、解析摄影测量软件及其他辅助功能软件组成。

　　目前，国内主流全数字摄影测量系统包括 VirtuoZo NT 和 JX—4C 数字摄影测量工作站等，这些摄影测量系统的功能大体相同。VirtuoZo NT 全数字摄影测量系统是由适普公司研发生产的一个功能齐全且高度自动化的现代摄影测量系统，能完成从自动空中三角测量（AAT）到测绘各种比例尺的数字线划地图（DLG）、数字高程模型（DEM）、数字正射影像图（DOM）和数字栅格地图（DRG）的生产。下面介绍 VirtuoZo NT 全数字摄影测量系统的功能。

　　（1）输入

　　1）数字影像输入：通过影像数字化设备对航空影像进行数字化，得到相应的数字影像，其可以接受的数据格式有：TIFF、SGI（RGB）、BMP、TGA、SUNRaster、VIT、JFIF/JPEG、BSF 格式。

　　2）地形信息输入：已有地形信息（等高线、特征线、点）输入（DXF、美国 USGS 格式）构三角网并内插矩形格网。

　　影像外方位元素的输入：已有影像外方位元素，可直接输入。

　　（2）自动空三测量　自动内定向、自动相对定向、自动选点、自动转点、自动量测、模型连接、构网，半自动控制点量测，用区域网平差计算解求全测区加密点大地坐标，自动建立测区内各立体像对模型的参数。

　　（3）内定向（自动空三后无须此项处理）　框标的自动识别与定位。利用框标检校坐标与定位坐标，计算扫描坐标系与像片坐标系间的变换参数，自动进行内定向。提供人机交互后处理功能。

（4）相对定向（自动空三后无须此项处理）　将左（右）影像分别提取特征点，利用二维相关寻找同名点，计算相对定向参数，自动进行相对定向。提供人机交互后处理功能。

（5）绝对定向（自动空三后无须此项处理）　现阶段主要由人工在左（右）影像准确定位控制点，由影像匹配确定同名点，计算绝对定向参数，完成绝对定向。

（6）生成核线影像　在用户选定的区域中，按同名核线将影像的灰度予以重新排列，形成按核线方向排列的立体影像。

（7）匹配预处理　在自动影像匹配前，可在立体模型中量测一部分特征点、特征线和特征面，作为自动影像匹配的控制。

（8）影像匹配　沿核线进行一维影像匹配，确定同名点。采用金字塔影像数据结构，基于跨接法的松弛法整体影像匹配，高速可靠。

（9）匹配结果的显示和编辑（交互编辑）　当自动匹配完成后，可对自动匹配结果进行编辑。在立体模型中可显示视差断面或等视差曲线以便发现粗差，可显示系统认为是不可靠的点。

（10）建立 DTM/DEM　移动曲面拟合内插 DTM。自动生成精确的数字地面模型 DTM（DEM）或被测目标的数字表面模型。

（11）正射影像的自动制作　采用反解法进行数字纠正，比例尺由参数确定，自动制作正射影像图。

（12）自动生成等高线　由 DEM 自动生成带有注记的等高线图，等高线间隔由参数设定。

（13）正射影像和等高线的叠合　将等高线数据叠入正射影像文件中，等高线叠合于正射影像，制作带等高线的正射影像图。

（14）数字化地物　数字化地物是利用计算机代替解析测图仪、用数字影像代替模拟像片、用数字光标代替光学测标，直接在计算机上对地物进行数字化。

（15）影像与立体影像显示　可在屏幕上显示当前数字影像是否清晰，其方位是否正确，查看整个数字影像的完整性；在屏幕上直接显示真实的三维立体影像。

（16）景观图或透视图显示　可在屏幕上直接显示景观图或透视图（真实透视，真实三维模型），其影像可无级缩放。

（17）DEM 拼接与正射影像镶嵌　对多个影像模型进行 DEM 拼接，给出精度信息与误差分布。对正射影像、等高线、等高线叠合正射影像镶嵌。正射影像镶嵌拼接无缝，色调平滑过渡。

（18）批处理　对多个模型一起进行多项计算处理，由批处理参数选择模型文件名、处理类型（相对定向、核线影像匹配、DTM/DEM、正射影像、等高线、正射 + 等高线），系统自动进行批处理。

（19）输出　提供灵活的图形图像输出功能，可用各种计算机外设输出线划图和影像图。可提供的数据格式有以下几种：

1）VirtuoZo Vector——DXF、Text、ARC/INFO。

2）VirtuoZo DEM——Text、DXF。

3）VirtuoZo Contour——Text、DXF。

4）VirtuoZo Image——TIFF、RGB、BMP、TGA、SUN、JFIF/JPEG。

（20）工具 提供系统所要做的辅助工作，包含影像反差与方位的处理、图廓整饰、质量报告的生成等。

（21）帮助 关于 VirtuoZo NT 系统的有关信息。

二、航测地形图作业流程

摄影测量由于其高效率、低成本等优势，摄影测量成图已经成为现代测绘数字地形图的最主要方法之一。航测数字地形图的作业流程如图5-89所示。

1. 航空摄影

在飞机或其他航空飞行器（如航摄无人机）上利用航摄机摄取地面影像获得航摄像片的工作称为航空摄影。以地形测绘为目的的空中摄影多采用竖直摄影方式，要求航摄机在曝光的瞬间物镜主光轴保持与地面垂直。实际上由于飞机的稳定性和摄影操作的技能限制，航摄机主光轴在曝光瞬间总会有微小的倾斜，按规定要求像片倾角应小于2°，这种摄影方式称为竖直摄影。竖直航空摄影可分为面积航空摄影、条带航空摄影和独立地块航空摄影。面积航空摄影主要用于测绘地形图或进行大面积资源调查。条带航空摄影主要用于线路定线和江河流域规划与治理工程等，它与面积航空摄影的区别是其一般只有一条或少数几条航带。独立地块航空摄影主要用于大型工程建设和矿山勘探，一般只拍摄少数几张具有一定重叠度的像片。

在做好地面准备工作后，选择晴朗无云、能见度好、气流平稳的天气，利用带有航摄仪的飞机或其他空载工具进行对地摄影。飞机进入航摄区域后，依据领航图按设计的航高、航向呈直线飞行并保持各航线间的相互平行，逐片逐航带顺次摄影。空中摄影略图如图5-90所示。

航空摄影获取的航摄像片是航空摄影测量成图的基本原始资料，其质量的优劣直接影响摄影测量过程的繁简、成图工效和精度。因此，对航空摄影质量和飞行质量等要提出严格要求。

2. 像片控制测量

和所有测图方法一样，摄影测量成图也需要足够数量且分布合理的控制点。

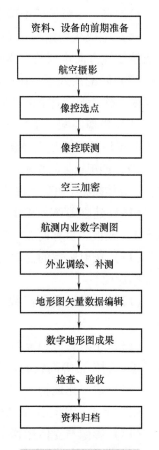

资料、设备的前期准备

航空摄影

像控选点

像控联测

空三加密

航测内业数字测图

外业调绘、补测

地形图矢量数据编辑

数字地形图成果

检查、验收

资料归档

图 5-89 航测数字地形图测绘作业流程

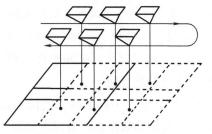

图 5-90 空中摄影略图

航空摄影测量是以航空摄影为前提的，且要利用航摄像片来确定控制点的地面坐标，同时必须提供一定数量的在像片上可准确识别的地面控制点及其点位，这个任务通常由航测外业的像片控制测量（又称为像片联测）工作完成。像片控制测量可以在已有一定数量的大地点基础上采用地形控制测量的方法进行，在有条件的情况下也可以用 GPS 技术直接测定各摄站的坐标，从而在一定精度要求下可以免去对地面已知控制点的要求。

用双像解析摄影测量方法测绘地形图时，每个像对都要在野外测求四个地面控制点，当航测范围较大、像片数据较多时，外业控制测量工作量大。解析空中三角测量能在一个航带内的十几个像对中，或几条航带构成的一个区域内，在外业只测定少量的控制点的情况下，在内业按一定的数学模型平差计算出该区域内需要的足够数量的待定测图控制点坐标。该方法将空中摄站及像片放到整个网中，起到点的传递和构网的作用，也称为解析空三加密。

自动空中三角测量是在数字摄影测量中，利用模式识别技术和影像匹配等方法自动选择连接点，实现自动转点和像点坐标量测，由解析空中三角测量加密程序进行平差计算加密像片控制点和像片定向参数的方法。常用的自动空中三角测量软件有 VirtuoZo AAT 和 Geolord AT 等。

3. 航测内业成图

航测数字成图软件有前述所讲的 VirtuoZo NT 和 JX4C 等。VirtuoZo NT 等数字摄影测量系统改变了我国传统的地形图测绘模式，提高了生产效率，在国民经济建设各部门得到了广泛的应用。VirtuoZo NT 的工作流程图如图 5-91 所示。

4. 外业调绘与补测

航测地形图可以大大减少外业测量的工作量，改善作业环境。但是由于航测地形图时测量员没有亲到现场，对地形要素的属性特征认识在准确程度上往往很难达到成图要求。像片外业调绘（photo annotation）是利用像片进行地形各要素的判读、调查、描绘和注记等工作的总称，即用判读知识将像片进行实地调查和补测，并对地形图上需要表示的地物、特征地貌和地理名称等要素经制图综合后，用规定的符号和注记标绘在像片上，以供内业测绘地形图之用。经过调绘的像片称为调绘像片，简称调绘片。在特殊情况下，也可在实地调绘典型样片，其余的参照典型样片和有关资料，通过像片判读在室内进行。

像片调绘的作业程序如下：

1）准备工作，包括划分面积，准备调绘工具，做好调绘计划等内容。

2）像片判读。应用像片对照实地判读来确定地形要素的性质以及它们在像片上的形状、大小、准确位置和分布情况，以便在像片上描绘。

3）综合取舍。在像片判读的基础上，对地形元素进行合理的概括和选择，这是调绘过程中的重要手段。

4）着铅。在综合取舍的原则下，用铅笔将需要表示的地形元素准确、细致地描绘在像片或透明纸上，这是着墨的重要依据。

5）询问、调查，主要是指向当地群众询问地名和其他相关情况，调查各级政区界线的位置和可能没被发现的地形元素。同时应将所得结果准确记录在像片或透明纸上。

6）量测。量测陡坎、冲沟、植被等需要量测的比高，并做出相应记录。

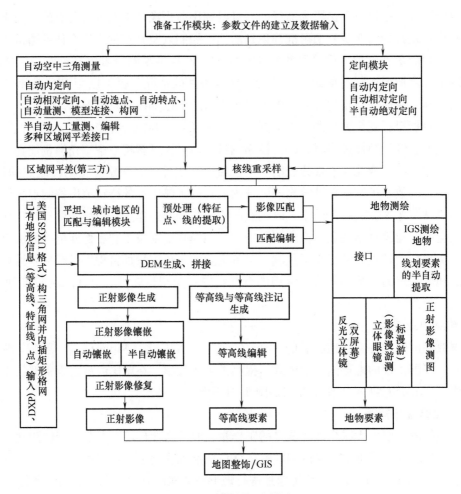

图 5-91　VirtuoZo NT 工作流程

7）补测新增地物。新增地物是指摄影后地面新出现的地物。因像片上没有其影像信息，按照规范要求必须表示的元素，就需要在实地补绘。个别新增地物可根据与其相邻地物影像的相对位置补绘。但大面积的新增地物可采取其他方法补绘。

8）清绘。根据实地判绘的结果，在室内着墨整饰。这时应按照图式规定的各种符号和规范的有关要求，认真、仔细地描绘。

9）复查。清绘中若发现不清楚的地方以及其他问题，应再到实地查实补绘。

10）接边。调绘面积线处与邻片或邻幅的内容是否衔接。如果本片调绘的道路通过调绘边线进入相邻像片，则相邻像片也必定有同一等级的道路与之相接。而且相接位置应吻合，如有某一地区接不上，则必须查实、修改，直至全部衔接。

调绘方法有很多地方是灵活的，必须在实际工作中不断总结经验，以提高作业水平。

在摄影时间距调绘时间较长的地区的调绘中，常常会出现许多新增地物，对于这些新增的地物必须在调绘时加以补测。此外，对于被云影、阴影所遮盖的地物，也必须在调绘时加以补测。新增地物补测是像片调绘中常遇到的问题。

在条件允许的地方，可采用各种交会法定位，外业作业人员按照大补小、主补次、外补内的原则准确量距交会定位，具体方法有距离交会法、截距法、直角关系法、似直角关系法、平行线法和方向交会法等。参照物必须准确无误。以房角为参照物时，尽量使用无檐房角，困难时使用有房檐的房角时，以只能使用墙体实部拐角，不能使用房檐虚拐角。而内业编辑时也必须在改檐后才能交会定位所补地物。

【单元小结】

通过对本单元学习，讲述了南方 CASS 9.0 软件的基本操作方法及成图操作步骤，并结合实例讲解了平面图绘制的基本方法、地形图的注记与编辑、等高线的绘制原理及方法，这些是本课程的重点内容。建议第一次软件操作讲解时用 CASS 9.0 安装目录下的"DEMO"文件夹中的有关数据。安排"野外数据采集后"实训后，利用学生采集的数据进行软件操作，提高学生的学习兴趣，从而使学生熟练掌握内业成图的过程和有关操作技巧。了解地形图数字化有多种方法，扫描数字化方法应用广泛。同时，熟练掌握 AutoCAD 和 CASS 软件的扫描数字化方法，也可利用课外时间了解 CASSSCAN 和 R2V 的使用方法。

【习　题】

1. 利用 CASS 9.0 软件绘制平面图，主要有哪几种成图方法?

2. 简述 CASS 9.0 软件"测记法工作方式"和"简编码工作方式"成图的具体方法与步骤。

3. 简述应用 CASS 9.0 软件绘制等高线的主要操作步骤。

4. 简述地形图矢量化的基本流程。

5. 在进行地形图的矢量化工作之前，需要对栅格地形图进行哪些处理?

6. 简述在南方 CASS 9.0 软件中用"四点法"纠正栅格地形图的方法与步骤。

单元 6

数字测图成果检查验收与输出

单元概述

课题1主要讲述大比例尺数字地形图成果质量要求，包括数字地形图的数据说明、分类与代码、质量元素与权重、位置精度、要素完备性、图形质量等内容。

课题2讲述数字地形图分幅与整饰，包括图形分幅和图幅整饰等内容。

课题3主要讲述数字地形图内外业的检查与验收，包括数字地形图内外业检查及验收的方法。

课题4主要讲述数字地形图图形的输出。

单元目标

【知识目标】

1. 掌握数字测图成果的质量要求元素。

2. 了解数字地形图的分幅原理，掌握 CASS 软件的分幅原理。

3. 掌握数字地形图内外业检查与验收方法。

4. 掌握数字地形图图形输出的形式及方法。

【技能目标】

1. 利用测绘仪器对数字地形图进行内外业检查与验收，并评定质量等级。

2. 利用数字地形图成图软件进行图形分幅与整饰并完成图形输出。

【情感目标】

为保证数字测图成果的质量，必须牢固树立"质量第一、层层把关"的思想观念，培养良好的职业道德。

课题1 数字测图成果质量要求

【学习目标】

1. 了解数字地形图的数据说明内容、数字地形图的质量元素与权重、数字地形图的位置精度、数字地形图的要素完备性和数字地形图的图形质量要素。

2. 掌握利用 CASS 9.0 软件进行数字地形图的分幅与图幅整饰方法。

3. 了解数字地形图内外业检查方法，结合实际测绘生产进行数字地形图进行内外业检查；了解数字地形图的验收基本规定，掌握结合实际测绘生产进行数字地形图的验收工作，并编写检查验收报告。

4. 了解数字地形图图形输出的形式，掌握利用 CASS 9.0 软件进行图形打印设置和纸质成果输出的方法。

一、数字地形图的数据说明

数据说明是数字地形图的一项重要质量特性，数字地形图的质量要求应包含数据说明部分。数据说明可存储于产品数据文件的文件头中或作为单独的文件进行存储，其应为文本文件，内容编排格式可以自行确定。数字地形图的数据说明应包括表 6-1 所示的内容。

表 6-1　数字地形图的数据说明内容

产品名称、范围说明	产品名称，图名、图号，产品覆盖范围，比例尺
存储说明	数据库名或文件名，存储格式和（或简要说明）

二、数字地形图的数据分类与代码

大比例数字地形图的数据分类与代码应遵循科学性、系统性、可扩延性、兼容性与适用性原则，符合《基础地理信息要素分类与代码》（GB/T 13923—2006）的要求。

补充的要素及代码应在数据说明备注中加以说明。

三、数字地形图的质量元素与权重

数字地形图成果的质量模型分为质量元素、质量子元素与检查项三个层次，每个层次之间为一对多的关系。数字地形图成果的质量元素包括数字精度、数据及结构正确性、地理精度、整饰质量、附件质量等内容。质量元素由质量子元素组成，每一个质量子元素又由一项或多项检查内容（检查项）组成。具体的质量元素、质量子元素及检查项见表 6-2。

表 6-2　数字地形图成果质量元素及权重表

质 量 元 素	权	质量子元素	权	检 查 项
数学精度	0.2	数学基础	0.2	① 坐标系统、高程系统的正确性 ② 各类投影计算、使用参数的正确性 ③ 图根控制测量精度 ④ 控制点间图上距离与坐标反算长度较差
		平面精度	0.4	① 平面绝对位置中误差 ② 平面相对位置中误差 ③ 接边精度

（续）

质 量 元 素	权	质量子元素	权	检 查 项
数学精度	0.2	高程精度	0.4	① 高程注记点高程中误差 ② 等高线高程中误差 ③ 接边精度
数据及结构正确性	0.2			① 文件命名和数据组织的正确性 ② 数据格式的正确性 ③ 数据不全或无法读出 ④ 要素分层及颜色的正确性和完备性 ⑤ 属性代码的正确性 ⑥ 属性接边质量
地理精度	0.3			① 地理要素的完整性与正确性 ② 地理要素的协调性 ③ 注记与符号的正确性 ④ 综合取舍的合理性 ⑤ 地理要素接边质量
整饰质量	0.2			① 符号、线条质量 ② 注记质量 ③ 图面要素协调性 ④ 图面、图廓外整饰质量
附件质量	0.1			① 元数据文件的正确性和完整性 ② 检查报告和技术总结内容的全面性及正确性 ③ 成果资料的完整性 ④ 各类报告、附图（结合图、网图）、附表、簿册整饰的规整性 ⑤ 资料装帧

四、数字地形图数据的位置精度

1. 平面和高程精度

地物点、高程注记点、等高线相对最近的野外控制点的点位中误差不得大于表6-3中规定的数值。特殊困难地区精度可按地形类别放宽0.5倍。规定以两倍中误差为最大误差，超限视为粗差。

表6-3　数字地形图数据的位置精度

地形类别	1:500			1:1000			1:2000		
	地物点 /mm	注记点 /mm	等高线 /m	地物点 /mm	注记点 /mm	等高线 /m	地物点 /mm	注记点 /mm	等高线 /m
平地	0.6	0.4	0.5	0.6	0.5	0.7	0.6	0.5	0.7
丘陵地	0.6	0.4	0.5	0.6	0.5	0.7	0.6	0.5	0.7
山地	0.8	0.5	0.7	0.8	0.7	1.0	0.8	1.2	1.5
高山地	0.8	0.7	1.0	0.8	1.5	2.0	0.8	1.5	2.0

注：地物点精度为图上点位中误差，高程注记点及等高线精度为实地点位中误差。

2. 形状保真度

各要素的图形能正确反映实地地物的特征形态，并无变形扭曲，即形状保真度。

3. 接边精度

在几何图形方面，相邻图幅接边地物要素在逻辑上保证无缝接边；在属性方面，相邻图幅接边地物要素属性应保持一致；在拓扑关系方面，相邻图幅接边地物要素拓扑关系应保持一致。

五、数字地形图要素的完备性

数字地形圈图中各种要素必须正确、完备，不能有遗漏或重复现象。

1. 数据分层的正确性

所有要素均应根据其技术设计书和有关规范的规定进行分层。数据分层应正确，不能有重复或漏层。

2. 注记的完整性和正确性

各种名称注记、说明注记应正确，指示明确，不得有错误或遗漏。注记的属性、规格、方向应与图式一致。当与技术设计书要求不一致时，以技术设计书为准，高程注记点密度为图上每 100cm^2 内 $5 \sim 20$ 个。

六、数字地形图的图形质量

数字地形图模拟显示时，其线条应光滑、自然、清晰，无抖动和重复等现象。符号表示规格应符合相应比例尺地形图图式规定。注记应尽量避免压盖地物，其字体、文字大小、字数、字向、单位等应符合相应比例地形图图式的规定。符号间应保持规定的间隔，且清晰、易读。

七、数字地形图的其他要求

1. 分类

数字地形图比例尺分类的方法与普通地形图相同，这里不再赘述。数字地形图按照数据形式分为矢量数字地形图和栅格数字地形图，代号分别为 DV 和 DR。数字地形图应包含密级要求，密级的划分按照国家有关的保密规定执行。

2. 产品标记

数字地形图的产品标记规定：产品名称 + 分类代号 + 分幅编号 + 使用标准号。例如，分幅编号为 J500001001 的矢量数字地形图，其产品标记为 DVJ500001001GB/T18315-2001。

3. 构成

数字地形图由分幅产品和辅助文件构成。每一分幅产品由元数据、数据体和整饰数据等相关文件组成。辅助文件包括使用说明和支持文件等，但辅助文件不作为数字地形图产品的必备部分。元数据作为一个单独文件，用于记录数据源、数据质量、数据结构、定位参考系和产品归属等方面的信息。数据体用于记录地形图要素的几何位置、属性和拓扑关系等内容。使用说明用于帮助、解释和指导用户使用数字地形图产品，可以包括分层规定、要素编码、属性清单、特殊约定、帮助文件（如各种专用的 ∗.shx 文件等）、版权和用户权益等内容。

课题 2　数字地形图的分幅与整饰

【学习目标】

1. 了解数字地形图矩形分幅的分幅和编号方法。

2. 掌握利用南方 CASS 9.0 软件进行数字地形图的分幅与图幅整饰。

为了地形图在生产、管理和使用上的方便，必须对各种比例尺地形图进行统一的分幅和编号。地形图的分幅方法分为两大类：一类是按经纬线分幅的梯形分幅法，它用于国家基本比例尺地形图的分幅；另一类是按坐标格网分幅的矩形分幅法，它适用于各种工程建设中的大比例尺地形图的分幅。本课题仅讲解矩形分幅方法。

大比例尺地形图采用平面直角坐标的纵、横坐标线为界线来分幅的，图幅的大小通常为 $50cm \times 50cm$，$40cm \times 50cm$，$40cm \times 40cm$，每幅图中以 $10cm \times 10cm$ 为基本方格。一般规定：对 1:5000 的地形图，采用纵、横各 40cm 的图幅；对 1:2000、1:1000 和 1:500 的地形图，采用纵、横各 50cm 的图幅；以上分幅称为正方形分幅。也可以采用纵距 40cm、横距 50cm 的分幅，称为矩形分幅。正方形图幅号按坐标编号方法分类，常见的有坐标编号法、数字顺序编号法和基本图号逐次编号法三种。

在实际的数字地形图生产过程中，测区面积一般包含若干个标准分幅。传统的模拟法地形图测绘人工分幅工作量很大，为解决这一问题，数字化地形图利用数字化测图软件提供的自动化自动分幅，一次性大批量地将其标准分幅，并自动整饰图廓、填写图幅结合表，自动化程度较高。

一、图形分幅

图形分幅前，首先要了解图形数据的坐标范围，然后在南方 CASS 9.0 软件中执行 "绘图处理" → "批量分幅" → "建立方格网" 命令，命令行提示：

"请选择图幅尺寸：(1) 50 ∗ 50 (2) 50 ∗ 40 (3) 自定义尺寸 <1 >"：按照要求选择或直接按 < Enter > 键；

"请输入分幅图目录名："：按要求选择存放的目录名并按 < Enter > 键；

"输入测区一角："：在图形左下角单击。

"输入测区另一角："：在图形右上角单击。

所设目录产生了各个分幅图，自动以各个分幅图左下角的东坐标和北坐标结合起来命名，如 "97.50-70.75" "97.50-71.00" 等，如图 6-1 和图 6-2 所示。

如果要求输入分幅目录名时直接按 < Enter > 键，则各个分幅图将自动保存至安装 CASS 9.0 软件的驱动器根目录下。

图 6-1 批量输入到文件对话框

图 6-2 建立方格网

二、图幅整饰

图幅整饰前，可先对图廓中基本信息进行设置，以减小图幅整饰的工作量。

1. 图廓属性设置

在南方 CASS 9.0 软件中执行"文件"→"CASS 参数设置"→"图廓属性"命令，根据实际情况对图廓属性中的"密级""测图单位名称""坐标系""高程系""图式""日期""比例尺"和"坡度尺"信息进行设置，如图 6-3 所示。也可以直接打开图框文件，

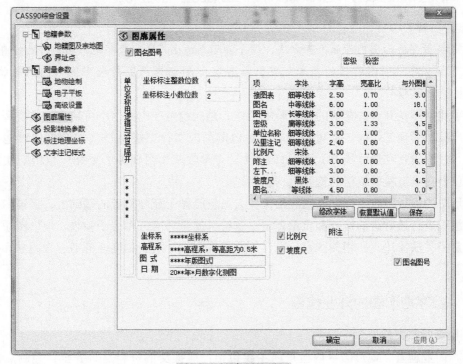

图 6-3 图廓属性设置

利用"工具"→"文字"→"写文字"→"编辑文字"等功能依实际情况编辑修改图框图形中的文字，不改名存盘，即可得到满足要求的图框。

2. 图幅整饰

在南方 CASS 9.0 软件中执行"绘图处理"→"标准图幅"命令，输入图名、附注、接图表和左下角坐标等信息。其中，接图表信息可输入周围八个方向的图名；也可不输入，直接采用软件计算出的图幅号自动填写也可。在"左下角坐标"的"东""北"栏内输入相应坐标，最好在图面上拾取。"删除图框外实体"和"十字丝位置取整"复选框按照实际要求进行勾选，如图 6-4 所示。最后单击"确认"按钮即可得到加上标准图框的分幅地形图。任意图幅分幅方法与标准图幅相似，在此不再赘述。

图6-4 "图幅整饰"对话框

课题3 数字地形图内外业检查与验收

【学习目标】

1. 了解数字地形图内外业检查方法，结合实际测绘生产进行数字地形图内外业检查。

2. 了解数字地形图验收的基本规定，结合实际测绘生产进行数字地形图的验收工作，并编写检查验收报告。

数字地形图及其有关资料的检查验收工作，是测绘生产中一个不可缺少的重要环节，是测绘生产技术管理工作的一项重要内容。对地形图应实行二级检查（测绘单位对地形图的质量实行过程检查和最终检查）和一级验收制（验收工作由任务的委托单位组织实施，或由该单位委托具有检验资格的检验机构验收）。

地形图的检查验收工作，要在测绘作业人员自己做了充分检查的基础上，提请专门的检查验收组织进行最后总的检查和质量评定。若符合质量标准，则应予验收。地形图质量检验的依据是相关法律法规，相关国家标准、行业标准、设计书、测绘任务书、合同书和委托检验文件等。

一、数字地形图内外业检查

1. 检查验收方法

（1）内业检查 地形图室内检查内主要包括：应提交的资料是否齐全；控制点的数量是否符合规定，记录、计算是否正确；控制点、图廓、坐标格网展绘是否合格；图内地物、地貌表示是否合理，符号是否正确；各种注记是否正确、完整；图边拼接有无问题等。如果发现疑点或错误可作为野外检查的重点。

（2）外业检查 在内业检查的基础上进行外业检查。

1）野外巡视检查。检查人员携带测图图纸到测区，按预定路线进行实地对照查看，主要查看原图的地物、地貌有无遗漏；勾绘的等高线是否逼真合理，符号、注记是否正确等。这是检查原图的方法，一般应在整个测区范围内进行，特别是应对接边时所遗留的问题和室内图面检查时发现的问题做重点检查。发现问题后应在当场解决，否则应设站检查。样本图幅野外巡视范围应大于图幅面积的 3/4。

2）野外仪器检查。对于室内检查和野外巡视检查过程中发现的重点错误和遗漏，应进行更正和补测。对一些怀疑点，地物、地貌复杂地区，图幅的四角或中心地区，也需抽样设站检查。

平面、高程检测点位置应分布均匀，要素覆盖全面。检测点（边）的数量视地物复杂程度、比例尺等具体情况确定，一般每幅图应在 20～50 个，尽量按 50 个点采集。

平面绝对位置检测点应选取明显地物点，主要为明显地物的角隅点，独立地物点，线状地物交点、拐角点，面状地物拐角点等。同名高程注记点采集位置应尽量准确，当遇到难以准确判读的高程注记点时，应舍去该点，高程检测点应尽量选取明显地物点和地貌特征点，且尽量分布均匀，避免选取高程急剧变化处；高程注记点应着重选取山顶、鞍部、山脊、山脚、谷底、谷口、沟底、凹地、台地、河川湖池岸旁、水涯线上等重要地形特征点。

仪器检查的方法有方向法、散点法与断面法。

① 方向法适用于检查主要地物点的平面位置有无偏差。检查时须在测站上安置平板仪（或经纬仪），用照准仪直尺边缘贴靠图上的该测站点，将照准仪瞄准被检查的地物点，检查已测绘在图上的相应地物点方向是否有偏离。

② 散点法与原碎部测量一样，即在地物或地貌特征点上立尺，用视距测量的方法测定其平面位置和高程，然后与图板上的相应点比较，以检查其精度是否符合要求。

③ 断面法是用原测图时采用的同类仪器和方法，沿测站某方向线测定各地物、地貌特征点的平面位置和高程，然后再与地形图上相应的地物点和等高线通过点进行比较。

对居民地密集且道路狭窄，散点法不易实施的区域，应采用平面相对位置精度的检验法。其基本思想为：以钢（皮）尺或手持测距仪实地量取地物间的距离，与地形图上的距离比较，再进行误差统计得出平面位置相对中误差。检查时应对同一地物点进行多余边长的间距检查，以保证检验的可靠性，统计时同一地物点相关检测边不能超过两条。检测边位置应分布均匀，要素覆盖全面，应选取明显地物点，主要为房屋边长、建筑物角点间距离、建筑物与独立地物间距离、独立地物间距离等。

检查结束后，对于检查中发现的错误和缺点，应立即在实地对照改正。如果错误较多，则上级业务单位可暂不验收，并将上缴原图和资料退回作业组进行修测或重测，然后再做检查和验收。

各种测绘资料和地形图，经全面检查符合要求，即可予以验收，并根据质量评定标准，实事求是地做出质量等级的评估。

2. 外业检查

数字测图成果外业检查是在内业检查的基础上，重点进行数字地形图的测量精度检查。

（1）平面精度检查

1）同名地物点坐标采集。采集同名地物点的坐标，与实地检测的同名点计算坐标差，统计地形图平面绝对位置中误差 M，计算公式见式（6-1）。

$$\Delta P = \sqrt{(X_{测} - X_{图})^2 + (Y_{测} - Y_{图})^2} \qquad (6-1)$$

式中　$X_{测}$、$Y_{测}$——检测值；

　　　$X_{图}$、$Y_{图}$——成果值。

当进行高精度检测时，中误差按式（6-2）进行计算

$$M = \pm \sqrt{\frac{\sum_{i=1}^{n} \Delta P_i^2}{n}} \qquad (6-2)$$

式中　M——成果中误差；

　　　n——检测点总数；

　　　ΔP_i——较差。

同精度检测时，中误差按式（6-3）进行计算

$$M = \pm \sqrt{\frac{\sum_{i=1}^{n} \Delta P_i^2}{2n}} \qquad (6-3)$$

平面点精度检测表见表6-4。

表 6-4　平面点精度检测表

图幅号				部门			中队		
序号	部位	图解坐标		实测坐标		较差			备注
		X/m	Y/m	X/m	Y/m	$\Delta X/m$	$\Delta Y/m$	$\Delta P/m$	
1									
2									
3									
4									
5									
6									
7									
8									
9									
10									
…									
点位中误差：									

2）同名边长采集。检测边长应分布均匀并具有代表性，用检测合格的钢尺或测距仪实地量测地物点间距，量测边长一般一幅图不少于 25 条。与数字地形图上的距离进行比较，

计算较差。统计地形图相邻地物点间距中误差 M，公式见式（6-4）。

$$\Delta S = S_{测} - S_{图} \tag{6-4}$$

式中 $S_{测}$——野外量测的相邻地物点间距；

$S_{图}$——图内量取的相邻地物点间距。

当进行高精度检测时，中误差按式（6-5）计算

$$M = \pm \sqrt{\frac{\sum\limits_{i=1}^{n} \Delta S_i^2}{n}} \tag{6-5}$$

式中 M——成果中误差；

n——检测边长总数；

ΔS_i——较差。

同精度检测时，中误差按式（6-6）计算

$$M = \pm \sqrt{\frac{\sum\limits_{i=1}^{n} \Delta S_i^2}{2n}} \tag{6-6}$$

> ❗ **注意：同一地物点相关检测边不能超过两条。**

地物点间距精度检测表见表6-5。

表6-5 地物点间距精度检测表

图幅号		部 门			中队	
序号	间距点号	图上边长值（m）	实测边长值（m）	较差 ΔS(m)	备注	

（2）高程精度检验 高程精度检验时，检验点应尽量选取明显地物点和地貌特征点（尽量避免选取高程急剧变化处）。每幅图应选取 25 个点，且位置准确、分布均匀。用水准测量或全站仪三角高程的方法施测明显的硬化地面的高程点，然后与成果中的同名点进行比较，计算高程中误差。以图幅为单位按式（6-7）统计地形图高程注记点的高程中误差。

$$\Delta H = H_{测} - H_{图} \tag{6-7}$$

式中 $H_{测}$——野外量测的高程值；

$H_{图}$——图内量取的高程值。

当进行高精度检测时，中误差按式（6-8）计算

$$M = \pm \sqrt{\frac{\sum\limits_{i=1}^{n} \Delta H_i^2}{n}} \tag{6-8}$$

式中 M——成果中误差；

n——检测高程点总数，

ΔH_i——较差。

同精度检测时，中误差按式（6-9）计算

$$M = \pm \sqrt{\frac{\sum_{i=1}^{n} \Delta H_i^2}{2n}} \tag{6-9}$$

地物高程精度检测表见表6-6。

表 6-6　地物高程精度检测表

图幅号		部　门			中队	
序号	部位	图上高程/m	实测高程/m	较差 ΔS/m	备注	
1						
2						
3						
4						
5						
6						
7						
8						
9						
10						
...						
高程中误差：						

（3）地理要素的检查　采用野外巡视的方法，全面检查各地理要素表示的合理性、正确性，以及有无错漏的现象。地物地貌的取舍一般以成图时间为准，当返工重测时，则以返工的成图时间或返工意见的时间为准，并做好巡视检查记录。

3. 内业检查

（1）数学基础检查　所使用的数字成图软件版本是否正确有效；图廓点、控制点等的坐标是否正确；图名、图幅号命名是否准确且唯一；矢量化图的图廓点、控制点的点位误差不超过 ±0.1mm，图廓线长误差不超过 ±0.2mm，图廓对角线边长误差不超过 ±0.3mm。

（2）属性检查　在计算机上利用成图软件对数字化图中的地形、地物类型与其相应的图层、线型、颜色及连线、注记大小和数据格式的一致性进行检查。

（3）图形实体检查　图形实体检查主要是针对图形实体的各项属性检查，实体检查结果可存放在记录文件中，可以对检查出的错误进行逐个或批量修改。此项检查可通过 CASS 9.0 软件的"检查入库"→"图形实体检查"命令实现，如图6-5所示。

实体检查的内容主要包括以下几个方面：

1）编码正确性检查，检查地物是否存在编码，类型正确与否。

2）属性完整性检查，检查地物的属性值是否完整。

3）图层正确性检查，检查地物是否按规定的图层放置，防止误操作。例如，一般房屋应该放在"JMD"层，如果放置在其他层，则程序就会报错，并对此进行修改。

4）符号线型线宽检查，检查线状地物所使用的线型是否正确。例如，陡坎的线型应该是"10421"，如果用了其他线型，则程序将自动报错。

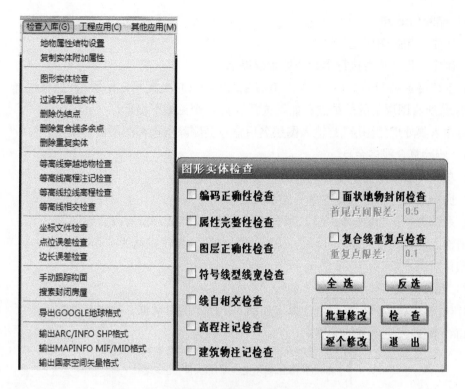

图 6-5　图形实体检查

5）线自相交检查，检查地物之间是否相交。

6）高程注记检查，检核高程点图面和高程注记与点位实际的高程是否相符。

7）建筑物注记检查，检核建筑物图面注记与建筑物实际属性是否相符，如材料和层数，如图 6-6 所示。

8）面状地物封闭检查。此项检查是面状地物入库前的必要步骤。用户可以自定义"首尾点间限差"（默认为 0.5m），程序自动将没有闭合的面状地物的首尾强行闭合：当首尾点的距离大于限差时，则用新线将首尾点直接相连，否则尾点将并到首点，以达到入库要求。

9）复合线重复点检查。复合线的重复点检查旨在剔除复合线中与相邻点靠得太近又对复合线的走向影响不大的点，从而达到减少文件数据量，提高图面利用率的目的。

图 6-6　建筑物注记检查

用户可以自行设置"重复点限差"（默认为 0.1），执行检查命令后，如果相邻点的间距小于限差，则程序报错，并自行修改。

（4）过滤无属性实体

1）功能：过滤图形中无属性的实体。

2）操作过程：绘制完图形后单击本命令，在对话框中选择文件保存的路径，然后单击"确定"按钮进行过滤。

（5）删除伪结点

1）功能：删除图面上伪结点。

2）操作过程：单击执行本命令见系统提示。

3）系统提示："请选择：（1）处理所有图层（2）处理指定图层"，如果选择（1）则命令会删除所有图层上的伪结点；如果选择（2），则见如下提示。

"请输入要处理的图层"，输入图层名后命令会删除所选择图层的伪结点。

（6）删除复合线多余点

1）功能：删除图面中复合线上的多余点。

2）操作过程：单击执行本命令见系统提示。

3）系统提示："请选择：（1）只处理等值线（2）处理所有复合线"；

"请输入滤波阀值 < 0.5 米 > ："，输入滤波阀值，系统默认为 0.5m；

"选择对象:"。

（7）删除重复实体

操作过程：单击执行本命令，弹出如图 6-7 所示的对话框，确定是否继续。

功能：删除完全重复的实体。

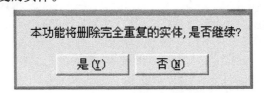

图 6-7　删除重复实体

（8）等高线检查

1）"等高线穿越地物检查"命令：检查等高线是否穿越地物，该命令自动检查等高线是否穿越地物。

2）"等高线高程注记检查"命令：检查等离线高程注记是否有错，该命令自动检查等高线高程注记是否有错误。

3）"等高线拉线高程检查"命令：拉线后检查线所通过等高线是否有错。执行本命令后，系统提示为"指定起始位置:"，指定起始位置和终止位置后，命令栏会显示所拉线与等高线有多少个交点以及是否存在错误。

4）"等高线相交检查"命令：检查等高线之间是否相交。单击执行本命令后。系统提示为"选择对象:"，选择完成后命令栏会显示等高线之间是否相交。

（9）坐标文件检查

1）功能：自动检查草图法测图模式中的坐标文件（＊. DAT），不仅对 DAT 数据中的文件格式进行检查，还对点号、编码、坐标值进行全面的类型和值域检查并报错，且显示在文本框中，以便于修改。

2）操作过程：单击执行本命令，弹出如图 6-8 所示的对话框。

选择文件名后弹出所检查的坐标数据文件是否出错，弹出如图 6-9 所示的窗口。

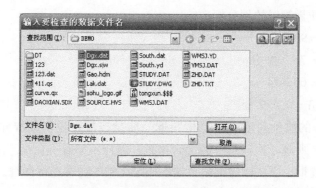

图 6-8   "输入要检查的数据文件名"对话框

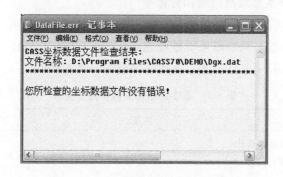

图 6-9   CASS 坐标数据文件检查结果

（10）手动跟踪构面

1）功能：将断断续续的复合线连接起来构成一个面，如花坛、道路边线、房屋边线等断开的线，可以通过手动构面，把它们围成的面域构造出来。

2）操作过程：单击本命令，提示"选取要连接的一段边线：<直接回车结束>"，然后依次选择需要进行构面的复合线边线，当最后需要闭合时，按<Enter>键闭合结束。

（11）搜索封闭房屋

1）功能：自动搜索某一图层上复合线围成的面域，并把它自动生成房屋面。

2）操作过程：单击本命令，提示"请输入旧图房屋所在图层:"，输入需要搜索封闭房屋面的图层，确定后即将该图层上复合线围成的面域生成一般房屋。

（12）接边精度检查   通过量取两相邻图幅接边处要素端点的距离是否等于 0 来检查接边精度，未连接的要素记录其偏移值；检查接边几何自然连接情况，避免生硬，如等高线拟合是否圆滑；检查面域属性、线条属性的一致性，记录属性不一致的要素实体个数。

二、数字地形图验收

1. 基本规定

数字测绘产品质量实行优级品、良级品、合格品、不合格品评定制。数字测绘产品质量由生产单位评定，验收单位则通过"检验批"进行核定。数字测绘产品"检验批"质量实行"合格批""不合格批"评定制。

（1）单位产品质量等级的划分标准

1）优级品：$N = 90 \sim 100$ 分。

2）良级品：$N = 75 \sim 89$ 分。

3）合格品：$N = 60 \sim 74$ 分。

4）不合格品：$N = 0 \sim 59$ 分。

（2）"检验批"的质量判定　对"检验批"质量按规定比例抽取样本，若样本中全部为合格品以上产品，则该"检验批"判为合格批。若样本中有不合格产品，则该"检验批"为一次性检验未通过批，应从检验批中再抽取一定比例的样本进行详查。若样本中仍有不合格产品，则该"检验批"判为不合格批。

2. 单位产品质量评定元素及错漏扣分标准

数字地形图成果的质量模型分为质量元素、质量子元素、检查项三个层次，每个层次之间为一对多的关系，根据《测绘成果质量检查与验收》（GB/T 24356—2009），将数字测图产品错漏类型分为 A、B、C、D 四类，成果质量错漏分类见表6-7。

表6-7　数字地形图质量错漏分类表

质量元素	A类	B类	C类	D类
数学基础	1）坐标或高程系统采用错误，独立坐标系统投影或改算错误 2）平面或高程起算点使用错误 3）图根控制测量精度超限	—	—	—
平面精度	1）地物点平面绝对位置中误差超限 2）相对位置中误差超限	—	—	—
高程精度	1）高程注记点高程中误差超限 2）等高线高程插求点高中误差超限	—	—	—
数据集结构正确性	1）数据无法读取或数据不齐全 2）文件命名或数据格式错误 3）属性代码普遍不接边 4）漏有内容的层或数据层名称错误 5）其他严重的错漏	1）数据组织不正确 2）部分属性代码不接边 3）其他较严重的错漏	1）个别属性代码不接边 2）其他一般的错漏	其他轻微的错漏

（续）

质量元素	A类	B类	C类	D类
地理精度	1）一般注记错漏达到20% 2）线及以上境界错漏达图上15cm 3）错漏比高在两倍等高距以上，图上长度超过15cm的陡坎 4）漏绘面积超过图上4cm² 的二层及以上房屋，6cm² 的一层房屋 5）图幅普遍不接边，或等级河流、道路、县级及县级以上境界不接边 6）存在普遍的综合取舍不合理 7）地貌表示严重失真 8）漏绘一组等高线 9）其他严重的错漏	1）双线河流、双线道路、乡镇级居各地名称错漏 2）行政村及以上行政名称错漏 3）图根点密度、埋石点数量不符合设计或规范要求 4）一般主机（注记）错漏达10%~20% 5）有方位意义的重要独立地物错漏 6）管线（Φ30cm以上）类别、转折点错漏 7）高程注记点密度与规定不符 8）地物、地貌各要素主次不分明，线条不清晰，位置不准确，交代不清楚，造成判读困难 9）重要地物、地貌符号用错 10）多数特征位置漏注高程注记 11）比高在两倍等高距以上，图上长度超过10cm的陡坎错漏 12）自然及人工水体及其主要附属物错漏 13）较高经济价值的植被图上15cm² 错漏 14）漏绘面积图上2cm² 二层及以上房房屋或4cm² 的一层房屋 15）乡及以上境界错漏达图上10cm 16）主要地物、地貌不接边 17）漏绘高压线、通信线超过图上5cm 18）漏绘垣栅超过图上5cm 19）标石完好的国家等级控制点，在图上标注错漏 20）漏绘双线道路或水系超过图上10cm 21）主要地物、地貌明显的综合取舍不合理 22）其他较重的错漏	1）错漏比高在两倍等高距以上，图上长度超过5cm的陡坎 2）双线道路路面材料错漏 3）水系流向错漏 4）错漏小片明显特征地貌 5）错漏双线道路或水系超过图上5cm，双线桥梁及其附属建筑物 6）较高经济价值的植被图上10cm² 错漏 7）漏绘面积图上1cm² 二层及以上房房屋或2cm² 的一层房屋 8）漏绘垣栅超过图上2cm 9）自然村及以下地名错漏 10）楼房层次错漏 11）其他一般的错漏	其他轻微的错漏

（续）

质量元素	A类	B类	C类	D类
整饰质量	1）图名、图号同时错漏 2）符号、线划、注记规格与图式严重不符 3）其他严重的错漏	1）图廓整饰明显不符合图式规定 2）图名或图号错漏 3）部分符号、线划、注记规格不合符图式规定，或压盖普遍 4）其他较严重的错漏	1）图廓整饰不符合图式规定 2）符号、线划、注记规格不合符图式规定，或压盖较多 3）其他一般的错漏	其他轻微的错漏
质量元素	1）缺主要成果资料 2）其他严重的错漏	1）缺少主要附件资料 2）缺少技术总结或检查报告 3）上交资料缺项 4）其他较严重的错漏	1）无成果资料清单或成果资料清单资料不完整 2）技术总结或检查报告内容不全 3）其他一般的错漏	

数字测图产品采用百分制表示单位产品的质量水平，采用缺陷扣分法。数字测图产品成果错漏质量扣分标准见表6-8。

表6-8　成果质量错漏扣分标准

差错类型	扣分值
A类	42分
B类	$12/T$分
C类	$4/T$分
D类	$1/T$分

注：一般情况下取 $T=1$。需要调整时，以困难类别为原则，按《测绘生产困难类别细则（平均困难类别 $T=1$）》执行。

其中，T 为缺陷值调整系数，根据单位产品的复杂程度而定，一般范围取值为 $0.8 \sim 1.2$，设单位产品由简单到复杂分别为三级、四级或五级，则 T 可取值 0.8、1.0、1.2 或 0.8、0.9、1.0、1.1 或 0.8、0.9、1.0、1.1、1.2，缺陷值保留一位小数，小数点后第二位数字四舍五入。

3. 单位成果质量评定

（1）数学质量元素评分标准　数学质量元素评分标准见表6-9。

表6-9　数学质量元素评分标准

数学精度值	质量分数
$0 \leqslant M \leqslant 1/3M_0$	$S = 100$
$1/3M_0 \leqslant M \leqslant 1/2M_0$	$90 \leqslant S \leqslant 100$
$1/2M_0 \leqslant M \leqslant 3/4M_0$	$75 \leqslant S \leqslant 90$
$3/4M_0 \leqslant M \leqslant M_0$	$60 \leqslant S \leqslant 75$

（续）

数 学 精 度 值	质 量 分 数

$M_0 = \pm \sqrt{M_1^2 + M_2^2}$

式中：M_0 为允许中误差的绝对值；M_1 为规范或相应技术文件要求的成果中误差；M_2 为检测中误差（高精度检测时取 $M_2 = 0$）。

注：M 为成果中误差的绝对值；S 为质量分数（分数值根据数学精度的绝对值所在区间进行插值）。

数学精度质量得分 S_1 的计算公式见式（6-10）。

$$S_1 = \sum_{i=1}^{n} (S_{2i} P_i) \tag{6-10}$$

式中　S_1、S_{2i}——质量元素、相应质量子元素的得分；

$\quad\quad P_i$——相应质量子元素的权；

$\quad\quad n$——质量元素中包括的质量子元素个数。

（2）其他质量元素评分　每个质量元素得分预制为 100 分，根据相对于元素错漏逐个扣分。单位产品得分 S_i 按式（6-11）计算。

$$S_i = 100 - \left[a_1 \frac{12}{T} + a_2 \frac{4}{T} + a_3 \frac{1}{T} \right] \tag{6-11}$$

式中　a_1、a_2、a_3——质量元素中相应的 B 类错漏、C 类错漏、D 类错漏个数；

$\quad\quad T$——扣分值调整系数。

（3）单位成果质量评分　采用加权平均法计算单位成果质量得分 S 的公式见式（6-12）。

$$S = \sum_{i=1}^{n} (S_{1i} P_i) \tag{6-12}$$

式中　S——单位成果质量；

$\quad S_{1i}$——质量元素得分；

$\quad P_i$——相应质量元素的权；

$\quad n$——单位成果中包含的质量元素个数。

（4）单位成果质量评定标准　单位成果质量评定标准具体见表 6-10。

表 6-10　单位成果质量等级评定标准

质 量 等 级	质 量 得 分
优	$S \geqslant 90$
良	$75 \leqslant S < 90$
合格	$60 \leqslant S < 75$
不合格	$S < 60$
	单位成果中出现 A 类错漏
	成果质量高精度检测、平面位置精度及相对位置精度检测，任一项粗差（大于两倍中误差）比例超过 5%

（5）部门级检查批成果质量评定

1）优级：优良品率达到 90% 以上，其中优品率达到 50%。

2）良级：优良品率达到80%以上，其中优品率达到30%。

3）合格：未达到上述标准的。

三、检查验收报告

检查和验收工作结束后，生产单位和验收单位分别撰写检查报告和验收报告。检查报告经生产单位领导审核后，随产品一并提交验收。验收报告经验收单位主管领导审核（委托验收的验收报告送委托单位领导审核）后，随产品归档，并抄送生产单位。检查验收报告的详细要求请参见《测绘成果质量检验报告编写基本规定》（CH/Z 1001—2007）。

1. 检查报告的主要内容

1）任务概要。

2）检查工作概况（包括仪器设备和人员组成情况）。

3）检查的技术依据。

4）主要质量问题及处理情况。

5）对遗留问题的处理意见。

6）质量统计和检查结论。

2. 验收报告主要内容

1）任务概要。

2）验收工作概况（包括仪器设备和人员组成情况）。

3）验收的技术依据。

4）验收中发现的主要问题及处理意见。

5）验收结论。

6）其他意见及建议。

课题4 数字地形图的图形输出

【学习目标】

1. 了解数字地形图图形输出的形式。

2. 掌握打印输出的方法。

3. 了解其他地理信息数据的转换形式。

一、屏幕输出

数字地形图的屏幕输出是指利用光栅或液晶显示器显示图形或图像，常作为人和机器交互输出的设备。其优点是代价低、速度快、色彩鲜艳，且可以根据使用者的要求进行无极缩放和动态刷新；缺点是非永久性输出，计算机关机后无法保留，且全图幅面小，不宜作为正式输出设备。图6-10所示为通过屏幕输出的数字地形图。

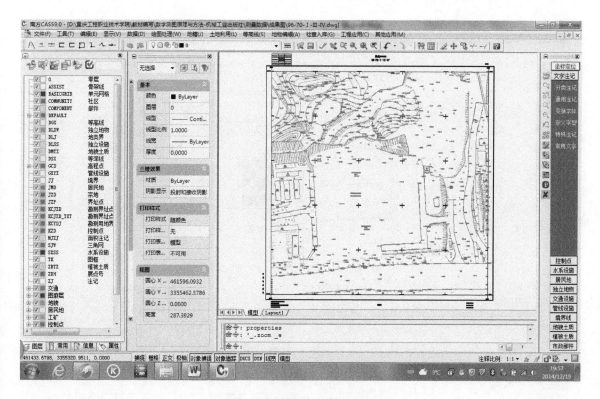

图6-10　数字地形图的屏幕输出

二、打印输出

1. 图纸幅面

图纸幅面是指图纸宽度与长度组成的图面。绘制图样时，应采用表6-11 中规定的图纸基本幅面尺寸。基本幅面代号有 A0、A1、A2、A3、A4 五种。

表6-11　标准图幅规格

图 纸 规 格	A0	A1	A2	A3	A4
图幅尺寸/mm	1189×841	841×594	594×420	420×297	297×210

2. 绘图仪出图比例设置标准（见表6-12）

表6-12　出图比例设置标准

地形图比例	1:200	1:500	1:1000	1:2000	1:5000	…
出 图 比 例	1:0.2	1:0.5	1:1	1:2	1:5	…

3. 打印出图的操作方法

（1）开始　单击"文件"→"绘图输出"→"打印"命令，如图6-11 所示。

（2）设置"打印机/绘图仪"选项区　在"打印机/绘图仪"→"名称"下拉列表框中选相应的打印机，然后单击"特性"按钮，打开"绘图仪配置编辑器"对话框。在"端口"

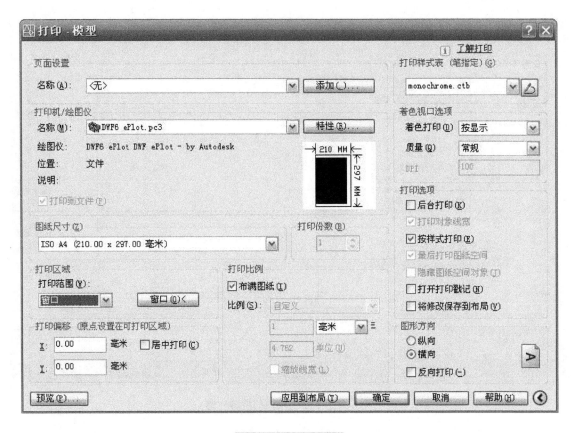

图6-11　打印对话框

选项卡中选中"打印到下列端口"单选按钮并选择相应的端口，如图6-12所示。

在"设备和文档设置"选项卡中，选择"用户定义图纸尺寸与校准"下的"自定义图纸尺寸"选项。在"自定义图纸尺寸"选项区中单击"添加"按钮，添加一个自定义图纸尺寸，如图6-13所示。

1）进入"自定义图纸尺寸-开始"界面，选中"创建新图纸"单选按钮，如图6-14所示，然后单击"下一步"按钮。

2）进入"自定义图纸尺寸-介质边界"界面，设置单位和相应的图纸尺寸，单击"下一步"按钮。

3）进入"自定义图纸尺寸-可打印区域"界面，设置相应的图纸边距，单击"下一步"按钮。

4）进入"自定义图纸尺寸-图纸尺寸名"界面，输入一个图纸名，单击"下一步"按钮。

5）进入"自定义图纸尺寸-完成"界面，单击"打印测试页"按钮，打印一张测试页，检查是否合格，然后单击"完成"按钮。

6）选择"介质"下的"源和大小＜…＞"选项。在下方的"介质源和大小"选项区的"大小"栏中选择已定义过的图纸尺寸。

图 6-12　打印机配置编辑器端口设置

7）选择"图形"下的"矢量图形 < … > < … >"选项。在"分辨率和颜色深度"选项区中，把"颜色深度"框中的单选按钮框置为"单色"，然后，把下拉列表框内的值设置为"2 级灰度"，单击最下面的"确定"按钮。这时，出现"修改打印机配置文件"界面，选中"将修改保存到下列文件"单选按钮。最后单击"确定"按钮。

8）把"图纸尺寸"框中的"图纸尺寸"下拉列表框内的值设置为先前创建的图纸尺寸。

9）把"打印区域"框中的下拉列表框内的值置为"窗口"，下拉列表框旁边会出现"窗口"按钮，单击"窗口"按钮，鼠标指定打印窗口。

10）把"打印比例"框中的"自定义：比例（S）："下拉列表选项设置"打印比例"为"自定义"，在"自定义："文本框中输入"1"mm ＝"0.5"图形单位（1∶500 的图为"0.5"图形单位；1∶1000 的图为"1"图形单位，依此类推。）。

11）在"打印样式表（笔指定）"框中把下拉列表框中的值设置为"monochrom. cth"

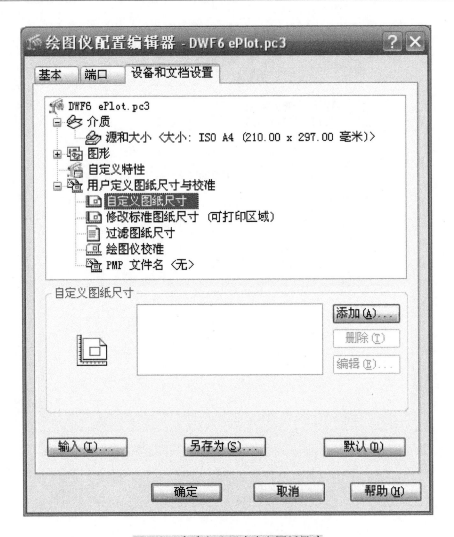

图 6-13　打印机配置自定义图纸尺寸

打印列表（打印黑白图）。

12）在"图形方向"框中选择相应的选项。为了美观，通常在打印偏移量中选择居中打印。

13）单击"预览"按钮对打印效果进行预览，最后单击"预览"→"确定"按钮进行打印。

三、与其他地理信息数据格式的转换

随着地理信息系统的普及应用，GIS 技术和计算机辅助地图制图技术在社会各领域的应用越来越广泛，GIS 数据和电子地图数据的社会需求爆炸性增长。目前拥有的空间数据格式多种多样，数字地形图软件存在 AutoCAD 格式、MicroStation 格式和 EPSW 格式等。应用软件系统的增多，带给了用户更多的选择性，同时，不同应用软件之间数据转换的问题也随之出现。

216

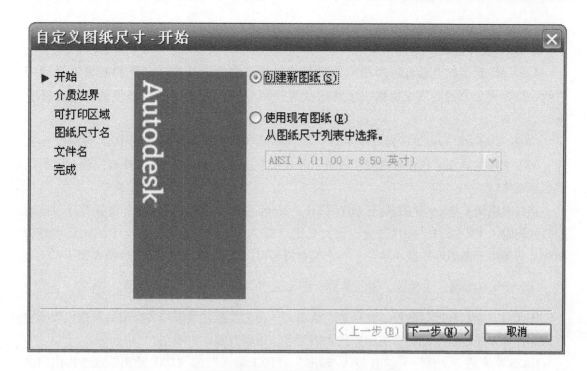

图6-14　打印机配置自定义图纸尺寸-开始

　　为了对数字地形图的空间数据进行处理，建立了基础地理信息系统。在数据采集的实际生产过程中，往往需要应用多种软件系统才能达到最终产品的要求，因此必须进行数据转换；而进行数据转换也是数据再利用的途径之一。

　　由于空间数据的来源和作业方式不同，数据的分类编码、特征定义及存储格式等经常不一致，这就需要按照一定的规则对其进行编辑加工。对数字地形图数据在数据分类分层、属性定义、图形表示以及注记等方面进行规范化的数据重组、格式转换、拓扑处理和质量控制，能使之成为符合 GIS 要求的数据源。在此基础上，使用数据库管理系统和空间数据引擎，可建立无缝矢量数据库。

1. 交换文件接口

　　CASS 9.0 为用户提供了文本格式的数据交换文件（扩展名是".cas"）。该文件包含了全部图形的几何和属性信息，通过交换文件可以将数字地图的所有信息毫无遗漏地导入到GIS 中。这就为用户的各种应用带来了极大的方便。DWG 文件一般方便于用户做各种规划设计和图库管理，CAS 文件方便于用户将数字地图导入 GIS。用户可根据自己的 GIS 平台的文件格式开发出相应的转换程序。

　　CASS 9.0 的数据交换文件也为用户的其他数字化测绘成果进入 CASS 9.0 提供了方便之门。CASS 9.0 的数据交换文件与图形的转换是双向的，CASS 9.0 在其操作菜单中提供了这种双向转换的功能，即"数据处理"菜单的"生成交换文件"和"读入交换文件"命令。也就是说，不论用户的数字化测绘成果是以何种方法、何种软件、何种工具得到的，只要能转换（生成）为 CASS 9.0 的数据交换文件，就可以将它导入 CASS 9.0，供数字化测图工作利用。

2. DXF 文件接口

AutoCAD 是世界上最流行的图形编辑系统，其系统的灵活性、广泛的开放性受到用户的一致好评。它的图形交换格式已基本成为一种标准，受到了其他系统的广泛支持和兼容。

CASS 9.0 采用 AutoCAD 为系统平台，提供标准的 ASCII 文本格式的 DXF 数据交换文件。DXF 文件的详细结构请参考其他有关 AutoCAD 的书籍。通过 DXF 文件可实现与大多数图形系统接口。

接口时编辑 CASS 9.0 的系统（SYSTEM）目录下的 INDEX. INI 文件，将各符号对应的接口代码输入 INDEX. INI 相应位置，该文件记录每个图元的信息，不管这个图元是不是骨架线。所谓图元是图形的最小单位，一个复杂符号可以含有多个图元，文件格式如下：

CASS 9.0 编码，主参数，附属参数，图元说明，用户编码，GIS 编码

图元只有点状和线状两种，如果是点状图元，则主参数代表图块名，附属参数代表图块放大率；如果是线状图元，则主参数代表线型名，附属参数代表线宽。

CASS 系统的"文件"→"文件输入/输出"→"DXF 输入"和"DXF 输出"命令提供双向的图形数据（DXF 文件）交换功能。输入 DXF 后即转换为 CASS 的 DWG 图形文件。

标准版 CASS 9.0 同时提供交换文件和 DXF 文件接口功能。

3. SHP 文件接口（用于 ArcGIS 系统）

GIS 版 CASS 也提供 E00（ArcGIS 的低版本数据格式）文件接口功能。

文本格式的 SHP 文件是 ArcGIS 系统自定义的数据格式，与其 Coverage（图层文件）完全对应，CASS 9.0 直接解读 SHP 文件，避免了转换间的地物遗失。

符号化后进行编辑，入库也直接提交 SHP 文件，提交 DXF 文件入库，节省时间且快捷简便（DXF 转成 ArcGIS 的 Coverage 文件要 10 ~ 20min，SHP 文件只要不到 1min）。

由于 ArcGIS 系统对数据有很高的要求，如地物放错图层、代码值错误、面状地物不封闭即有悬挂点、伪节点等错误均不能允许，因此对入库图的精确性、准确性有很高的要求，不同于一般的机助制图。CASS 从 6.0 版本，推出的"检查入库"功能，检查图形的常见错误，如图层正确性等。确保图形在入库时，达到数据库的建库要求。2009 年推出的 CASS-check 软件，是基于 AutoCAD 的专业检查工具，可自定义检查条件，是"检查入库"功能的升级强化版。

4. MIF/MID 文件接口（用于 MAPINFO 系统）

CASS 9.0 还提供 MIF/MID 文件的接口。MAPINFO 的数据存放在两个文件内，MIF 文件中存放图形数据，MID 中存放文本数据。CASS 9.0 的成果可以生成 MIF/MID 文件，并直接读入到 MAPINFO 中。

单击"数据处理"→"图形数据格式转换"→"MAPINFO MIF/MID 格式"命令，系统会弹出一个对话框，输入要保存的文件名后，单击"保存"按钮即可完成文件的生成。

5. 导出 GOOGLE 地球格式

功能：将当前图形导出为 .kml 格式的文件。

6. 输出 ARC/INFO SHP 格式

功能：用于将 CASS 做出的图转换成 SHP 格式的文件。

操作过程：单击本命令，如图 6-15 所示，弹出如图 6-16 所示的对话框，选择无编码的实体是否转换、弧段插值的角度间隔、文字是转换到点还是线。

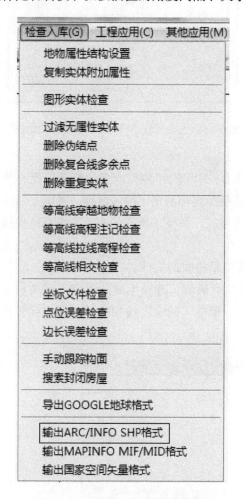

图 6-15 输出 ARC/INFO SHP 格式

图 6-16 生成 ARC/INFO SHP 格式对话框

然后，选择生成的 SHP 文件保存在哪一个文件夹内（可以直接输入文件路径），如图 6-17 所示，最后单击"确定"按钮完成 SHP 格式文件的转换。

7. 输出 MAPINFO MIF/MID 格式

功能：用于将 CASS 做出的图转换成 MIF/MID 格式的文件。

操作过程：单击本命令，弹出如图 6-18 所示对话框。选择生成的 MIF/MID 文件保存在哪一个文件夹内（可以直接输入文件路径）。单击"确定"按钮完成 MIF/MID 格式文件的转换。

图 6-17　选择 SHP 文件保存文件夹对话框　　图 6-18　生成 MAPINFO MIF/MID 格式对话框

8. 输出国家空间矢量格式

CASS 9.0 支持最新的国家空间矢量格式 vct 2.0。GIS 软件种类众多，范围广泛，为了使不同的 GIS 系统可以互相交换空间数据，在世界范围内都制定了很多标准。我国也对国内的 GIS 软件制定了一个标准，也就是国家空间矢量格式，并要求所有的 GIS 系统都能支持这一标准接口。

功能：用于将 CASS 做出的图转换成国家空间矢量格式的文件。

操作过程：单击本命令，弹出如图 6-19 所示的对话框。选择生成的国家空间矢量文件保存在哪一个文件夹内（可以直接输入文件路径）。单击"确定"按钮完成国家空间矢量格式文件的转换。

图 6-19　输出国家空间矢量格式对话框

【单元小结】

质量是测绘产品的生命，测绘工程单位应从不同层面上保证、改善和提高测绘产品的质量。在学校教育和生产实践过程中，必须按照国家测绘地理信息管理部门及各级地方测绘地理信息行业管理部门制定的一系列测绘技术规范和规程来进行测绘产品的生产、检查和验收。学生要在数字测图的过程中，认真学习且严格执行，做到有章可循、有据可查。

【习　题】

1. 数字测图成果质量要求有哪些？
2. 与传统测图相比，数字测图的分幅有何特点？
3. 数字测图成果质量检查与验收包括哪些内容？
4. 数字地形图图形输出的形式有哪些？

单元 7

小区域水下地形图测量

单元概述

　　课题1主要介绍水下地形测量的主要内容，测深仪的测深原理和目前常用的GPS RTK结合测深仪进行水下地形测量的原理。

　　课题2测深仪的种类较多，回声测深仪以点测量为主，而多波束测深和条带式测深仪及激光测深仪都是以面测量为主，本课题主要介绍回声探深仪的基本构成以及各个部件的功能，详述应用GPS RTK结合回声测深仪进行水下地形测量的方法，包括测量船的安装、基准站的架设与监测、以中海达测深仪为例测前的准备工作及数据采集。

　　课题3主要介绍测深数据后处理内容、数据合并及地形图的绘制。

单元目标

【知识目标】

1. 了解水下地形测量的原理。

2. 了解测深仪测深原理。

3. 了解 GPS RTK 结合测深仪进行水下地形测量的测量原理。

4. 了解 GPS RTK 结合测深仪进行水下地形测量的方法。

【技能目标】

　　了解 GPS RTK 结合测深仪进行水下地形测量时，测量船的安装、基准站的设置和进行水下地形测量采集数据前的准备工作。

【情感目标】

　　通过对本单元的学习，使学生对小区域水下地形测量有一定的了解，拓宽学生的知识面，增加学习数字测图的兴趣。

课题1　水下地形图测量原理

【学习目标】

1. 了解测深仪的测量原理。

2. 了解 GPS—RTK 结合测深仪进行水下地形测量的工作原理。

水下地形测量是地形测量的一种，它是测量水体（河流、水库及湖泊等）下的床面起伏。城市建设中，为了提高城市的防治、蓄洪和航运能力，要疏浚河湖、整治航道，需要进行水下地形测量。

水下地形测量主要包括定位和测深两大部分。传统的水下地形图测量方法是：定位测量采用经纬仪交会法、经纬仪配合测距仪极坐标法、全站仪方式等获得平面坐标；测深利用测深杆法、测量锤法等获得该平面位置处的水深，从而推算出该位置的水下高程。随着全球定位系统 GPS 技术的日益成熟，尤其 RTK 实时动态定位系统以其高精度、高效率、易操作的特点被广泛应用于各种测量和放样，目前水下地形测量中多采用 GPS—RTK 进行定位测量。随着测深技术的发展，水位测深则多采用测深仪进行水深测量。因此，小区域水下地形测量多采用 RTK 和测深仪相结合的方式进行定位和测深。

一、测深仪测深原理

水下地形测量中，测深仪的工作原理是凭借超声波穿透介质并在不同介质表面会产生反射的现象，利用安装在测量船下的超声波换能器（探头）发射超声波，测出发射波和反射波之间的时间差来进行测量。声波在水中的传播速度为 C，换能器（探头）发出超声波，声波经探头发射到水底，并由水底反射回到探头被接收，测得声波信号往返行程所经历的时间为 t，则换能器表面至水底的距离 h 见式（7-1）。

$$h = 1/2Ct \tag{7-1}$$

可依据探头上固定杆的刻度获得水面与探头之间的距离，即吃水深度 D，两者之和即为最终水深值，见式（7-2）。

$$H = h + D = 1/2Ct + D \tag{7-2}$$

式中　D——吃水深度；

　　　H——水深值。

目前，我国大量使用的是单波束回声测深仪，单波束回声仪每次只能发射一束声波，只能得到一个水深数据点，通过连续测量、记录，最后以点连线。另外，如利用单波束回声仪测量一个地区的水下地形，需先根据测图比例和规范要求，预先确定测点和测线的间距，再用测量船逐线逐点进行连续测量，通过内业处理后再绘制水深图。还可根据水深图来绘制水下地形等深线图或断面图。

近些年随着探测技术的发展，出现了多种高精度的探测手段。多波束测深和条带式测深系统能一次给出与航线相垂直的平面内几十个水下被测点的水深值，或一条一定宽度的全覆盖的水深条带。所以，这两种方法能高效率、高精度地测出沿航线一定宽度内水下目标的大小、形状和高低变化，从而可靠地描绘出水下地貌的状态。机载激光测深系统利用红外光和绿光进行水下地形的探测。利用红外光被海面完全反射和散射，而绿光则能够穿透至海水中，到达海底后被反射回来。利用两束反射光被接收的时间差进行水下地形的测量，具有速度快、覆盖率高、灵活性强等优点，可作为常规海道测量之用。

如果将测深仪与 GPS 技术相结合，利用现有的测量导航软件和数据后处理软件组成自动化水深测量及成图系统，外业水深测量、导航、数据采集过程可完全实现自动化。若配合水深测量数据后处理软件，将大大提高水深测量的工作效率和经济效益。

二、GPS—RTK 配合测深仪组合系统的工作原理

GPS—RTK 结合回声测深仪测量水下定位点坐标与高程的方法，是将 GPS 流动站天线直接安装在测深仪换能器的正上方，这样可以保证在测量的过程中，GPS 测量的点位与测深仪测量的水下点位在同一铅垂线上。GPS 接收机天线与测深仪的换能器之间，由一根固定长度的杆件连接在一起，使换能器底面到 GPS 天线之间相当于一根已知长度的占标杆，只要将杆立直，则 GPS 接收机所测数据的平面坐标，即是换能器底面对应点的平面坐标，也就是所测水深点的平面坐标。利用测深仪统的控制装置可使接收天线与换能器同步工作，即在 GPS 接收机测量三维坐标的同时，测深仪也测得其底面以下部分的水深，具体工作原理如图 7-1 所示。

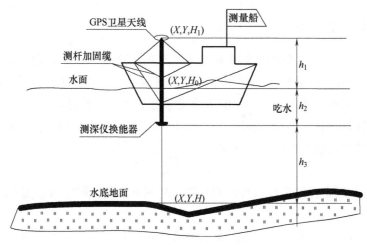

图 7-1 水下地形测量示意图

水下定位点的高程计算公式见式（7-3）。

$$H = H_1 - (h_1 + h_2) - h_3 \qquad (7-3)$$

式中　H——水下定位点高程；

　　　H_1——GPS 接收天线的高程；

　$h_1 + h_2$——天线至换能器底部高度，即测深杆的长度；

　　　h_3——换能器以下部分的水深。

在测量过程中，所测数据直接显示在计算机的显示器上，根据反馈出的水下地形变化情况、设计及规范要求的地形点密度情况、测量船行进的速度情况等，可以对仪器的测点采集密度和采集方式进行调整设置，以满足水下测图精度的需要。

 课题 2　水下地形测量仪器及其使用方法

【学习目标】

1. 了解测量水下地形图所用仪器。

2. 了解水下地形数据采集的准备工作及方法。

一、水下地形图测量仪器

1. 回声测深仪

测深仪种类较多，本课题主要介绍回声测深仪的组成及各个部件的功能。回声测深仪是一种应用测深原理测量水深的仪器，利用安装在船上的换能器向水底辐射声波脉冲，脉冲到达水底界面将会产生反射，测定反射波到达时间 t 就可以测定水深。

回声测深仪主要由显示器、换能器和电源三部分组成，如图 7-2 所示。各部分功能如下：

（1）显示器　回声测深仪的显示器主要包括发射系统、接受系统和显示设备，如图 7-3 所示。

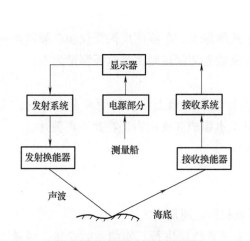

图 7-2　测深仪原理及其功能

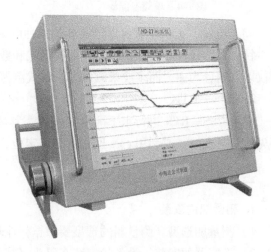

图 7-3　回声测深仪显示器

发射系统——在中央处理器的控制下，周期性地产生有一定频率、一定脉冲宽度、一定电功率的电振荡脉冲，由发射换能器按一定周期向海水中辐射。发射系统一般由振荡电路、脉冲产生电路、功放电路组成。

接收系统——将换能器接收的微弱回波信号进行检测放大，经处理后送入显示器。在接收电路中，采用了现代相关检测技术和归一化技术，采用了回波信号自动鉴别电路、回波水深抗干扰电路、自动增益电路、时控放大电路，使放大后的回波信号能满足各种显示设备的需要。

显示设备——显示设备的功能是直观地显示测深仪所测得的水深值。

（2）换能器　发射换能器是一个将电能转换成机械能，再由机械能通过弹性介质转换成声能的电—声转换装置。它将发射机每隔一定时间间隔送来的有一定脉冲宽度、一定振荡频率和一定功率的电振荡脉冲转换成机械振动，并推动水介质以一定的波束角向水中辐射声波脉冲。

接收换能器是一个将声能转换成电能的声—电转换装置。它可以将接收的声波回波信号转变成电信号，然后再送到接收机中进行信号放大和处理。

图 7-4 和图 7-5 所示分别是单频换能器和双频换能器。

图 7-4　单频换能器

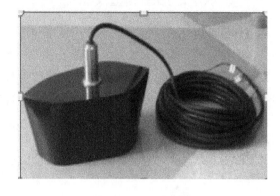

图 7-5　双频换能器

（3）电源　提供全套仪器所需要的各种电源。

目前，测深仪一般分两大类，即模拟式和数字式测深仪，单频回声探深仪和双频回声测深仪以点测量为主，而多波束测深、条带式测深仪及激光测深仪则都是以面测量为主。

2. GPS—RTK

在用 GPS—RTK 进行水下测量定位时，其测量原理和陆地上测量的原理是一样的，需要先建立基准站，或利用 cors 网进行动态定位，其基本组成和使用方法在此不再赘述。

二、水下地形图测量方法

1. 测量船的安装

1）测量船选型。测量船的选型要根据作业环境和作业周期而定。

2）换能器的安装。设备的安装在码头（或风浪平静处）进行。换能器的安装是测量船设备安装中最重要也是最主要的工作，换能器安装的正确与否，直接关系到水下地形测量任务完成的质量，安装要求有：①正确选择换能器在测量船上的"安装点"，要尽量选在能保证安全、稳固、干扰少及利于绑缚的地方，单体船一般选择在船体中间腰侧稍偏后一点，这里基本接近船的重心，船在高速行进时这里的垂直度影响最小；②确保换能器的正确角度。理论上，换能器发射的超声波应垂直于水平面，因此在安装换能器测深杆时要尽量保证杆的"垂直度"，测深杆是否垂直直接影响测深的精度，如图 7-6 所示。

在单体快艇船安装换能器时，因为船体较轻，考虑到船快速进行时船首有一定幅度的上翘，所以安装时，测深杆上端要向前稍倾，倾角的大小根据经验及正常测量时船速而确定。换能器的安装还应注意将"尖头"指向船尾，并保证在船高速前进时换能器的底面有一个微微前仰的小角度（3°~5°），以避免因水流形成气泡而使回声波信号接收不畅的现象（气泡会阻碍超声波传送，使测深信号显示不稳定）。

3）GPS 天线安装。GPS 天线安装相对换能器来说较为简单，在测深杆安装完毕后，将带测杆的 GPS 天线绑缚在测深杆上即可，有条件的话，也可以将转换螺旋直接固定在测深杆的顶端。GPS 天线安装高度以天线顶不被船体上的设施遮挡为宜，通常高过驾驶

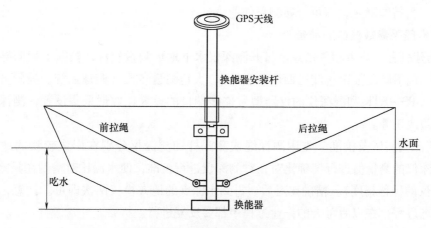

图 7-6 换能器的安装示意图

楼顶即可。

4）差分信号接收天线的安装。差分天线的安装也较为灵活，一般尽可能离开 GPS 天线一段距离即可，高度控制也是尽可能高。

5）其他设备的安装。测深仪、GPS 主机及电源（电瓶）基本上不涉及安装问题，只需要在船舱中找到平稳、舒适、便于操作且不易被溅水的地方放置即可，然后将各数据电缆按要求连接。在诸如快艇的小测量船上作业时，要特别注意设备的防水问题。总之，换能器、GPS 卫星天线及差分信号接收天线需要固定安装，且换能器的测深杆在以后的测量过程中还要经常根据情况加强检测，对测深杆要进行适时地调校及加固。

2. 基准站的设置及检测

基准站控制点位选择应满足这些条件：地势较高、GPS 天线上方无遮挡、面向测区通视性较好、测站周围无电力线和信号发射塔以及其他电磁干扰设施。此外，差分信号发射天线应尽量离 GPS 卫星接收天线远些。在技术设计及 GPS 控制测量阶段，基本已经选定可供GPS 测量基准站架设的点位。

1）单基准站的设置：①GPS 天线的架设，用测量三角架架设，严格对中、整平；②电台差分信号天线的架设；③各种电缆线的连接，原则上按先连接数据线后连接电源线的顺序，在插入接头时，应找准正确的方向（各接头与插入孔有明确标记），动作缓慢轻柔；④量取 GPS 天线高，一般在不同方向量取 3 次 GPS 天线的（斜）高，取算数平均值，并做详细记录备查；⑤开机并设置测站参数，基准站的参数设置可以在专业测量的掌上电脑上进行，包括基准站坐标和 GPS 天线高等。输入完各类参数后，将基准站 GPS 接收机设置成基准站工作模式即可开始工作。

2）RTK 精度检测。对 RTK 测量精度的检校步骤十分重要，它是对基准站设置正确与否的验证，也是对移动台七参数设置的验证。检校方法是：正确设置 RTK 流动站接收机的各项参数，按规定时间对 RTK 流动站及基准站进行初始化，仪器进入正常工作状态后，到任意一个或多个已知控制点（基准站除外）上，实地测量检核点的三维坐标（X、Y、H），并与已知值进行比较，平面坐标差（ΔX、ΔY）的绝对值在 2cm 内，高程差（ΔH）的绝对值在5cm内，且持续稳定，即可开始测量作业。

3. 测量船采集数据前的准备

1）新建任务，设置相关信息。打开测深仪水下地形测量软件，根据工程向导设置工程基本信息，包括测区位置（测区西南角坐标），大地测量参数（椭球系统、投影方式、投影参数等），GPS—RTK和测深仪的仪器型号连接端口的设置，数据采集设置，测深仪的吃水及天线偏差改正等。

2）测深仪测试及校准。先用测深绳或测深杆和测深仪分别在岸边较浅的地方测量水深，与测深仪的测量值进行精确比对，对测深仪进行校准，使水深比对精度在限差要求范围内（测深仪的标称精度）。精确比对后，再到水深点的地方检核两次即可。注意，此项工作是一个动态过程，在以后每天的作业过程中都要反复进行。

3）测线布设。对于内河航道测量测深点宜按横断面进行布设，测深线应垂直于河流流向、航道中心线或岸线方向，弯曲河段可设为扇形，如图7-7所示。测线间距宜为图上20mm，测点间距宜为图上10mm，可根据地形变化和用图要求适当加密或放宽。一般在作业前，用AutoCAD软件设计好测线，生成*.dxf文件，直接导入到测深仪测量软件中。

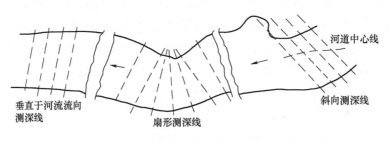

图7-7 测线布设图

4. 水下地形数据采集

完成以上准备工作后，水下地形测量数据采集工作即正式开始。开动测量船，在测深仪的显示器上显示出测船的示意图像、测船的实时动态点位图及水深数据，控制测船按预设的测线航行。在施测过程中，软件将按照测图要求等距离（或等时间或人工任意控制）同步采集水下地形点的平面位置与水深数据，并存储在文件中。只是测量过程中要时刻注意测量界面的各数据变化，特别是RTK差分信号及测深信号的变化。若GPS—RTK获得的点位坐标不是固定解，而是浮动解，则其高程精度已较低；测深仪信号一般是连续的，但有时也会出现中断或突变现象，当这些情况出现时都应及时停船等候，待GPS—RTK获得固定解和有测深信号后方可继续进行。

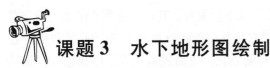

课题3 水下地形图绘制

【学习目标】

了解水下地形测量成图方法。

野外施测结束后，需在室内对原始数据进行处理，包括水深取样、综合改正输出、数据合并和格式转换等。按照数字成图软件要求的格式形成水下地形点的数据文件，由软件完成展点、等深线生成和等深线注记等工作，保存图形，并以任意需要的比例输出图形。

1. 水深后处理

水深后处理是水下地形测量内业数据处理的第一步，也是关键环节，其目的是对野外采集的原始水深文件（＊.ss）进行取样、编辑及综合改正，然后生成 HTT 格式文件。水深取样有三种模型，即时间、距离和打标。实际生产过程中，与地面野外采集数据保持一致，多按距离取样，如 20m 一个点。水深编辑是对因水草、风浪及其他干扰电磁波的影响而造成的水深突变，必须对水深曲线做正确的平滑处理，以保证水深值的真实可靠。水深曲线编辑的工作量主要集中在浅水或水草密集的区域，深水区及无水草区域一般曲线规则、平滑，无须太多人工干预。对易受干扰的水域，编辑时要特别注意，批量改正后的水深文件可以通过中海达海洋成图软件调用并绘制等深线图，也可经过转换生成南方 CASS 格式的坐标数据文件（＊.dat）并采用南方 CASS 软件进行内业成图，如图 7-8 所示。

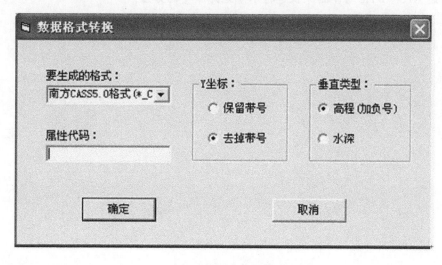

图 7-8　数据格式转换

2. 数据合并

水下地形测量每天都要将当天采集的原始水深数据进行后处理，经检查无误后再生成高程数据文件（＊.dat），因此数据合并也是件重要的工作。此项工作在南方 CASS 成图软件中能比较轻松地完成，可以通过展高程点的操作，将当天的高程数据展到以往的地形图中，经过生成等高（深）线来粗略判别是否存在粗差。然后，对新的图形文件执行"高程点生成数据文件"命令，进行数据合并，即可得到新的高程数据文件。同时需要将图形文件（＊.dwg）及高程数据文件进行妥善保存和备份。

3. 绘制等高线

绘制等高线的目的在于了解海底地貌的形状，分析水下探测的完善性。同时，也可以发现特殊深度和分析测深线的布设是否合理，从而确定是否需要补测和加密探测等。因此，绘制等高线时，要仔细、全面和尽可能地反映出海底地貌的变化情况。等高距宜与该测区陆地地形测量一致，以便于拼接。

绘制水下地形等高线的方法与绘制陆地地形图上的等高线的方法一样，可以在测量绘图软件中采用三角形法或网格法绘制等深线，在此不再赘述。水下地形图中的礁石、航线和码头等符号请参照《1∶500 1∶1000 1∶2000 地形图图式》（GB/T 20257.1—2007）进行绘制。

【单元小结】

通过本单元的学习，了解水下地形测量定位和测深的原理，同时了解水下地形测量所用的仪器及数据采集方法。

【习 题】

1. 简述测深仪的工作原理。
2. 简述 GPS—RTK 结合测深仪进行水下地形测量的方法。

单元 **8**

数字地形图的应用

单元概述

课题 1 主要讲述数字地形图在工程建设中的应用，包括基本几何要素的查询、面积应用和图数转换；重点讲解结合数字地形图利用 DTM 法、方格网法、等高线法、区域土方量平衡法进行土方量的计算；结合数字地形图，根据由图面生成、里程文件、等高线和三角网四种方法进行断面图的绘制。

课题 2 主要讲述了数字地形图在数字地面模型中的应用，重点讲述了数字地面模型的建立方法及其实际应用。

单元目标

【知识目标】

理解数字地面模型和数字高程模型的基本概念、建立步骤及简单应用，会应用数字地形图查询地形图的常见几何要素，并进行面积和土方量计算，以及断面图的绘制等。

【技能目标】

掌握南方 CASS 软件的使用方法，能够熟练地在数字地形图上用 CASS 软件量取点的坐标、两点的距离、方位角等要素；能够正确地根据数字地面模型绘制等高线；利用数字地形图绘制纵断面图和计算土石方量等。

【情感目标】

通过学习数字地形图在现实生活中的应用，提高学生利用数字地形图解决具体工程建设问题的热情。

课题 1 数字地形图在工程建设中的应用

【学习目标】

1. 掌握数字地形图几何要素的查询、面积应用与图数转换的基本原理及方法。

2. 掌握利用 DTM 法、方格网法、等高线法、区域土方量平衡法进行土方量计算的原理与方法。

3. 掌握由图面生成、根据里程文件、根据等高线、根据三角网四种方法进行断面图绘制的原理与方法。

一、数字地形图的基本应用

在国民经济建设中，在各项工程建设的规划和设计阶段，地形图反映了工程建设地区的地形和环境条件等，它使规划和设计符合实际情况。通常，都是以地形图的形式提供这些资料的。各项工程建设的施工阶段都必须参照相应的地形图、规划图、施工图等图样资料，以保证施工能严格按照规划和设计要求完成。因此，地形图是制订规划和进行工程建设的重要依据和基础资料。

传统地形图通常是绘制在纸质材料上的，它具有直观性强和使用方便等优点，但同时也存在易损毁、不便保存和难以更新等缺点。数字地形图是以数字形式存储在于计算机存储介质上的地形图。与传统的纸质地形图像相比，数字地形图具有明显的优越性和广阔的发展前景。随着计算机技术和数字化测绘技术的迅速发展，数字地形图已广泛地应用于国民经济建设、国防建设和科学研究的各个方面，如国土资源规划与利用、工程建设的设计和施工、交通工具的导航等。

过去人们在纸质地形图上进行的各种量测工作，现在利用数字地形图同样可以完成，而且精度更高，速度更快。在 AutoCAD、南方 CASS 等软件环境下，利用数字地形图可以很容易地获取各种地形信息，如量测各个点的坐标、任意两点间距离、直线的方位角、点的高程、两点间坡度等。利用数字地形图，还可以建立数字地面模型 DTM。利用 DTM 可以进行地表面积计算，DTM 体积计算，确定场地平整的填挖边界，计算挖、填方量，绘制不同比例尺的等高线地形图以及绘制断面图等。

DTM 还是地理信息系统（GIS）的基础资料，可用于土地利用现状分析、土地规划管理和灾情预警分析等。在工业上，利用数字地形测量的原理建立工业品的数字表面模型，能详细地表示出表面结构复杂的工业品的形状，据此进行计算机辅助设计和制造。在军事上，可应用于战机、军舰导航和导弹制导等。

随着科学技术的高速发展和社会信息化程度的不断提高，数字地形图将会发挥越来越大的作用。

1. 基本几何要素的查询

数字地形图的基本几何要素的查询主要包括查询指定点坐标，查询两点距离及方位，查询线长和查询实体面积等。在 CASS 9.0 软件的"工程应用"菜单中可执行基本几何要素的查询命令，如图 8-1 所示。

（1）查询指定点坐标　在 CASS 9.0 软件中，单击"工程应用"→"查询指定点坐标"命令，用鼠标点取所要查询的点即可。也可以先进入点号定位方式，再输入要查询的点号；系统左下角的状态栏中显示的坐标是笛卡尔坐标系中的坐标，与测量坐标系的 X 和 Y 的顺序相反。

用此命令查询时，系统在命令行给出的 X、Y 是测量坐标系的值。

（2）查询两点距离及方位　在 CASS 9.0 软件中，单击"工程应用"→"查询两点距离及方位"命令，用鼠标分别点取所要查询的两点即可。也可以先进入点号定位方式，再输入两点的点号。

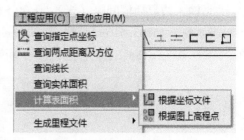

图 8-1 基本几何要素的查询

CASS 9.0 所显示的坐标为实地坐标，所以所显示的两点间的距离为实地距离。

（3）查询线长 在 CASS 9.0 软件中，单击"工程应用"→"查询线长"命令，用鼠标点取图上的曲线即可。

（4）查询实体面积 在 CASS 9.0 软件中，单击"工程应用"→"查询实体面积"命令，用鼠标点取待查询的实体的边界线即可，要注意实体应该是闭合的。

（5）计算表面积 对于不规则地貌，其表面积很难通过常规的方法来计算，这时可以使用建模的方法来计算。系统通过 DTM 建模，在三维空间内将高程点连接为带坡度的三角形，再通过每个三角形面积的累加得到整个范围内不规则地貌的面积。如图 8-2 所示，要计算矩形范围内地貌的表面积。

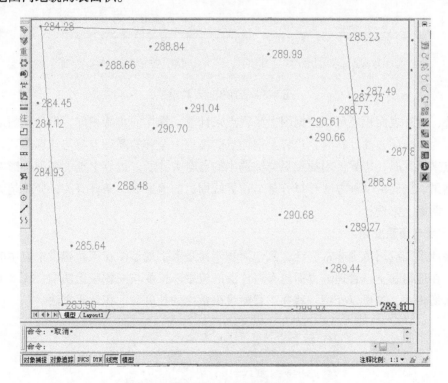

图 8-2 选定计算区域

在 CASS 9.0 软件中，单击"工程应用"→"计算表面积"→"根据坐标文件"命令，命令区提示：

"请选择：（1）根据坐标数据文件（2）根据图上高程点：回车选 1；

选择土方边界线，用拾取框选择图上的复合线边界；

"请输入边界插值间隔（米）：<20> 5 输入在边界上插点的密度；

表面积 = 15863.516m²，详见 surface.log 文件显示的计算结果，surface.log 文件保存在\CASS9.0\SYSTEM 目录下，如图 8-3 所示。

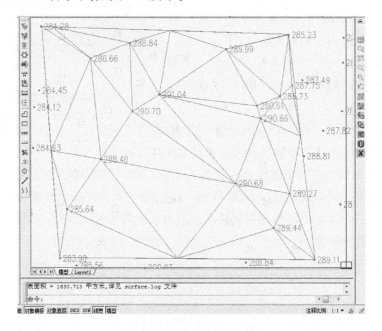

图 8-3　表面积的计算结果

另外，计算表面积还可以根据图上高程点来计算，操作的步骤相同，但计算的结果会有差异。因为由坐标文件计算时，边界上内插点的高程由全部的高程点参与计算得到，而由图上高程点来计算时，边界上内插点只与被选中的点有关，所以边界上点的高程会影响表面积的计算结果。到底由哪种方法计算合理与边界线周边的地形变化条件有关，变化越大的，越趋向于由图面上来选择。

2. 长度与面积应用

数字地形图应用范围非常广泛，其中面积测量是数字地形图在工程建设中应用的一个重要内容，在地籍和土地管理等方面也有着广泛的应用。长度与面积应用功能（图 8-4）与专业软件密切相关，这里仅介绍一些在工程建设中常用的长度与面积计算方法。

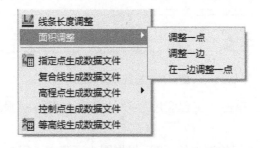

图 8-4　"面积调整"命令的子菜单

（1）线段长度调整 通过选择复合线或直线，程序自动计算所选线的长度，并调整到指定的长度。

在 CASS 9.0 软件中，单击"工程应用"→"线条长度调整"命令。

系统提示："请选择想要调整的线条"；

系统提示："起始线段长×××.×××米，终止线段长×××.×××米"；

系统提示："请输入要调整到的长度（米）;"，输入目标长度；

系统提示："需调整（1）起点（2）终点<2>;"，默认为终点；

按<Enter>键或单击"确定"按钮，完成长度的调整。

（2）面积调整 通过调整封闭的复合线上的一点、一边或一边和一点，把该复合线面积凑成所需要的目标面积。需要特别注意的是，复合线要求是未经拟合的，在 CASS 9.0 软件中，单击"工程应用"→"面积调整"命令。

1）调整一点。如果在子菜单中选择"调整一点"命令，则复合线上的被调整顶点将随鼠标光标的移动而移动，整个复合线的形状也会跟着发生变化，同时可以看到屏幕左下角实时显示变化着的复合线面积，待该面积达到所要求的数值时，单击鼠标左键确定被调整点的位置，如图 8-5 所示。如果面积数变化太快，则可将图形局部放大再使用本功能。

图 8-5 面积调整（调整一点）

2）调整一边。如果在子菜单中选择"调整一边"命令，则复合线上的被调整边将会平行向内或向外移动以达到所要求的面积值，如图 8-6 所示。

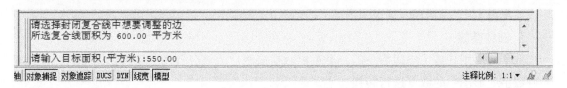

图 8-6 面积调整（调整一边）

3）在一边调整一点。如果在子菜单中选择"在一边调整一点"命令，则该边会根据目标面积而缩短或延长，另一顶点固定不动。原来连到此点的其他边会自动重新连接，如图 8-7 所示。

图 8-7 面积调整（在一边调整一点）

（3）注记实体面积

1）计算指定范围的面积。在 CASS9.0 软件中，单击"工程应用"→"计算指定范围的面积"命令。

系统提示："1. 选目标/2. 选图层/3. 选指定图层的目标 <1>"；输入 1 即要求用鼠标指定需计算面积的地物，可用窗选、点选等方式，计算结果注记在地物重心上，且用青色阴影线标示；输入 2 则系统提示输入图层名，结果把该图层的封闭复合线地物面积全部计算出来并注记在重心上，且用青色阴影线标示；输入 3 则先选图层，再选择目标，特别是当采用窗选时系统将自动过滤，只计算注记指定图层被选中的以复合线封闭的地物。

系统提示："是否对统计区域加青色阴影线？<Y>默认为"是""。

系统提示："总面积 = ×××××. ××平方米"。

2）统计指定区域的面积。统计已计算并注记实地面积的总和。在 CASS 9.0 软件中，单击"工程应用"→"统计指定区域的面积"命令。

系统提示：

"面积统计-可用：窗口（W. C）/多边形窗口（WP. CP）/... 等多种方式选择已计算过面积的区域"；

"选择对象："选择面积文字注记或用鼠标拖曳一个窗口即可。

系统提示："总面积 = ×××××. ××平方米"。

3）计算指定点所围成的面积。在 CASS 9.0 软件中，单击"工程应用"→"指定点所围成的面积"命令。

系统提示：指定点：用鼠标指定想要计算的区域的第一点，软件屏幕下方"命令行"将一直提示输入下一点，直到单击鼠标右键或按 <Enter> 键确认指定区域封闭（结束点和起始点并不是同一个点，系统将自动封闭结束点和起始点）。

系统提示："总面积 = ×××××. ××平方米"。

3. 图数转换

数字地形图是描述空间信息的一个重要数据来源。为充分利用数字地形图资料，往往需要将数字地形图中的数据进行转换。

（1）数据文件 在 CASS 9.0 软件的"工程应用"菜单中有数据文件的生成方式，如图 8-8 所示。

1）指定点生成数据文件。在 CASS 9.0 软件中，单击"工程应用"→"指定点生成数据文件"命令，弹出"输入坐标数据文件名"对话框，根据实际情况选择对应路径来保存数据文件，如图 8-9 所示。

图 8-8 生成数据文件

根据提示用鼠标指定需要生成数据文件的点，输入地物代码和高程后，系统将该点的坐标、代码和高程自动追加至选择的数据文件中，一个点的数据文件已生成。重复该操作，直至所有点坐标提取完毕。

图 8-9　"输入坐标数据文件名"对话框

2）高程点生成数据文件。

在 CASS 9.0 软件中，单击"工程应用"→"高程点生成数据文件"→"有编码高程点"/"无编码高程点"/"无编码水深点"/"海图水深注记"和"图块生成数据文件"命令，输入数据文件名，按照命令行提示进行选择。如果选择无编码高程点生成数据文件，则首先要保证高程点和高程注记必须在同一层中（高程点和注记可以在同一层）。执行该命令后命令行提示"输入高程点所在层和高程注记所在层"，系统提示"共读入×个高程点"，表示成功生成了数据文件。如果选择无编码水深点生成数据文件，则首先要保证水深高程点和高程注记必须各自在同一层中（水深高程点和注记可以在同一层），执行该命令后命令行提示"输入水深点所在图层"，系统提示"共读入×个水深点"，表示成功生成了数据文件。

3）控制点生成数据文件。在 CASS 9.0 软件中，单击"工程应用"→"控制点生成数据文件"菜单下的命令。屏幕上弹出"输入坐标数据文件名"对话框，保存数据文件。系统提示"共读入×××个控制点"。

4）等高线生成数据文件。在 CASS 9.0 软件中，单击"工程应用"→"等高线生成数据文件"命令。输入数据文件名，按照命令行提示进行选择后，系统将自动分析图上绘出的等高线，将所在结点的坐标记入给定的文件中。

等高线滤波后结点数会少很多，这样可以缩小生成数据文件的大小，该数据文件可用于在"等高线"→"查询指定点高程"菜单中查询图面上等高线间任意一点的高程。

5）界址点生成数据文件。在 CASS 9.0 软件中，单击"地籍"→"界址点生成数据文件"命令，输入地籍权属信息文件后，按照命令行提示进行选择：手工选择界址点或指定区域边界。选择界址点或权属线后，系统自动将宗地的界址点坐标记入指定的文件中，此方法可广泛用于线路放样数据提取。

6）批量修改坐标数据。批量修改坐标数量功能可以通过加固定常数、乘固定常数和 XY 交换三种方法批量地修改所有数据或高程为 0 的数据。

在 CASS 9.0 软件中，单击"数据"→"批量修改坐标数据"命令，弹出如图 8-10 所示的"批量修改坐标数据"对话框。选择原始数据文件名和更改后数据文件名，然后选择需要处理的数据类型和修改类型，接着在相应的方框内输入改正值，最后单击"确定"按钮即完成批量修改坐标数据操作。

图 8-10 "批量修改坐标数据"对话框

7）数据合并。数据合并功能将不同观测组的测量数据文件合并成一个坐标数据文件，以便统一处理。

在 CASS 9.0 软件中，单击"数据"→"数据合并"命令，弹出如图 8-11 所示的"数据合并"对话框。执行此命令后，会依次弹出多个对话框，根据提示（见对话框左上角）依

图 8-11 数据合并对话框

次输入坐标数据文件名一、坐标数据文件名二和合并后的坐标数据文件名。

数据合并后，每个文件的点名不变，以确保与草图对应，因此点名可能存在重复现象。

8）数据分幅。数据分幅功能将坐标数据文件按指定范围提取生成一个新的坐标数据文件。

在 CASS9.0 软件中，单击"数据"→"数据分幅"命令。执行此命令后，会弹出一个对话框，要求输入待分幅的坐标数据文件名，输入后单击"打开"键，随即又会弹出一个对话框，要求输入生成的分幅坐标数据文件名，输入后单击"保存"键。然后按照命令区提示进行输入，命令区提示如下：

"选择分幅方式：（1）根据矩形区域（2）根据封闭复合线 < 1 >"

如果选 1，则系统将提示输入分幅范围西南角和东北角的坐标；如果选 2，则应先在图上用复合线绘出分幅区域边界，用鼠标选择此边界后，即可将区域内的数据分出来。

（2）交换文件　CASS 为用户提供了多种文件形式的数字地图，除 AutoCAD 的 DWG 文件外，还提供了 CASS 本身定义的数据交换文件（后缀为 .cas），这为用户的各种应用带来了极大的方便。由于 .cas 文件是全信息且公开的，因此用户在经过一定的处理后便可将数字地图的所有信息毫无遗漏地导入 GIS，还可以根据自己的 GIS 平台的文件格式开发出相应的转换程序。

CASS 的数据交换文件为用户将其他数字化测绘成果导入 CASS 系统提供了方便。CASS 的操作菜单中提供了双向转换的功能，即"生成交换文件"和"读入交换文件"。也就是说，不论用户的数字化测绘成果是以何种方法、何种软件、何种工具得到的，只要能转换为（生成）CASS 系统的数据交换文件即可将它导入 CASS 系统，为数字化测图工作提供便利。

1）生成交换文件。在 CASS 9.0 软件中，单击"数据处理"→"生成交换文件"命令，如图 8-12 所示。

屏幕上弹出输入数据文件名的对话框，输入数据文件名，单击"保存"按钮。根据提示输入绘图比例尺，即可将当前图形的全部对象数据输入到指定的数据文件中。可用"编辑"下的"编辑文本"命令查看生成的交换文件。

2）读入交换文件。在 CASS 9.0 软件中，单击"数据处理"→"读入交换文件"命令，如图 8-12 所示。屏幕上弹出输入 CASS 交换文件名的对话框，选择要导入的数据文件名。如果当前图形还没有设定比例尺，则系统会提示用户输入比

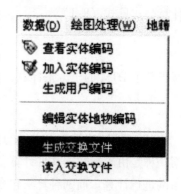

图 8-12　数据处理菜单

例尺。系统根据交换文件的坐标设定图形显示范围，以便交换文件中的所有内容都可以包含在屏幕显示区中了。系统逐行读出交换文件的各图层、各实体的各项空间或非空间信息并将其画出来，同时，各实体的属性代码也被加入。

值得注意的是，读入交换文件将在当前图形中插入交换文件中的实体，因此，如果不想破坏当前图形，则应在此之前打开一幅新图。

二、土方量计算

在各种工程建设，如铁路、公路、港口和城市规划等中，土方量计算是土地整理项目规划设计和项目审查的重要内容之一。土方量的大小与土地整理项目的投资及方案选优直接相关，不同的计算方法结果相差悬殊，因此准确、快速地计算土方量对开展规划设计、控制总投资及分配资金具有重要意义。如何利用测量单位现场测出的地形数据或原有的数字地形数据快速、准确地计算出土方量就成了人们日益关心的问题。比较常见的四种计算土方量的方法有：DTM 法、方格网法、等高线法和区域土方量平衡法。

1. DTM 法土方量计算

（1）DTM 法土方量计算的基本原理 数字地面模型（Digital Terrain Model，DTM）是一群地面点的平面坐标和高程描述地表形状的一种方式。地表任一特征内容，如土壤类型、植被、高程等，均可作为 DTM 的特征值。不规则三角网（TIN）是数字地面模型 DTM 表现形式之一，该法直接利用野外实测的地形特征点（离散点）构造出邻接的三角形，组成不规则三角网结构。三角网构建好以后，用生成的三角网来计算每个三棱柱的填挖方量，最后累积得到指定范围内填方和挖方分界线，从而计算出土方量。三棱柱体上表面用斜平面拟合，下表面均为水平面或参考面。如图 8-13 所示，E、F、G 为地面上相邻的高程点，垂直投影到某平面上的对应点为 A、B、C，A′、B′、C′ 为挖方和填方分界面上的点，Z_1、Z_2、Z_3 为三角形角点填挖高差，S 为三棱柱底面积。挖填方计算公式见式（8-1）。

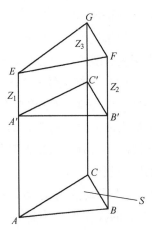

图 8-13 三棱柱体

$$V = \frac{(Z_1 + Z_2 + Z_3)S}{3} \tag{8-1}$$

对于整个 DTM 的土方量计算，只需将 DTM 中每个单网格的体积求和，即式（8-2）。

$$V = \sum_{i=1}^{N} V_i \tag{8-2}$$

（2）DTM 法计算土方量的计算方法 在 CASS 9.0 中，DTM 法土方计算共有三种方法：第一种是由坐标数据文件计算，第二种是依照图上高程点进行计算，第三种是依照图上的三角网进行计算。前两种算法包含重新建立三角网的过程，第三种方法则直接采用图上已有的三角形，不再重建三角网。

DTM 法土方量计算过程中，不管采用哪一种方法，首先在 CASS 9.0 软件中，单击"绘图处理"→"展高程点"命令，将坐标数据文件中碎部点的三维坐标展绘在当前图形中，然后用复合线根据工程需要绘制一条闭合的、作为土方计算的边界。需要特别注意的是，用复合线画出所要计算土方的区域，一定要是闭合的，但是尽量不要拟合，因为拟合过的曲线在进行土方计算时会用折线迭代，影响计算结果的精度，如图 8-14 所示。之后单击"工程应用"→"DTM 法土方量计算"命令，按照条件选择"坐标数据文件"或"依照图上高程点"

命令进行计算，按提示选择边界线后在对话框中显示所求土方区域面积，接着输入"平场标高"和"边界采样间隔"（系统默认为 20m）及进行边坡设置，如图 8-15 所示。在对话框中显示挖方量和填方量，并在系统默认的"dtmtf. log"文件中详细记录着每一个三角形地块的挖方量和填方量数值，同时图上将绘出所分析的三角网和填挖方的分界线（白色线条），如图 8-16 所示。最后用鼠标在图上适当位置单击，CASS 软件会在该处绘出一个表格，包含平场面积、最大高程、最小高程、平场标高、填方量、挖方量和图形，如图 8-17 所示。

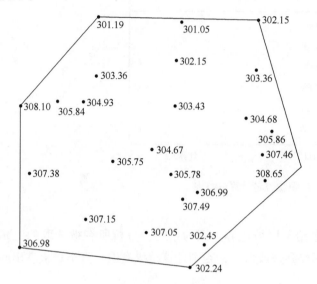

图 8-14　计算土方范围（拟合曲线）

图 8-15　DTM 法土方量计算参数设置

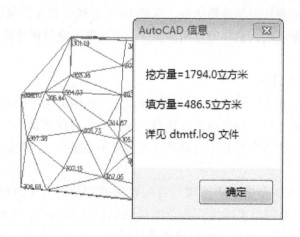

图 8-16　填挖方提示框

　　若采用"根据图上的三角形计算"土方计算，对用上面的完全计算功能生成的三角网进行必要的添加和删除，则会使结果符合实际地形。单击"工程应用"→"DTM 法土方量计算"→"依图上三角网计算"命令，根据提示输入平场标高后，在图上用鼠标逐个或拉框批量选取三角网，确认后屏幕上显示填挖方的提示框，同时图上绘出所分析的三角网和填挖方

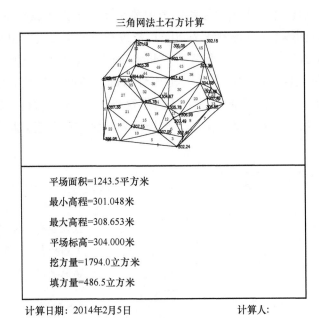

三角网法土石方计算

平场面积=1243.5平方米

最小高程=301.048米

最大高程=308.653米

平场标高=304.000米

挖方量=1794.0立方米

填方量=486.5立方米

计算日期：2014年2月5日   计算人：

图 8-17　填挖方量计算成果表

的分界线（白色线条）。

　　注意，此方法计算土方量时不要求给定区域边界，因为系统会分析所有被选取的三角形，因此在选择三角形时一定要注意不要漏选或多选，否则计算结果有误，且很难检查出问题所在位置。

　　可以看出，DTM 法的精度较高，因为三角网能很好地适应复杂和不规则的地形，从而更好地表达真实的地面特征。但是要注意，虽然 DTM 方法计算土方量精度高，但在其计算过程中数据量大，需要占用大量存储空间。因此，当地图本身数据量较大时就应慎重考虑是否采用该方法。

2. 方格法计算土方量

　　方格网法计算一般用于大面积的土石方估算以及一些地形起伏较小、坡度变化平缓的场地。当测区地形起伏较大时，用格网点计算会产生地形代表性错误，造成精度较低。但是方格网法简便直观，加上土方的计算本身对精度的要求不是很高，因此这一方法在实际工作中还是非常实用的。

　　（1）方格法计算土方量的基本原理　首先将场地划分为若干方格（一般为边长 10～20m 的正方形），从地形图或实测得到每个方格角点的自然标高，由给出的地面设计标高（计算出的地面平均标高），根据各点的地面设计标高（地面平均标高）与自然标高之差即为各角点的施工高度（挖或填），习惯用"＋"号表示填方，"－"号表示挖方，如图 8-18 所示。将施工高度标注于角点上，然后分别计算每一方格的填挖土方量，并算得场地边坡的土方量，所有方格的工程量之和与边坡土方量之和即为整个场地的工程量。

　　1）确定"零线"的位置。零线即挖方区与填方区的分界线，在该线上的施工高度为零。零线的确定方法是：在相邻角点施工高度为一挖一填的方格边线上，根据式（8-3）求

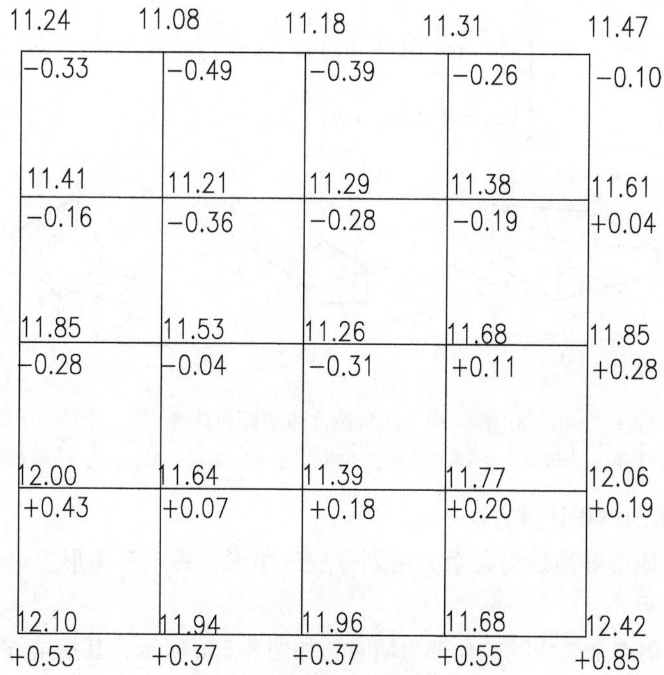

11.24	11.08	11.18	11.31	11.47
-0.33	-0.49	-0.39	-0.26	-0.10
11.41	11.21	11.29	11.38	11.61
-0.16	-0.36	-0.28	-0.19	+0.04
11.85	11.53	11.26	11.68	11.85
-0.28	-0.04	-0.31	+0.11	+0.28
12.00	11.64	11.39	11.77	12.06
+0.43	+0.07	+0.18	+0.20	+0.19
12.10	11.94	11.96	11.68	12.42
+0.53	+0.37	+0.37	+0.55	+0.85

图 8-18　方格点数据示例

得设计高程，在地形图中按内插法绘出零点的位置，将各相邻的零点连接起来即为零线。

$$H_{设} = (\sum H_{角点} + \sum H_{边点} \times 2 + \sum H_{拐点} \times 3 + \sum H_{中点} \times 4)/4N \tag{8-3}$$

式中，N 方格总数。

2）场地挖方和填方的总土方量计算。计算各方格顶点的填充高度（即施工高度）以及将挖方区（或填方区）所有方格计算的土方量和边坡土方量汇总，即得到场地挖方和填方的总土方量。方格中土方量的计算有四角棱柱体法和三角棱柱体法两种。

① 四角棱柱体的体积计算方法。

方格四个角点全部为填或全部为挖，如图 8-19a 所示，其挖方或填方体积见式（8-4）。

$$V = \frac{h_1 + h_2 + h_3 + h_4}{4} a^2 \tag{8-4}$$

式中　h_1、h_2、h_3、h_4——方格四个角点挖或填的施工高度，均取绝对值；

a——方格边长。

方格四个角点中，部分是挖方、部分是填方，如图 8-19b 所示，此时其挖方或填方体积见式（8-5）。

$$\begin{cases} V_{12} = \dfrac{a^2}{4}\left(\dfrac{h_1^2}{h_1 + h_4} + \dfrac{h_2^2}{h_2 + h_3} \right) \\[2mm] V_{34} = \dfrac{a^2}{4}\left(\dfrac{h_4^2}{h_1 + h_4} + \dfrac{h_3^2}{h_2 + h_3} \right) \end{cases} \tag{8-5}$$

方格中的三个角点为挖方，另一角点为填方，如图 8-19c 所示，此时其挖方或填方体积见式（8-6）。

$$\begin{cases} V_4 = \dfrac{a^2}{6}\left(\dfrac{h_4^3}{(h_1+h_4)(h_3+h_4)}\right) \\ V_{123} = \dfrac{a^2}{6}(2h_1+h_2+2h_3-h_4)+V_4 \end{cases} \qquad (8\text{-}6)$$

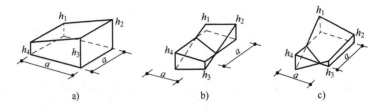

图 8-19　四角棱柱体的体积计算

a）角点全填或全挖　b）角点二填或二挖　c）角点一填（挖）三挖（填）

② 三角棱柱体的体积计算方法。

计算时先顺着地形等高线将各个方格划分成三角形，每个三角形三个角点的填挖施工高度用 h_1、h_2、h_3 表示。

当三角形三个角点全部为挖或全部为填时，如图 8-20a 所示，其挖填方体积见式（8-7）。

$$V = \frac{h_1+h_2+h_3}{6}a^2 \qquad (8\text{-}7)$$

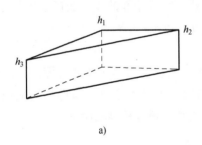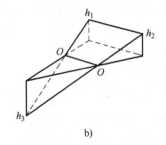

图 8-20　三角棱柱体的体积计算

a）全填或全挖　b）锥体部分为填方

当三角形三个角点有填有挖时，零线将三角形分成两部分，一个是底面为三角形的锥体，一个是底面为四边形的楔体，如图 8-20b 所示，其锥体部分和楔体部分的体积见式（8-8）。

$$\begin{cases} V_{锥} = \dfrac{a^2}{6}\left[\dfrac{h_3^3}{(h_1+h_3)(h_2+h_3)}\right] \\ V_{楔} = \dfrac{a^2}{6}\left[\dfrac{h_3^3}{(h_1+h_3)(h_2+h_3)} - h_3 + h_2 + h_1\right] \end{cases} \qquad (8\text{-}8)$$

式中　h_3——锥体顶点的施工高度。

用方格网法计算土方量，设计面可以是水平的，也可以是倾斜的。

（2）方格网法计算土方量的计算方法　在南方 CASS 软件中，首先将方格的四个角上的高程相加（如果角上没有高程点，则通过周围高程点内插得出其高程），取平均值与设计高程相减；然后通过指定的方格边长得到每个方格的面积；最后用长方体的体积计算公式得到填挖方量。方格网法简便直观，易于操作，因此这一方法在实际工作中应用非常广泛。

　　使用方格网法计算土方量，设计面可以是水平的，也可以是倾斜的。

　　1）水平设计面的操作步骤。用复合线画出所要计算土方的区域，一定要闭合，但是尽量不要拟合。因为拟合过的曲线在进行土方计算时会用折线迭代，影响计算结果的精度。单击"工程应用"→"方格网法土方计算"命令。屏幕上将弹出"方格网土方计算"对话框，在对话框中选择所需坐标文件，如图 8-21 所示。

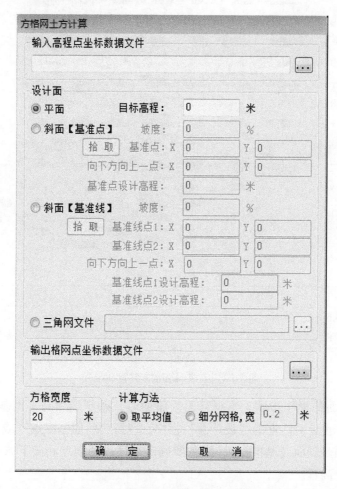

图 8-21　"方格网土方计算"对话框

系统提示：

　　"选择土方计算边界线"，用鼠标点取所画的闭合复合线；

　　"输入方格宽度：（米）＜20＞"，这是每个方格的边长，默认值为 20m。由原理可知，方格的宽度越小，计算精度越高。但如果给的值太小，超过了野外采集的点的密度也是没有实际意义的；

　　"最小高程 = ××××，最大高程 = ××××"；

　　"设计面是：（1）平面（2）斜面 ＜1＞"，直接按 ＜Enter＞ 键；

"输入目标高程：（米）"，输入设计高程，按 <Enter> 键；

"挖方量 = ××××立方米，填方量 = ××××立方米"。

同时，图上绘出所分析的方格网和填挖方的分界线（绿色折线），并给出每个方格的填挖方、每行的挖方和每列的填方，结果如图 8-22 所示。

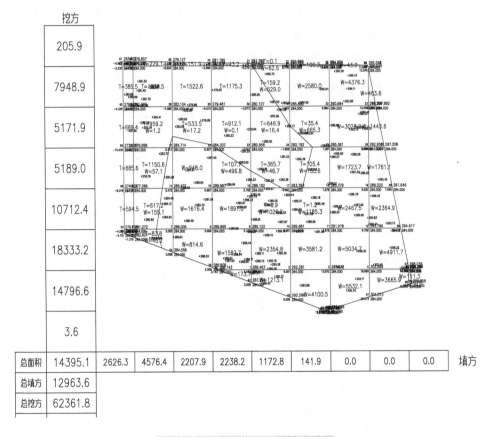

图 8-22　方格网法土方计算成果图

2）斜面设计面的操作步骤。当设计面为斜面时，操作步骤与平面基本相同，区别在于，在方格网土方设计对话框的"设计面"栏中，选择"斜面基准点"或"斜面基准线"。

如果设计的面是斜面（基准点），则需要确定坡度、基准点和向下方向上一点的坐标，以及基准点的设计高程。

单击"拾取"，命令行提示：

"点取设计面基准点："，确定设计面的基准点；

"指定斜坡设计面向下的方向："，点取斜坡设计面向下的方向；

如果设计的面是斜面（基准线），则需要输入坡度并点取基准线上的两个点以及基准线向下方向上的一点，最后输入基准线上两个点的设计高程即可进行计算。

单击"拾取"，命令行提示：

"点取基准线第一点："，点取基准线的一点；

"点取基准线第二点："，点取基准线的另一点；

"指定设计高程低于基准线方向上的一点:",指定基准线方向两侧低的一边。

3. 等高线法土方量计算

（1）等高线法土方量计算的基本原理 在地形图上，可以利用图上等高线计算体积，如水库库容量和山丘体积等。图 8-23 所示为一小山丘，要计算 100m 高程以上的土方量，首先量算各等高线围成的面积，各层的体积可分别按台体和锥体的公式计算。将各层体积相加，即得到总的体积（土方量）。

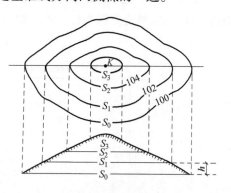

设 S_0、S_1、S_2 和 S_3 为各等高线围成的面积，h 为等高距，h_k 为山顶到最上一条等高线的高差，则体积计算见式（8-9）。

图 8-23 小山丘的土方量计算

$$
\begin{cases}
V_1 = \dfrac{1}{2}(S_0 + S_1)h \\[2mm]
V_2 = \dfrac{1}{2}(S_1 + S_2)h \\[2mm]
V_3 = \dfrac{1}{2}(S_2 + S_3)h \\[2mm]
V_4 = \dfrac{1}{3}S_3 h_k
\end{cases}
\tag{8-9}
$$

土方量 V 的计算公式见式（8-10）。

$$
V = \sum_{i=1}^{n} V_i \tag{8-10}
$$

（2）等高线法计算土方量的计算方法 用户将纸制地形图扫描矢量化后可以得到图形，但这样的图都没有高程数据文件，所以无法用 DTM 法、方格法和断面法计算土方量。一般来说，这些地形图上都会有等高线。在南方 CASS 软件中，开发了由等高线计算土方量的功能，专为这类用户设计。使用此功能可计算任意两条等高线之间的土方量，但所选等高线必须闭合。由于两条等高线所围面积可求，两条等高线之间的高差已知，因此可求出这两条等高线之间的土方量，具体操作方法如下：

单击"工程应用"→"等高线法土方计算"，屏幕提示：

选择参与计算的封闭等高线可逐个点取参与计算的等高线，也可按住鼠标左键拖框选取，但是只有封闭的等高线才有效；

按＜Enter＞键后屏幕提示："输入最高点高程：＜直接回车不考虑最高点＞"；

按＜Enter＞键后屏幕弹出如图 8-24 所示的总方量消息框；

图 8-24 等高线法土方计算总方量消息框

按<Enter>键后屏幕提示："请指定表格左上角位置：<直接回车不绘制表格>"，在图上空白区域单击鼠标右键，系统将在该点绘出计算成果表格，如图8-25所示。

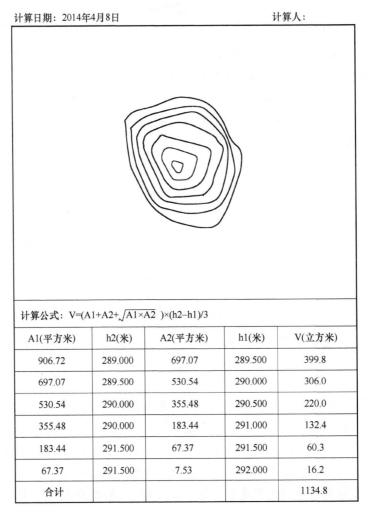

等高线法土石方计算

计算日期：2014年4月8日　　　　　　　　　　　　　计算人：

计算公式：$V=(A1+A2+\sqrt{A1\times A2})\times(h2-h1)/3$

A1(平方米)	h2(米)	A2(平方米)	h1(米)	V(立方米)
906.72	289.000	697.07	289.500	399.8
697.07	289.500	530.54	290.000	306.0
530.54	290.000	355.48	290.500	220.0
355.48	290.000	183.44	291.000	132.4
183.44	291.500	67.37	291.500	60.3
67.37	291.500	7.53	292.000	16.2
合计				1134.8

图8-25　等高线法计算土方成果示意图

可以从图8-25所示的表格中看到，每条等高线围成的面积和两条相邻等高线之间的土方量，还有计算公式等。

4. 区域土方量平衡法

土方平衡的功能常在场地平整时使用。当一个场地的土方平衡时，挖掉的土石方刚好等于填方量。以填挖方边界线为界，从较高处挖得的土石方直接填到区域内较低的地方，就可完成场地平整，这样可以大幅度减少运输费。此方法只考虑体积上的相等，并未考虑砂石密度等因素。

在图上展出高程点，用复合线绘出需要进行土方平衡计算的边界。

单击"工程应用"→"区域土方平衡"→"根据坐标数据文件（根据图上高程点）"命令。

如果要分析整个坐标数据文件，则可直接按 < Enter > 键；如果没有坐标数据文件，而只有图上的高程点，则选择图上高程点。

命令行提示："选择边界线"，点取第一步所画闭合复合线；

"输入边界插值间隔（米）：< 20 >"。

这个值将决定边界上的取样密度，如前面所说，如果密度太大，超过了高程点的密度，则实际意义并不大，因此一般用默认值即可。

如果前面选择"根据坐标数据文件"，则这里将弹出对话框，要求输入高程点坐标数据文件名，如果前面选择的是"根据图上高程点"，则此时命令行将提示：

"选择高程点或控制点："，用鼠标选取参与计算的高程点或控制点，按 < Enter > 键后弹出如图 8-26 所示的对话框。

图 8-26　土方量平衡对话框

同时命令行出现提示：

"平场面积 = ××××平方米"；

"土方平衡高度 = ×××米，挖方量 = ×××立方米，填方量 = ×××立方米"；

单击对话框中的"确定"按钮，命令行提示：

"请指定表格左下角位置：< 直接回车不绘制表格 >"；

在图上空白区域单击，即图上绘出计算结果表格，如图 8-27 所示。

三、断面图绘制

工程设计中，当需要知道某一方向的地面起伏情况时，可按此方向直线与等高线交点求得平距与高程，绘制断面图。

为了明显地表示地面的起伏变化，高程比例尺通常取水平距离比例尺的 10 ~ 20 倍。为了正确地反映地面的起伏形状，方向线与地性线（山谷线、山脊线）的交点必须在断面图

区域土方量平衡法土石方计算

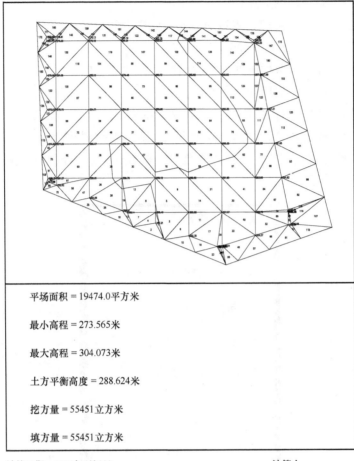

平场面积 = 19474.0平方米

最小高程 = 273.565米

最大高程 = 304.073米

土方平衡高度 = 288.624米

挖方量 = 55451立方米

填方量 = 55451立方米

计算日期：2014年4月8日　　　　　　　　　　　　　　　　　　计算人：

图 8-27　区域土方量平衡计算结果示意图

上表示出来，以使绘制的断面曲线更符合实际地貌，其高程可按比例内插求得。

CASS 9.0 绘制断面图的方法有由图面生成、根据里程文件、根据等高线、根据三角网四种。

1. 由图面生成

坐标文件指野外观测得的包含高程点文件，具体方法如下：

先用复合线生成断面线，单击"工程应用"→"绘断面图"→"根据已知坐标"命令。

系统提示："选择断面线"，用鼠标点取上步所绘断面线，屏幕上弹出"断面线上取值"对话框，如图 8-28 所示，如果在"选择已知坐标获取方式"选项区中选中"由数据文件生成"单选按钮，则在"坐标数据文件名"栏中选择高程点数据文件；

如果选中"由图面高程点生成"单选按钮，此步则为在图上选取高程点，前提是图面存在高程点，否则此方法无法生成断面图；

系统提示："输入采样点间距："，输入采样点的间距，系统的默认值为 20m。采样点的

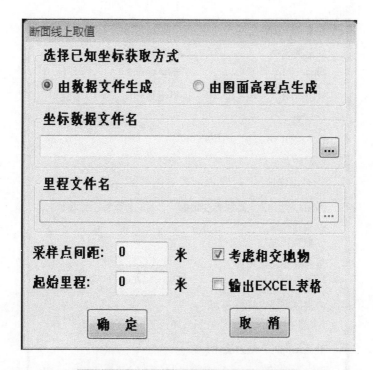

图 8-28　"选择已知坐标获取方式"对话框

间距的含义是复合线上两顶点之间若大于此间距，则每隔此间距内插一个点；

系统提示："输入起始里程 < 0.0 >"，系统默认起始里程为 0；

单击"确定"按钮后，屏幕弹出"绘制纵断面图"对话框，如图 8-29 所示；

输入相关参数，如：

横向比例为 1: < 500 > 输入横向比例，系统的默认值为 1:500；

纵向比例为 1: < 100 > 输入纵向比例，系统的默认值为 1:100；

断面图位置：可以手工输入，也可在图面上拾取；

可以选择是否绘制平面图、标尺、标注；还有一些关于注记的设置。

单击"确定"按钮后，在屏幕上出现所选断面线的断面图，如图 8-30 所示。

2. 根据里程文件

根据里程文件绘制断面图，里程文件格式请详见 CASS 9.0 软件《参考手册》第五章。

一个里程文件中可包含多个断面的信息，此时绘断面图就可一次绘出多个断面。

在里程文件的一个断面信息内允许有该断面不同时期的断面数据，这样绘制这个断面时就可以同时绘出实际断面线和设计断面线。

执行"工程应用"→"绘断面图"→"根据里程文件"命令。弹出"输入断面里程数据文件"对话框，在对话框中输入断面里程数据文件名，单击"确定"按钮，弹出"绘制纵断面图"对话框，输入横向比例和纵向比例，指定断面图位置，单击"确定"按钮后，在屏幕上出现断面图。

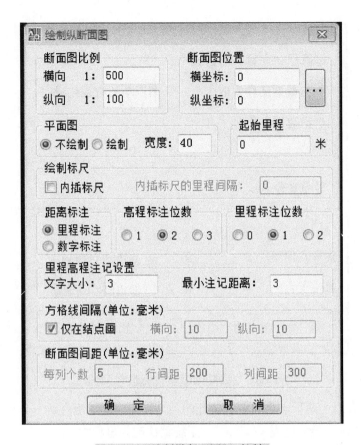

图 8-29 "绘制纵断面图"对话框

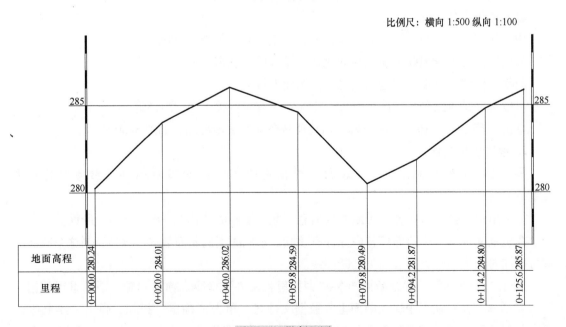

图 8-30 纵断面图

3. 根据等高线

如果图面中存在等高线，则可以根据断面线与等高线的交点来绘制纵断面图。

执行"工程应用"→"绘断面图"→"根据等高线"命令，命令行提示：

"请选取断面线："，选择要绘制断面图的断面线；

屏幕弹出绘制纵断面图对话框，具体操作方法详见"1. 由坐标文件生成"中的内容。

4. 根据三角网

如果图面存在三角网，则可以根据断面线与三角网的交点来绘制纵断面图。

单击"工程应用"→"绘断面图"→"根据三角网"命令，命令行提示：

"请选取断面线："，选择要绘制断面图的断面线；

屏幕弹出绘制纵断面图对话框，具体操作方法详见"1. 由坐标文件生成"中的内容。

课题2　数字地形图在数字地面模型中的应用

【学习目标】

1. 了解数字地面模型的概念及特点。

2. 掌握数字地面模型的建立方法。

3. 了解数字地面模型的应用。

一、数字地面模型的概念及特点

1. 数字地面模型概述

1956 年，美国麻省理工学院 Miller 教授在研究高速公路自动设计时首次提出数字地面模型 DTM（Digital Terrain Model）。

数字地形模型（Digital Terrain Model，简称 DTM 或"数模"）是一个表示地形特征的、空间分布的、有规则的数字阵列，也就是地表单元平面位置及其地形属性的数字化信息的有序集合。它是地表二维地理空间位置和其相关的地表属性信息的数字化表现，可表示为：$A_i = F(x_i, y_i)$，$i = 1 \cdots n$。式中，A_i 是任一平面位置（x_i, y_i）的地表特有信息值，一般有：①基本地貌信息，如高程、坡度、坡向等地貌因子；②自然地理环境信息，如土壤、植被、气候和地质分布等；③自然构筑物，如河流、水系等，以及人工构筑物，如公路、铁路、居民地等；④社会人文经济信息，如人口分布和工农业产值等。

根据不同的 A_i 值，其名称也稍有不同，如当 A_i 为高程时，称为数字高程模型（Digital Height（Elevation）Model，DHM（DEM））；当 A_i 为土壤分布时，称为数字土壤模型。然而，不管怎样，都是对叠加在二维地理位置上的地表属性信息的数字描述，统称为数字地面模型，考虑到它的多样性，一般用 DTMs 表示。F 表达了平面位置（x_i, y_i）和 A_i 的空间相关关系，从这一意义上讲，DTMs 是"2.5维"的而非三维。

20 世纪 80 年代以来，对 DTM 的研究与应用已涉及 DTM 系统的各个环节。在测量工作中，数字地面模型 DTM 是地形起伏的数字表达，它由对地形表面取样所得到的一组点的 X、Y、Z 坐标数据和一套对地面提供连续的描述算法组成。简单地说，DTM 是按一定结构组织在一起的数据组，代表地形特征的空间分布。DTM 是建立地形数据库的基本数据，可以用来制作等高线图和专题图等多种图解产品。通过 DTM 可以得到有关区域中任一点的地形情况，计算出任一点的高程并获得等高线。DTM 还可以用于计算区域面积、划分土地、计算土方工程量、获取地形断面和坡度信息等。

数字高程模型（Digital Elevation Model，DEM）是在高斯投影平面上规则格网点的平面坐标（X，Y）及其高程（Z）的数据集。DEM 的水平间距可随地貌类型的不同或实际工程项目的要求而改变。

与传统地形图相比，DEM 作为地形表面的一种数字表达形式，具有以下特点：

1）精度不会损失。常规地形图随着时间的推移，图纸会变形，失掉原有的精度。而 DEM 采用数字媒介，因此能保持精度不变。另外，由常规地形图用人工方法制作其他种类的地形图，精度会受到损失，而由 DEM 直接输出，精度可得到控制。

2）容易以多种形式显示地形信息。地形数据经过计算机软件处理后，产生多种比例尺的地形图、纵横断面图和立面图。而常规地形图一经制作完成后，比例尺不容易改变，改变或绘制其他形式的地形图需要人工处理。

3）容易实现自动化、实时化。常规地形图要增加和修改都必须重复相同的工作，劳动强度大且周期长，不利于地形图的实时更新。而数字形式的 DEM，当需要增加或改变地形信息时，只需将修改信息直接输入计算机，经过软件处理后立即可产生实时化的各种地形图。

2. 数字地面模型的种类及特点

由于数模原始数据点的分布形式不同，数据采集的方式不同，数据处理、内插的方法不同，以及最后的输出格式不同等原因，因此数字地面模型的种类较多。根据数模中已知数据点的分布形式并考虑到数据输出格式及数据处理方式，可将数字地面模型大致地分为规则数模、半规则数模和不规则数模三大类。各类数模的主要特点如下：

（1）规则数模　规则数模是指原始地形点之间均有固定的联系，如方格网数模、矩形格网数模和正三角形格网数模等，如图 8-31 所示。在格网之间待定点的高程，常采用局部多项式进行内插。

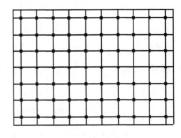

图 8-31　矩形格网

由于每个已知点相对于周围已知点的位置是固定的，因此若按规则格网方式采集数据建立数模，量测地形点简单、客观，无须判读地形，易于实现数据采集的自动化、半自动化。由于格网是规则等距的，因此在计算机中只需储存各个格网节点的高程值，而平面坐标只需记录第一个格网节点即可，其余节点的平面坐标根据其格网管理信息很容易在计算机中确定和恢复，这可大为节省计算机内存，如图 8-32 所示。该类数模的另一优点是输出形式简单、数据结构良好、便于应用，内插待定点高程时，检索与内插简单快速。

这种数模最大的缺点是原始数据不能适应地形的变化，除十分均匀的地形外，已知点没有与地形特征点联系起来，易遗漏地形变化点。由于数据采集按规则格网方式进行，因此一且间距给定，所有已知点的平面位置就是固定的，从而导致地形变化大的地方地面信息不足，而地形均匀、平缓的区域的冗余数据点太多这种精度不一的现象。此外，由于规则格网节点不能兼顾地形变化线和地形特征点，因此格网中也就难于确定地面坡度的变化，从而导致高程内插精度降低。若要使规则格

$$\begin{bmatrix} h_{0,0} & h_{0,1} & \cdots & h_{0,n-1} & h_{0,n} \\ h_{1,0} & h_{1,1} & \cdots & h_{1,n-1} & h_{1,n} \\ \vdots & \vdots & & \vdots & \vdots \\ h_{m,0} & h_{m,1} & \cdots & h_{m,n-1} & h_{m,n} \end{bmatrix}$$

图 8-32　存储结构

网数模更好地表示地形，则只有将格网间距缩小，但这将导致原始数据的采集工作成倍增加。

规则格网数模一般适用于地形较平缓和变化均匀的区域，以及用于搜索地形等高线、绘制地形全景透视和对内插速度要求极高的路线平面优化中内插地面线等方面。

（2）半规则数模　半规则数模是指各原始数据点之间均有一定的联系，如用地形断面或等高线串表示的数模。

沿等高线采集的一系列同一高程的 X、Y 坐标的地形高程信息（二维串线），以及沿地形特征线、断裂线、地物、水系等各种信息采集的一系列 X、Y、Z 三维坐标信息（三维串线）所组成的数模，称为串状数模。由于等高线具有在地形坡度大的地方密，在地形平缓处稀的特征，因此地形点的分布与密度能很好地适应地形变化，如图 8-33 所示。此外，由于各种断裂线、地物和水系信息可用三维串线在数模中表示，因此能方便地进行处理，从而使程序功能大为加强，这是串状数模最为突出的优点。

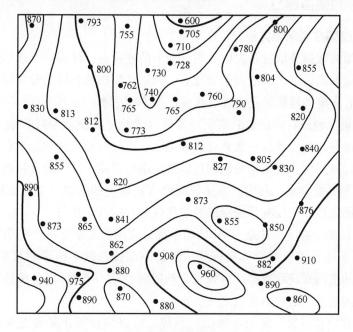

图 8-33　等高线

半规则数模能较好地适应地形变化，内插精度较高，但数据采集不能实现自动化，原始数据的分布与密度易受操作人的主观影响，建立数模过程中的程序处理较规则数模复杂。

（3）不规则数模　不规则数模，其原始地形数据点之间无任何联系，点的分布是随机

的，一般常采集地形特征点、变坡点、反坡点、山脊线、山谷线等处。常见的有散点数模、三角网数模等。实际应用中主要采用的是不规则三角形格网（Triangle Irregulation Network，TIN），如图 8-34 所示。

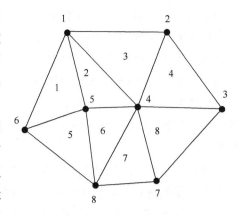

图 8-34　不规则三角形格网

三角网（DTM）是指按一定规则构成的不规则三角网（Triangulated Irregular Network，TIN）。通常是将按地形特征采集的点，连接成覆盖整个区域且互不重叠的三角形。建立 TIN 的规则主要是基于最佳三角形的条件，即尽可能使每个三角形保持锐角三角形或三边的长度近似相等，避免出现过大的钝角和过小的锐角。

三角网数字地面模型由于能够很好地顾及地貌特征点、线，表示复杂地貌形态比矩形格网（Grid）更精确，因此近年来得到了较快的发展和应用。TIN 的缺点在于，它比矩形格网 DEM 更复杂，它不仅要存储每个点的高程，还要存储其平面坐标、网点连接的拓扑关系、三角形及邻接三角形等信息。

二、数字地面模型建立

1. 数字地面模型数据采集方法

数字地面模型的数据获取就是提取并测定地形的特征点，即将一个连续的地形表面转化成一个以一定数量的离散点表示的离散的地表。离散点数据的获取是建立数模最费工时但却最重要的一步，它影响着建模的正确性、精度、效率和成本。

（1）地面测量　利用自动记录的测距经纬仪（常用电子速测经纬仪或全站经纬仪）可以在野外实测，这种速测经纬仪一般都有微处理器，可以自动记录和显示有关数据，还能进行多种测站上的计算工作。其记录的数据可以通过串行通信，输入到计算机中并进行处理。

（2）既有地形图数字化　利用数字化仪对已有地图上的信息（如等高线）进行数字化的方法，目前常用的数字化仪有手扶跟踪数字化仪和扫描数字化仪。

（3）数字摄影测量系统　这是 DEM 数据采集最常用的方法之一。利用附有的自动记录装置（接口）的立体测图仪或立体坐标仪、解析测图仪及数字摄影测量系统，进行人工、半自动或全自动的量测来获取数据。高效、自动提取 DTM/DEM，以及预处理和多种编辑功能，是数字摄影测量系统的突出优点之一。

（4）GPS 全球定位系统　利用全球定位系统，可以结合雷达和激光测高仪等进行数据采集。

2. 数据预处理

获得建立数字地面模型 DTM 所需的数据来源后，应当进行 DTM 数据预处理。DTM 的数据预处理是 DTM 内插前的准备工作，它是整个数据处理的一部分，一般包括数据格式转换、坐标系统变换、数据编辑、栅格数据的矢量化转换和数据分块等内容。如果数据采集的软件具有数据预处理的相关功能，数据预处理相关内容也可以在数据采集时同时进行。

（1）格式转换　因为数据采集的软、硬件系统各不相同，所以数据的格式也可能各不相同。常用的数据代码有 ASCII 码、BCD 码和二进制码。每一记录的各项内容及每项内容的数据类型，所占位数也可能各不相同。在进行 DTM 数据内插前，要根据内插软件的要求，将各种数据转换成该软件所要求的格式。

（2）坐标变换　在进行 DTM 数据内插前，要根据内插软件的要求，将采集的数据转换到地面坐标系下。地面坐标系一般采用国际坐标系，也可以采用局部坐标系。

（3）数据编辑　将采集的数据用图形方式显示在计算机屏幕上，作业人员根据图形交互式地剔除错误的、过密的、重复的点，发现某些需要补测的区域并进行补测，对断面扫描数据，还要进行扫描系统误差的改正。

（4）将栅格数据转换为矢量数据　若 DTM 的数据来源是由地图扫描数字化仪获取的地图扫描影像，其得到的是一个灰度阵列。首先要进行二值化处理，再经过滤波或形态处理，并进行边缘跟踪，获取等高线上按顺序排列的点坐标，即矢量数据，供以后建立 DTM 使用。

（5）数据分块　由于数据采集方式不同，因此数据的排序顺序也不同。例如，等高线数据是按各条等高线采集的先后顺序排列的，但内插时，待定点常常只与其周围的数据点有关，为了能在大量的数据点中迅速找到所需的数据点，必须要将数据进行分块。一般情况下，为了保证分块单元之间的连续性，相连单元间要有一定的重叠度。

（6）子区边界的选取　根据离散的数据点内插规则格网 DTM，通常是将测区地面看作一个光滑的连续曲面。但实际上，地面上存在各式各样的断裂线，如陡坎、山崖和各种人工地物，使得测区地面并不光滑，这就需要将测区地面分成若干个子区，使每个子区的表面为一个连续光滑曲面。这些子区的边界由特征线与测区的边界线组成，可以使用相应的算法进行提取。

3. 数据内插

数字地面模型 DTM 的表示形式主要包括不规则的三角网和规则的矩形格网。在实际生产中，最常用的是规则矩形格网的数字高程模型 DEM。格网通常是正方形，它将区域空间切分为规则的格网单元，每个格网单元对应一个二维数组和一个高程值，用这种方式描述地面起伏称为格网数字高程模型。

数字高程模型 DEM 的数据内插就是根据参考点（已知点）上的高程求出其他待定点上的高程，在数学上属于插值问题。由于所采集的原始数据排列一般是不规则的，因此为了获得规则格网的 DEM，内插是必不可少的过程。内插的方法很多，但任何一种内插方法都认为邻近的数据点之间存在很大的相关性，这才有可能由邻近的数据点内插出待定点的数据。对于一般地面来说，连续光滑条件是满足的，但大范围内的地形是很复杂的，因此整个测区的地形很可能不能像通常的数学插值那样用一个多项式来拟合，而应采用局部函数内插。需要将整个测区分成若干分块，对各个分块根据地形特征使用不同的函数进行拟合，并且要考虑相连分块函数间的连续性。对于不光滑甚至不连续的地表面，即使是在一个计算单元内，也要进一步分块处理，且不能使用光滑甚至连续条件。DEM 数据内插的方法很多，下面仅介绍由三角网、等高线转换为格网 DEM 的算法。

（1）三角网转换成格网 DEM　三角网转换成格网 DEM 的方法是按照要求的分辨率和方向生成格网 DEM，对每一个格网搜索最近的三角网数据点，按线性插值函数计算格网点的高程。

在三角网中，可由三角网求该区域内任一点的高程。首先要确定所求点 K（x，y，z）落在三角网的哪个三角形中，即要检索出用于内插 K 点高程的三个三角网点，然后用线性内插计算高程。

若 K（x，y，z）所在的三角形为 $\triangle ABC$，三顶点的坐标分别为：（x_1，y_1，z_1），（x_2，y_2，z_2）和（x_3，y_3，z_3），则由 A、B 和 C 确定的平面方程见式（8-11）。

$$\begin{vmatrix} x - x_1 & y - y_1 & z - z_1 \\ x_2 - x_1 & y_2 - y_1 & z_2 - z_1 \\ x_3 - x_1 & y_3 - y_1 & z_3 - z_1 \end{vmatrix} = 0 \tag{8-11}$$

令

$$\begin{cases} x_{21} = x_2 - x_1, x_{31} = x_3 - x_1 \\ y_{21} = y_2 - y_1, y_{31} = y_3 - y_1 \\ z_{21} = z_2 - z_1, z_{31} = z_3 - z_1 \end{cases}$$

则 K 点的高程为

$$z = z_1 - \frac{(x - x_1)(y_{21}z_{31} - y_{31}z_{21}) + (y - y_1)(z_{21}x_{31} - z_{31}x_{21})}{x_{21}y_{31} - x_{31}y_{21}} \tag{8-12}$$

（2）等高线转换成格网 DEM　若原始数据是等高线，则可采用三种方法生成格网 DEM，即等高线离散化法、等高线直接内插法和等高线构建不规则三角网法。实践证明，先由等高线生成不规则三角网再内插格网 DEM 的精度和效率都是最好的。等高线构建不规则三角网的方法如下：

第一步，将等高线上的点离散化后，由离散点生成不规则三角网。建立不规则三角网的基本过程是将邻近的三个数据点连接成初始三角形，再以这个三角形的每一条边为基础连接邻近的数据点，组成新的三角形。如此继续下去，直至所有的数据点均已连成三角形为止。在建网的过程中，要确保三角形网中没有交叉和重复的三角形。以三角形的一边向外扩展时，如图 8-35 所示，首先排除和三角形位于同一侧的数据点，然后在另一侧，利用余弦定理（见式 8-13）

$$\cos C = \frac{a^2 + b^2 - c^2}{2ab} \tag{8-13}$$

找出与扩展边两端点之间形成的夹角为最大的一个数据点作为组成新三角形的点。

在构建不规则三角网时，若只考虑几何条件，则在某些区域可能会出现与实际地形不相符的情况，如在山谷线处可能会出现三角形悬空，在山脊线可能会出现三角形穿于地下等。所以，在构网时还应引入地性线，并给地性线上的数据点编码，优先连接地性线上的边，然后再在此基础上构网。

第二步，由三角网进行内插生成格网 DEM（具体方法前面已详细阐述）。

4. 数据存储

经内插得到的数字高程模型 DEM 数据需要用一定的结构和格式存储起来，以便于各种应用。通常以图幅为单位建立文件，文件头存放有关的基础信息，包括数据记录格式、起点（图廓的左下角点）平面坐标、图幅编号、格网间隔、区域范围、原始资料有关信息、数据采集仪器、采集的手段和方法、采集的日期与更新日期、精度指标等。

各格网点的高程是 DEM 数据主体。对小范围的 DEM，每一记录为一点高程或一行高程数据。但对于较大范围的 DEM，其数据量较大，一般采用数据压缩的方法存储数据。除了格网点高程数据外，文件中还应存储该地区的地形特征线和特征点的数据，它们可以用向量方式存储，也可以用栅格方式存储。

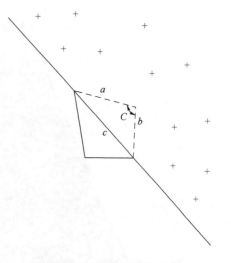

图 8-35　以三角形一边向外扩展

三、数字地面模型的应用

数字地面模型已经有很广泛的应用领域，实质都是分析或研究二维或三维空间离散点数据的分布情况，而这些离散点可以是地理位置坐标点，也可以是图像上的像素点，还可以是表示质量、温度等可量化的、具有实际意义的离散点，其发展空间非常广阔。

1. 数字地面模型在道路工程中的应用

数字地面模型在道路工程中的应用主要有以下三个方面。

（1）原始地面的分析　采集地面离散点数据，生成三角网，从而模拟出地形模型，进而根据模型分析地貌和地势等特征。

（2）设计面的表达　在地面三角网模型的基础上，根据道路中线，在某桩号处作中线的垂线，则该直线在三角网上的投影即为道路横断面地面线，从而可以提取道路横断面的数据。

（3）分析地面和设计面的关系　对道路设计面的数据建立三角网并叠加到地面三角网上，可以为分析道路各桩号处地面和设计面的相互关系提供直观的形象依据，如图 8-36 所示。

2. 数字地面模型在公路勘测设计中的应用

数模在路线优化设计中的应用最具广阔前景的是借助三维模型的立体线形的优化技术。通过数模表示的三维地形表面与工程设计模型叠加而产生的带真实背景的三维实体工程模型，可进行工程设计的评估和修改，以期消除后患，提高工程设计质量，还可以在模型基础上进行环境和绿化等设计。随着计算机技术和路线 CAD 技术的发展，道路数字地面模型的优势也将愈加明显。

（1）路线优化设计　在建立道路数字地面模型的基础上，只需把选定的平面线起讫点、交点的平面坐标及平曲线要素输入 CAD 系统，计算机便可自动从数模中内插出路线设计所

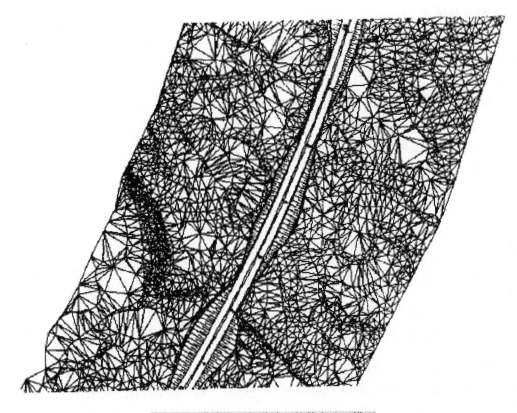

图 8-36 道路地面与设计面的数字地面模型

需的地形数据以及为绘制路线平面图所需的地形等高线串状数据，且配合路线优化及辅助设计程序就可快速完成路线设计的各项内业工作，并输出各项成果设计文件。数模与航测、路线 CAD 相结合，将形成覆盖数据采集与处理、路线设计与计算及设计图表输出的设计全过程的路线设计一体化系统，这是公路测设现代化的发展方向。

路线优化设计有两种情况：迭代寻优和方案比选。基于多种原因，后者在实际中应用比较多，但前者一直是公路界研究的方向。不管在哪种情况中，数字地面模型都是为每一个可行方案提供内插纵、横断面地面线数据之用。数模在路线优化设计中的最大功能是可使设计人员在无须进行进一步测量的情况下，比较所有可能的平面线形，进行路线平面优化及空间优化，从而找出最佳路线方案。

（2）制作公路全景透视图　通过路线 CAD 系统提供的路线平面逐桩坐标，在数模上插值出路线纵断面地面线和横断面地面线。路线 CAD 系统利用插值出的地面线进行路线纵断面和横断面设计，生成路线纵断面和横断面设计线数据。通过路线 CAD 系统建立路基三维模型（设计曲面模型），通过道路数字地面模型子系统生成地形三维模型（地表曲面模型），设计曲面模型和地表曲面模型在 CAD 中经叠合、消隐，生成静态三维全景透视图，然后借助 3ds Max 做渲染和动画，生成公路动态全景透视图。

3. 数字地面模型在三维地质建模中的应用

许多地质调查和观察的结果为一系列离散的、空间上分布不均匀的数据，而对许多现象的解释，往往都是基于这些数据做出的。这就要求大量使用插值技术、三维可视化技术以及对数据或模型的操作，来检验多个理论假说。许多地质现象都是三维的或多维的，因此，运用交互的三维模拟与可视化方法，可以更加准确地表示和描述复杂的地质现象，如断层、地层及复杂的岩石特性等的变化。

通常一个三维地质模型需要表达地形、地层、岩性、断层、结构面、风化线、地下水位线、覆盖层与基岩分界线等要素。把各种要素按照其几何形态可分为两类：一类是面状要素，如地形、断层、结构面、风化线、地下水位线、覆盖层与基岩分界线等；另一类是体状要素，如地层和岩性等。面状要素通常可抽象为一个三维表面，可用不规则三角网格来描述；而体状要素通常可抽象为一个三维实体，用实体模型进行描述。某大坝边坡地质模型如图 8-37 所示。

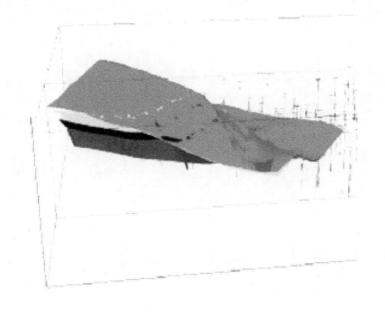

图 8-37　某大坝边坡地质模型

───── 【单元小结】 ─────

数字测图的发展应用渗透到了科学、技术及工程建设各个领域，生产建设对数字地图的需求十分迫切。数字地图已经成为一种极其重要的空间信息产品，结合"3S"技术，正在形成一个数字地形综合应用体系。发展数字地图产业，构建数字中国地理空间基础框架是测绘地理信息行业光荣而艰巨的任务。

───── 【习　题】 ─────

1. 试述数字地形图的基本应用，并结合实例完成实践操作。

2. 试述利用数字地形图计算土石方量的四种方法，并说明各自的适用范围，且结合实例计算土方量。

3. 试述利用数字地形图绘制断面图的四种方法，并说明各自的适用范围，且结合实例绘制断面图。

4. 什么是数字地面模型（DTM)？简述数字地面模型的特点。

5. 什么是数字高程模型？简述数字高程模型的特点。

6. 数字地面模型的表示形式有哪三种？各有什么优缺点？

7. 什么是 DEM 数据内插？

附录

清华山维数字测图软件简介

清华山维 EPSW 电子平板测图系统软件是由北京清华山维新技术开发有限公司编制，用于数字成图的专业软件。下面以 EPSW 2005 版为例，对该软件的使用方法进行简要介绍。

一、EPSW 2005 基本运行环境及安装过程

1. 硬件环境

1）Pentium 及 Pentium 以上计算机，64M 以上内存。硬盘要有 500M 以上的空间，即安装本系统的硬盘分区中应有 200M 以上的剩余空间，存放工程的硬盘分区中应有 300M 以上的剩余空间。

2）绘图仪、打印机，即应能满足出图的需要。

3）本系统的硬加密锁（软件狗）。

2. 软件环境

1）Windows 98/Me/2000/XP 操作系统。

2）本系统软件、硬加密锁（软件狗）号及相应软件的注册授权号。

3. 软件安装

访问清华山维网站（http：//www. sunwaysurvey. com. cn）的下载中心，下载 EPSW 2005 软件。经过解压缩后运行 setup. exe 文件，然后按照安装向导的提示，按步骤填入相关信息（如同意许可协议，填写用户信息，输入安装路径等）即可完成基本安装。基本安装完成后，如附图 1 所示。

系统基本安装完成后，要运行安装加密狗程序，直接双击图 1 中的"安装加密狗"快捷方式，然后按操作向导操作即可完成加密狗软件的安装。

进入 EPSW 2005 软件操作界面后，应首先进行软件授权注册。注册方法如下：单击"帮助"→"软件注册"命令；在弹出的软件注册器中进行注册，先在"软件名称"项下选择所购买的软件（EPSW 2005 外业测图），然后在"软件狗号"项下输入购买的狗号，再在"授权号"项下输入注册号，最后单击"注册"按钮，即可完成软件注册。试用版用户选择"软件注册器"对话框中"使用机器号"选项，将"软件狗号"中的号码报经销商申请试用授权号，获得授权号，再输入授权号注册（使用期限为两个月）。为了使注册生效，先退出程序，重新按上述描述的过程，进入图形界面，就可以放心地操作了。

二、EPSW 2005 操作界面

启动 EPSW 2005 软件后，新建一个工程项目，并给该工程项目命名，确定保存路径后，

出现 EPSW 2005 操作主界面，如附图 2 所示。

附图 1 EPSW 2005 系列软件

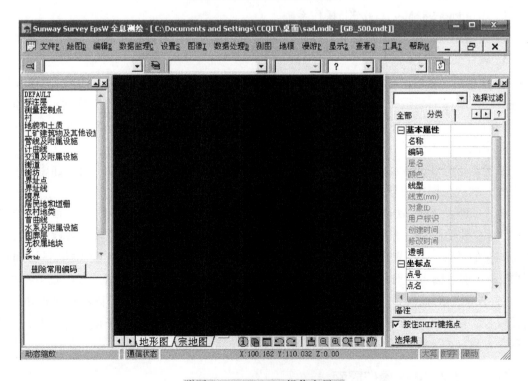

附图 2 EPSW 2005 操作主界面

1. 标题栏

标题栏在窗口的最顶部，显示当前启动的软件名称、当前打开的工程（图形文件）名称和模板名称。

2. 下拉菜单

系统的大部分功能和命令在菜单上都能找到对应项，EPSW 2005 系统菜单共分为 14 大类，如附图 3 所示。

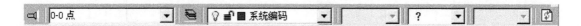

附图3　EPSW 2005 系统菜单

单击每大类的菜单名称都会出现一下拉菜单，菜单均详细地列出了所具有的功能和命令。

3. 对象基本属性条

对象基本属性条用于显示或输入实体对象的基本属性，如编码、层名、颜色、线型和线宽等，如附图 4 所示。

附图4　EPSW 2005 对象基本属性条

4. 系统常用功能工具条

系统常用功能工具条提供系统最常用的功能，位于图形区的下方，位置不可拖动。工具条上的内容从左至右依次为：查看对象属性、任务列表栏、命令启动、撤销、反撤销、屏幕刷新、屏幕缩小、屏幕放大、无级缩放、开窗放大、移屏、上一屏、下一屏、数据范围全视、测区范围全视、当前图幅范围全视、显示分幅格网、显示图号、显示坐标格网线、点显示开关、线显示开关、面显示开关、注记显示开关、编码标识开关、测站居中、当前点居中，如附图 5 所示。

附图5　EPSW 2005 系统常用功能工具条

5. 任务列表窗

系统可同时启动多个作业任务，被启动的任务被顺次排列在"任务列表窗"的下端。附图 6 所示的是一个拥有四个任务的列表窗口，其中"加线"功能处于激活状态，其他三个被挂起。任务被挂起是指任务还没有结束而被中间暂停，用时再单击激活。

6. 状态显示栏

状态显示栏用于显示当前操作过程中一些用户可能关心的信息或状态，如鼠标点位置坐标、测站信息、对象的基本属性等。

三、EPSW 2005 功能简介

1. 作业流程

用 EPSW 2005 完成一个测绘工程，通常按附图 7 所示的流程操作。

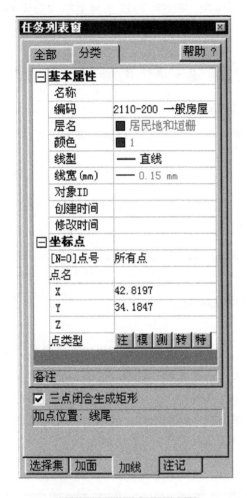

附图 6 "任务列表窗"示例

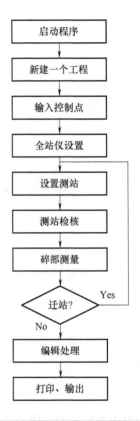

附图 7 EPSW 2005 完成一个测绘工程流程图

2. 控制点输入

菜单启动：单击"测图"→"控制点管理"命令，功能启动后即出现如附图 8 所示的"控制点管理"对话框。

功能描述：主要完成控制点的录入和更新等。

录入：在附图 8 的下部输入框中分别输入点名、编码、坐标及备注，然后单击"录入"按钮，输入的数据即在控制点列表框中显示。

修改：在控制点列表中单击要修改的控制点序号，该点相关内容进入到下面的输入框中，在编辑输入框中分别修改点名、编码、坐标及备注，单击"修改"按钮完成修改。

删除：在控制点列表中单击要删除的控制点序号，单击"删除"按钮即完成删除。

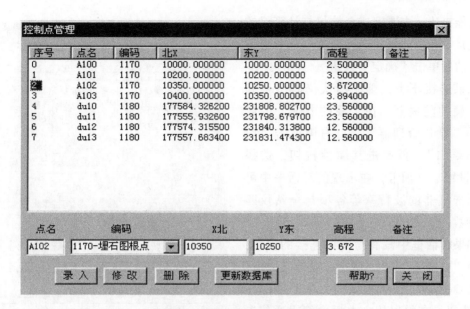

附图 8　"控制点管理"对话框

更新数据库：上述操作完成后，单击"更新数据库"按钮，操作才有效。

关闭：单击"关闭"按钮，退出该功能。如果没有单击"更新数据库"按钮，则上面完成的录入、修改和删除操作无效；控制点输入操作是一次性的，当再次打开工程时，无须再次输入。

3. 测站设置

菜单启动：单击"测图"→"设置测站"命令。

命令行启动：Station。

功能描述：主要完成测站点、后视点、仪器高的设置。测站点及后视点也可捕捉屏幕上的已知点进行设置。单击"确定"按钮，测站设置完毕，状态栏上会出现"当前测站""后视"和"仪器高"等显示信息。在对话框中选择仪器型号和通信端口，然后按"确定"按钮。

如果连接不上，则在确认仪器型号和端口正确的前提下，在"我的电脑"的属性项的"设备管理器"下，右键单击"设置通讯端口"，再单击其属性按钮，选择"端口设置"选项卡，在出现的对话框中可设置所选仪器的波特率等各项与全站仪匹配的参数。

如果对话框中没有要连接的仪器，则选择"自定义"。当选择了"自定义"后，编辑"ComSay"按钮被点亮，单击"ComSay"按钮，在弹出的文本框中编辑通信参数，如端口、波特率、奇偶校验、数据位、停止位、角度、距离、天顶距的位数和位置等。

设置一经确定后，有关参数将被自动保存，下次开机时无须重新设置。

4. 全站仪的连接

菜单启动：单击"测图"→"全站仪设置"命令。

命令行启动：Instrument。

功能启动后将出现如附图 9 所示的"全站仪设置"对话框。

功能描述：主要完成全站仪与计算机的通信连接。在对话框中选择仪器型号和通信端口，然后单击"确定"按钮。

如果连接不上，则在确认仪器型号和端口正确的前提下，在"我的电脑"的属性项的"设备管理器"下，右键单击"设置通讯端口"，再单击其属性按钮，选择"端口设置"选项卡，在出现的对话框中可设置所选仪器的波特率等各项与全站仪匹配的参数。

如果对话框中没有写明要连接的仪器，则选择"自定义"。当选择了"自定义"后，编辑"ComSay"按钮被点亮，单击"Com-Say"按钮，在弹出的文本框中编辑通信参数，如端口、波特率、奇偶校验、数据位和停止。

设置一经确定后，有关参数将被自动保存，下次开机时无须重新设置。

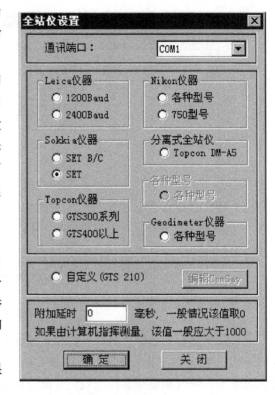

附图9 "全站仪设置"对话框

5. 测站检核

菜单启动：单击"测图"→"测站检核"。

命令行启动：StationCheck。

功能启动后将出现如附图10所示的"测站检核"对话框。

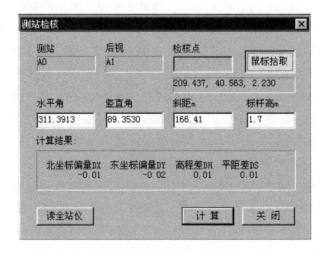

附图10 "测站检核"对话框

功能描述：主要检查测站点、后视点和仪器高等设置是否正确。

在弹出的对话框中单击"鼠标拾取"按钮，在屏幕上捕捉检核点（已知点），全站仪照准该点，然后单击"读全站仪"按钮，待全站仪数据传送成功后，单击"计算"按钮，检核结果会在列表框中显示。

根据计算结果可判断有无问题。

6. 极坐标测量

菜单启动：单击"测图"→"极坐标测量"命令。

命令行启动：JZB。

快捷键：<0>键。

功能启动后将出现如附图 11 所示的"极坐标测量"对话框。

功能描述：主要完成碎部点的采集和连线等工作。

读数：单击"读数"按钮或按<F1>键从全站仪中读取一个点。

测尺输入编辑框：测某地物点时，可在"测尺"下拉列表框中选择测尺号及其所跑地物的编码和名称。一般跑尺员可同时跑多个地物，跑同一地物时，可记为同一测尺号、编码和名称。系统提供三个测尺号。

"点名"输入框：直接键入点名，也可以为空。

"连接"输入框：可以在下一点测量之前用鼠标左键在绘图区捕捉连接点，测量之后，此点自动与捕捉的连接点连线。也可以在测点没回车之前，将光标移至要连接点处，按<F3>键，用鼠标右键确认；不需要连线时按<F6>键，清空连接。

附图 11　"极坐标测量"对话框

"编码"下拉列表框：编码的获取有几种方法。在其下拉列表框中记录了最近用过的 10 个编码可供选择。如果周围有该编码的地物，则鼠标光标移至该地物，用<T>键拾取编码。还有一个获得编码的方法就是打开工具条上的编码工具，在那里选择也很方便；细部点数据采集进来之后，画成什么符号取决于输入的编码。

"高""建"和"转向"复选框："高"代表是否高程注记，"建"代表此点是否参加建模（数字地面模型），"转向"代表是否设为转点（用于 E 类符号，如坎坡和坡上线的终点应设置为转点，绘坡符号时有用）。

"直""曲""圆""弧"按钮：分别代表四种线型。

"反向"按钮：当测量的地物所示符号需要反向时，单击此按钮。

在极坐标测量（或坐标输入）下"连线"功能的使用：

1）如果测完几个点后需要连线，则单击"连线"编辑框后，就可以自由连线了。

2）除了以上获取编码的方式外，还可以在附近同类地物上单击鼠标左键，也可以拾取与该地物相同的地物编码。

7. 坐标输入

菜单启动：单击"测图"→"坐标输入"命令。

命令行启动：XYZ。

快捷键：<0>键。

功能启动后，将出现如附图 12 所示的"坐标输入"对话框。

功能描述：已知坐标点的输入。界面的操作方法与极坐标测量类似。输入一已知坐标及其编码，即可画一个地物，如路灯。

8. 房屋测量

（1）两点房

菜单启动：单击"测图"→"房屋测量"→"两点房"命令。

命令行启动：House2。

快捷键：<Ctrl+2>。

功能启动后，将出现如附图 13a 所示的"两点房"对话框。

功能描述：已知两个房角点和到此的垂直距离，生成一个矩形房屋。

附图 12 "坐标输入"对话框

操作方法：

1）输入编码。

2）在图形区移动鼠标光标，选择房屋边线的起点和终点。

3）选择两点连线的一侧，单击房屋的朝向。

4）在边长输入框中输入至两点连线的垂直距离（房屋的另一边长）。

5）按<Enter>键确定。

操作结果如附图 13b 所示（点号 A、B 和距离值仅为图示说明，生成的图形是没有的）。

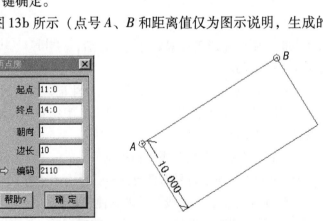

附图 13 "两点房"测绘

（2）三点房

菜单启动：单击"测图"→"房屋测量"→"三点房"命令。

命令行启动：House3。

快捷键：<Ctrl+3>。

功能启动后，将出现如附图14a所示的"三点房"对话框。

功能描述：通过三个已知点生成一个四边形房屋（地物）。

操作方法：

1）输入编码。

2）在图形区移动鼠标光标，连续选择三个房角点（A、B、C）。

3）按<Enter>键确定。

操作结果如附图14b所示。如果再选择了平差，则生成的四边形保证是一个矩形。

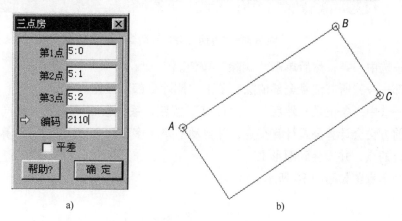

附图14　"三点房"测绘

两点房、三点房的功能也可用于其他矩形地物的测量。

9. 交会定点

EPSW 2005软件共提供了11种交会定点的方法，以下由于篇幅限制，仅介绍几种常用方法，其他方法可参见《清华山维EPSW电子平板测图系统使用说明书》。

（1）方向交会

菜单启动：单击"测图"→"交会求点"→"方向交"命令。

命令行启动：sp1。

功能启动后，弹出如附图15所示的"方向交汇"对话框。

功能描述：在两个（或多个）测站上对同一点施测方向，求各方向的交点。

操作方法：

增加——将观测的方向信息输入到对应的文本框中，然后单击"增加"按钮；信息导入到列表框中。

修改——在列表框中双击选中要修改的条目，重新输入参数，然后单击"修改"按钮，用新的参数替换原记录的同名参数。

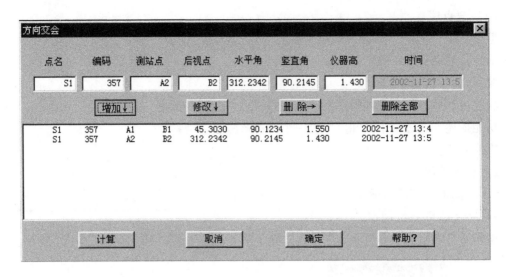

附图 15 "方向交会" 对话框

删除——选中一条，然后单击"删除"按钮。

删除全部——将所有记录全部清除，单击"删除全部"按钮。

计算——选中一条记录，然后单击"计算"按钮，系统会自动将点名相同的记录收集到一起，按前方交会计算公式计算交点，并自动平差（多于两个方向时）。计算结果将生成一个指定编码的点，并展会到图形上。

方向交会示意图如附图 16 所示。

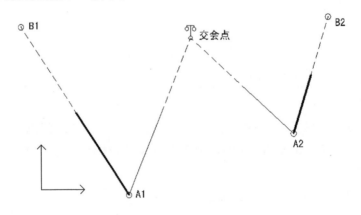

附图 16　方向交会示意图

（2）方向直线交会

菜单启动：单击"测图"→"交会求点"→"方向直线交"命令。

命令行启动：sp2。

功能启动后，弹出如附图 17 所示的"方向直线交会"对话框。

功能描述：求已知测站上某一观测方向与一已知直线的交会点。

操作方法：

1）在点名编辑框中输入点名（点名可以为空）。

2）在编码编辑框中输入待求交点的编码。

3）在直线点 1 中记录单击捕捉到的已知直线的某一点。

4）在直线点 2 中记录单击捕捉到的已知直线的另一点。

5）在水平角编辑框中输入待求交点的水平方向观测值。

6）在竖直角编辑框中输入待求交点的竖直方向观测值。

7）确定后将在交点位置生成一个指定编码地物。

方向直线交会示意图如附图 18 所示。

附图 17 "方向直线交会"对话框

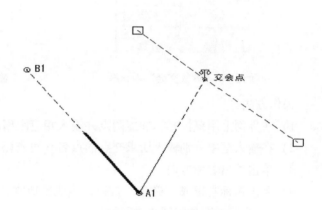

附图 18 方向直线交会示意图

（3）两线交会

菜单启动：单击"测图"→"交会求点"→"两线交会"命令。

命令行启动：sp3。

功能启动后，弹出如附图 19 所示的"两线交会"对话框。

功能描述：求两条已知线段的交会点。

操作方法：

1）在界面上用鼠标光标捕捉四个已知点（两直线）。

2）在输入框中分别输入点名（可省略）和编码。

3）单击鼠标右键或"确定"按钮，生成新地物。

两线交会示意图如附图 20 所示。

（4）距离交会

菜单启动：单击"测图"→"交会求点"→"距离交会"命令。

命令行启动：sp6。

功能启动后，弹出如附图 21 所示的"距离交会"对话框。

功能描述：求过两定点的已知距离的交点。

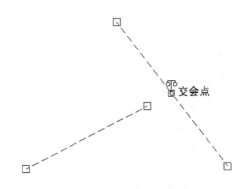

附图19　"两线交会"对话框　　　　　　　附图20　两线交会示意图

操作方法：

1）在界面上用鼠标光标捕捉两点并输入相应距离。

2）在输入框中分别输入所求交点的点名（可省略）和编码。

3）单击给出参考方向。

4）单击鼠标右键或"确定"按钮，生成新地物。

距离交会示意图如附图22所示。

附图21　"距离交会"对话框　　　　　　　附图22　距离交会示意图

（5）求垂足

菜单启动：单击"测图"→"交会求点"→"求垂足"命令。

命令行启动：sp8。

功能启动后，弹出如附图23所示的"求垂足"对话框。

功能描述：求已知点到指定直线上垂足。

操作方法：

1）在输入框中分别输入点名（可省略）和编码。

2）在界面上用鼠标光标捕捉两个直线点及已知点。

3）单击鼠标右键或"确定"按钮，生成新地物。

求垂足示意图如附图24所示。

附图23　"求垂足"对话框

附图24　求垂足示意图

（6）求对称点

菜单启动：单击"测图"→"交会求点"→"对称点"命令。

命令行启动：sp10。

功能启动后，弹出如附图25所示的"求对称点"对话框。

功能描述：求已知点相对中轴的对称点。

操作方法：

1）在输入框中分别输入点名（可省略）和编码。

2）在界面上用鼠标光标捕捉两个中轴点及已知点。

3）单击鼠标右键或"确定"按钮，生成新地物。

求对称点示意图如附图26所示。

（7）内等分点

菜单启动：单击"测图"→"交会求点"→"内等分点"命令。

命令行启动：sp11。

附图 25 "求对称点"对话框

附图 26 求对称点示意图

功能启动后，弹出如附图 27 所示的"内等分点"对话框。

功能描述：在两个已知点之间内插多个等分点。

操作方法：

1）在输入框中分别输入点名（可省略）和编码。

2）在界面上用鼠标光标捕捉两个已知点。

3）在对话框中输入内插点分数。

4）单击鼠标右键或"确定"按钮，生成新地物。

内等分点示意图如附图 28 所示。

附图 27 "内等分点"对话框

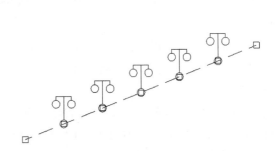

附图 28 内等分点示意图

10. 平行线

EPSW 2005 共提供两种作平行线方法，以下简要概述。

（1）距离平行线

菜单启动：单击"编辑"→"距离（过点）平行线"命令。

命令行启动：DistParallel。

功能描述：给定垂直距离，作已知线状地物的平行线。

（2）过点平行线

菜单启动：单击"编辑"→"距离（过点）平行线"命令。

命令行启动：DistParallel。

功能描述：过已知点位，作已知线状地物的平行线。

11. 等高线生成

根据野外采集并参加建模的离散高程点，就可以自动生成等高线。由于篇幅限制，这里只对生成等高线的步骤做简单介绍，详细内容请参考《清华山维 EPSW 电子平板测图系统使用说明书》。

（1）生成三角网（DTM）

菜单启动：单击"地模"→"生成三角网（DTM）"命令。

命令行启动：DtmTri。

功能描述：根据指定范围内的建模高程点（包括线上的点）和特性线构建三角网。附图 29 所示的是一个已经构建好的三角网（平面图和三维渲染图）。

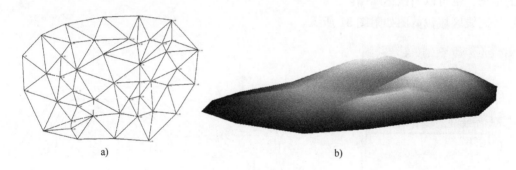

a)　　　　　　　　　　　　　　　　　　　b)

附图 29　已经构建好的三角网

a）平面图　b）三维渲染图

（2）生成等高线

菜单启动：单击"地模"→"自动生成等高线"命令。

命令行启动：DtmDgx。

功能描述：根据当前激活的三角网自动跟踪生成等高线。附图 29 所示的三角网生成的等高线图如附图 30 所示。

（3）等高线修改

菜单启动：单击"编辑"→"连线（局部线修改）"命令。

命令行启动：Link。

功能描述：用鼠标光标输入一条连续的折线，用于替代原线（面）地物中的某一段。输入的线的首尾点必须靠近目标线。

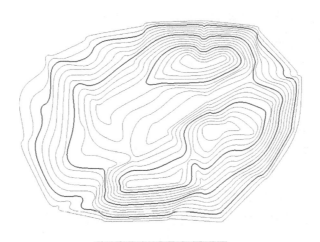

附图30　生成的等高线图

（4）等高线裁剪

菜单启动：单击"数据处理"→"等高线"→"等高线裁剪"命令。

命令行启动：DgxCutting。

功能描述：裁剪掉封闭区域内的等高线（指定编码的地物），闭合区可以是一个已经存在的地物，也可以用鼠标画出。

等高线区域裁剪图如附图31所示。

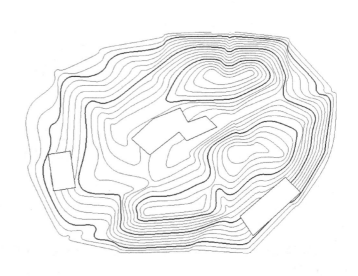

附图31　等高线区域裁剪

（5）等高线标注

菜单启动：单击"数据处理"→"等高线"→"等高线标注"命令。

命令行启动：DgxNote。

功能描述：根据给定路线将等高线的高程值批量标注在图面上。

等高线标注图如附图32所示。

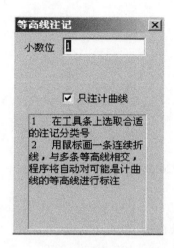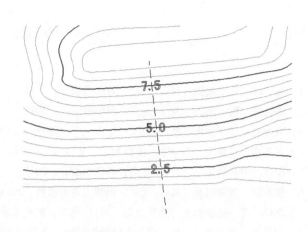

附图32　等高线标注图

　　由于本教材篇幅限制，清华山维 EPSW 2005 软件的使用方法，简要介绍至此。如需深入学习（如建立数字高程模型、图幅整饰等），请参考北京清华山维新技术开发有限公司编制的《清华山维 EPSW 电子平板测图系统使用说明书》。

参 考 文 献

［1］夏广岭. 数字测图［M］. 北京：测绘出版社，2012.

［2］郭昆林. 数字测图［M］. 北京：测绘出版社，2011.

［3］冯大福. 数字测图［M］. 重庆：重庆大学出版社，2010.

［4］黄张裕，魏浩翰，刘学求. 海洋测绘［M］. 北京：国防工业出版社，2007.

［5］周立. 海洋测量学［M］. 北京：科学出版社，2013.

［6］贺英魁. 控制测量［M］. 北京：机械工业出版社，2014.

［7］李玲，等. 摄影测量与遥感基础［M］. 北京：机械工业出版社，2014.

［8］李征航，黄劲松. GPS 测量与数据处理［M］. 2 版. 武汉：武汉大学出版社，2010.